普通高等教育"十二五"规划教材

高等职业院校重点建设专业系列教材

地基处理技术

主　编　杨绍平　闫　胜

副主编　于建华　王　键

　　　　严　容　闫宗平

　　　　牟江天

主　审　刘　宏

中国水利水电出版社

www.waterpub.com.cn

内 容 提 要

本书通过具体工程项目作为引导，分解完成该项目所需的任务，较系统地介绍了各类地基处理方法，包括换填垫层法、压实与夯实法、复合地基法、灌浆法、预压法、加筋法等地基处理方法的选用、基本原理、设计要点、施工技术、质量检验和工程实例分析。另外对山区地基处理、特殊土地基处理及坝基处理进行了介绍。本书密切结合高等职业教育培养技术技能型专业技术人才的要求，突出教材的实用性和综合性，涉及地基处理的工程设计和施工部分均依照我国现行的规范进行编写，每个项目后均附有小结和思考及习题。

本书主要作为普通高等职业教育院校水文与工程地质、建筑工程技术、岩土工程技术、水利施工技术等专业的教学用书，亦可供其他专业师生及有关工程技术人员学习参考。

图书在版编目（CIP）数据

地基处理技术 / 杨绍平，闫胜主编. -- 北京：中国水利水电出版社，2015.6（2019.1重印）
普通高等教育"十二五"规划教材 高等职业院校重点建设专业系列教材
ISBN 978-7-5170-3373-8

Ⅰ. ①地… Ⅱ. ①杨… ②闫… Ⅲ. ①地基处理-高等职业教育-教材 Ⅳ. ①TU472

中国版本图书馆CIP数据核字(2015)第160457号

书　名	普通高等教育"十二五"规划教材 高等职业院校重点建设专业系列教材 **地基处理技术**
作　者	主　编　杨绍平　闫胜 副主编　于建华　王键　严容　闫宗平　牟江天 主　审　刘宏
出版发行	中国水利水电出版社 （北京市海淀区玉渊潭南路1号D座　100038） 网址：www.waterpub.com.cn E-mail：sales@waterpub.com.cn 电话：(010) 68367658（营销中心）
经　售	北京科水图书销售中心（零售） 电话：(010) 88383994、63202643、68545874 全国各地新华书店和相关出版物销售网点
排　版	中国水利水电出版社微机排版中心
印　刷	天津嘉恒印务有限公司
规　格	184mm×260mm　16开本　17印张　403千字
版　次	2015年6月第1版　2019年1月第3次印刷
印　数	3001—5500册
定　价	**46.00元**

前言

本书结合《建筑地基处理技术规范》(JGJ 79—2012)及水利、公路、铁路等相关专业技术规范的要求,较系统地介绍了国内外常用的地基处理方法和新技术应用成果。其内容包括地基处理基本知识、换填垫层法、压实与夯实法、预压法、注浆法、加筋法、山区地基和特殊土地基处理等。

本书结合高等职业教育教学特点,为培养岩土工程施工一线的高素质、实用型建设施工人才而编写的。本书以常用的地基处理方法作为地基处理工程项目来组织编写,书中详细介绍了常用地基处理方法的加固机理、设计内容、施工方法以及质量检验方法,并结合工程案例进行讲解,旨在使读者对目前地基处理方法有一个较为全面的了解,增加地基处理的专业知识,提高解决实际工程问题的能力。

本书由四川水利职业技术学院、四川省达州市水利电力建筑勘察设计院专(兼)职老师共同编写,由四川水利职业技术学院杨绍平、闫胜任主编。四川水利职业技术学院于建华、四川省达州市水利电力建筑勘察设计院王键、四川水利职业技术学院严容、闫宗平、牟江天任副主编,由成都市勘察测绘研究院高级工程师刘宏任主审。本书在编写过程中,还得到了成都理工大学、西南交通大学、四川省水利水电勘测设计研究院、四川省地质工程勘察院、中国电建集团成都勘测设计研究院、成都市勘察测绘研究院、四川省交通运输厅勘察设计研究院、四川省乐山市水利电力建筑勘察设计院、四川省达州市水利电力建筑勘察设计院等单位专家的指导和审核,在此一并表示衷心的感谢。

在编写过程中,本书大量引用了有关专业文献和资料,未在书中一一注明出处,在此对有关文献的作者表示感谢。由于编者水平有限,加之时间仓促,难免存在错误和不足之处,诚恳地希望读者批评指正。

编者

2015 年 6 月

目录

项目1 地基处理基本知识

教学目标

1. 能掌握地基处理的目的、重要性。
2. 能对原始地基资料分析，明确地基处理的对象。
3. 能根据具体的需要、地基特点和施工条件选择合适的地基处理方法。

任务1.1 地基处理的重要性和目的

任何建筑物都是建造在一定的地层上的，承受建筑物荷载的地层称为地基，建筑物向地基传递荷载的下部结构称为基础。凡是基础直接建造在未经过加固处理的天然土层上时，这种地基被称为天然地基。如果天然地基很软弱，不能够满足地基强度和变形等要求，则预先要经过人工处理以后再建造基础，这种地基加固被称为地基处理。

我国地域辽阔、幅员广大，自然地理环境不同，土质各异，地基条件的区域性较强。因此，需要解决各类工程在设计及施工中出现的各种复杂的岩土工程问题，将是地基处理技术这门学科面临的课题。随着当前我国经济建设的迅猛发展，自20世纪90年代以来，我国土木工程建设发展很快，土木工程功能化、城市建设立体化、交通运输高速化，以及改善综合居住条件已成为我国现代土木工程建设的特征。从事工程建设不仅事先要选择在地质条件良好的场地，而且有时也不得不在地质条件不好的地方修建建（构）筑物，因此，必须要对天然的软弱地基进行处理。

各种建筑物和构筑物对地基的要求主要包括下述三个方面。

1. 稳定问题

稳定问题是指在建（构）筑物荷载（包括静、动荷载的各种组合）作用下，地基土体能否保持稳定。地基稳定问题有时也称为承载力问题，但两者并不完全相同。地基承载力概念在建筑领域用得较多，有时也根据变形控制。若地基稳定性不能满足要求，地基在建（构）筑物荷载作用下将会产生局部或整体剪切破坏，将影响建（构）筑物的安全与正常使用，严重的可能引起建（构）筑物的破坏。地基的稳定性，或地基承载力大小，主要与地基土体的抗剪强度有关，也与基础型式、大小和埋深等影响因素有关。

2. 变形问题

变形问题是指在建（构）筑物的荷载（包括静、动荷载的各种组合）作用下，地基土体产生的变形（包括沉降，或水平位移，或不均匀沉降）是否超过相应的允许值。若地基变形超过允许值，将会影响建（构）筑物的安全与正常使用，严重的可能引起建（构）筑物的破坏。地基变形主要与荷载大小和地基土体的变形特性有关，也与基础型式、基础尺寸大小等影响因素有关。

3. 渗透问题

渗透问题主要有两类：一类是蓄水构筑物地基渗流量是否超过其允许值。例如，水库坝基渗流量超过其允许值的后果是造成较大水量损失，甚至导致蓄水失败；另一类是地基中水力比降是否超过其允许值。地基中水力比降超过其允许值时，地基土会因潜蚀和管涌产生稳定性破坏，进而导致建（构）筑物破坏。地基渗透问题主要与地基中水力比降大小和土体的渗透性高低有关。

当建（构）筑物的天然地基存在上述问题之一或者其中几个问题时，就需要采用相应的地基处理措施，以保证建筑物的安全与正常使用。根据调查统计，世界各国的土木、水利、交通等各类工程中，地基问题常常是引起各类工程事故的主要原因。地基问题的处理恰当与否，直接关系到整个工程的质量可靠性、投资合理性及施工进度。因此，地基处理的重要性已越来越被更多的人所认识和了解。

在建筑物设计中，对地基与基础的设计应给予足够的重视，要结合建筑物的上部结构情况、运用条件及地基土的特点，选择适当的基础设计方案和地基处理措施。

地基处理的目的就是采取切实有效的地基处理方法，改善地基土的工程性质，使其满足工程建设的以下几点要求：

（1）提高地基土的抗剪强度，以满足设计对地基承载力和稳定性的要求。

（2）改善地基的变形性质，防止建筑物产生过大的沉降和不均匀沉降以及侧向变形等。

（3）改善地基的渗透性和渗透稳定，防止渗流过大和渗透破坏等。

（4）提高地基土的抗震性能，防止液化，隔振和减小振动波的振幅等。

（5）消除黄土的失陷性，膨胀土的胀缩性等。

任务 1.2　地基处理的对象

根据工程建筑物因地基缺陷而导致破坏或失事的情况来看，地基处理的对象包括：软弱地基、山区地基、特殊土地基和高压缩性地基及强透水地基。《建筑地基基础设计规范》（GB 50007—2011）中规定：软弱地基（soft foundation）系指主要由淤泥、淤泥质土、冲填土、杂填土或其他高压缩性土层构成的地基。建筑物不良地基有以下几种常见类型。

1. 软黏土

软黏土是软弱黏性土的简称。它是第四纪后期形成的海相、泻湖相、三角洲相、溺谷相和湖泊相的黏性土沉积物或河流冲积物。有的软黏土属于新近淤积物。软黏土大部分处于饱和状态，其天然含水量大于液限，孔隙比大于 1.0。当天然孔隙比大于 1.5 时，称为淤泥；当天然孔隙比大于 1.0 而小于 1.5 时，称为淤泥质土。软黏土的特点是天然含水量高，天然孔隙比大，抗剪强度低，压缩系数高，渗透系数小。在荷载作用下，软黏土地基承载力低，地基沉降变形大，可能产生的不均匀沉降也大，而且沉降稳定历时比较长，一般需要几年，甚至几十年。软黏土地基是在工程建设中遇到最多需要进行地基处理的软弱地基，它广泛地分布在我国沿海以及内地河流中下游或湖泊附近地区。如上海、广州等地为三角洲相沉积，温州、宁波地区为滨海相沉积，闽江口平原为溺谷相沉积等。也有软黏土属于新近沉积物。常见的软黏土是淤泥质土。

2. 冲填土

冲填土是人为的用水力冲填方式而沉积的土。近年来多用于沿海滩涂开发及河漫滩造地。西北地区常见的水坠坝（也称冲填坝）即是冲填土堆筑的坝。冲填土形成的地基可视为天然地基的一种，它的工程性质主要取决于冲填土的性质。

以黏性土为主的冲填土往往是欠固结的，其强度低且压缩性高，一般需经过人工处理才能作为建筑物地基；以砂性土或其他颗粒为主的冲填土，其性质与砂性土相类似，是否进行地基处理要视具体情况而定。

3. 杂填土

杂填土是由于人类活动而任意堆填的建筑垃圾、工业废料和生活垃圾。杂填土的成因很不规律，组成物杂乱，分布极不均匀，结构松散。它的主要特性是强度低、压缩性高和均匀性差，一般还具有浸水湿陷性。对有机质含量较多的生活垃圾和对基础有侵蚀性的工业废料等杂填土，未经处理不宜作为基础的持力层。

4. 松散粉细砂及粉质砂土地基

这类地基若浸水饱和，在地震及机械振动等动力荷载作用下，容易产生液化流砂，从而使地基承载力骤然降低。另外，在渗透力作用下这类地基容易发生流土变形。

5. 砂卵石地基

对于中小型水闸、泵房等建筑物及一般的堤防、土坝工程而言，砂卵石地基的承载力通常能满足要求。但是，砂卵石地基有着极强的透水性，当挡水建筑物存在上下游水头差时，地基极易产生管涌。所谓管涌是指在渗流动水压力作用下，砂卵石地基中粉砂等微小颗粒首先被渗流带走，接着稍大的颗粒也发生流失，以致地基中的渗流通道越来越大，最后不能承受上部荷载而产生塌陷，造成严重事故。因此水利工程中的砂卵石地基包括粉细砂地基必须采取适当的防渗排水措施。

6. 湿陷性黄土

湿陷性黄土的主要特点是受水浸润后土的结构迅速破坏，在自重应力和上部荷载产生的附加应力的共同作用下产生显著的附加沉陷，从而引起建筑物的不均匀沉降。

7. 膨胀土

膨胀土是指黏粒成分主要由亲水性黏土矿物组成的黏性土。膨胀土在环境温度和湿度变化时会产生强烈的胀缩变形。利用膨胀土作为建（构）筑物地基时，如果没有采取必要的地基处理措施，膨胀土饱水膨胀、失水收缩常会给建（构）筑物造成危害。膨胀土在我国分布范围很广，根据现有的资料，广西、云南、湖北、河南、安徽、四川、河北、山东、陕西、江苏、内蒙古、贵州和广东等地均有不同范围的分布。

8. 盐渍土

土中含盐量超过一定数量的土称为盐渍土。盐渍土地基浸水后，土中盐溶解可能产生地基溶陷，某些盐渍土（如含硫酸钠的土）在环境温度和湿度变化时，可能产生土体体积膨胀。除此外，盐渍土中的盐溶液还会导致建筑物材料和市政设施材料的腐蚀，造成建筑物或市政设施的破坏。盐渍土主要分布在西北干旱地区地势低洼的盆地和平原中，盐渍土在我国滨海地区也有分布。

9. 多年冻土

多年冻土是指温度连续三年或三年以上保持在摄氏零度或零度以下，并含有冰的土层。多年冻土的强度和变形有许多特殊性。例如，冻土中因有冰和冰水存在，故在长期荷载作用下有强烈的流变性。多年冻土在人类活动影响下，可能产生融化。因此多年冻土作为建筑物地基需慎重考虑，需要采取必要的地基处理措施。

10. 岩溶、土洞和山区地基

岩溶或称"喀斯特"，它是石灰岩、白云岩、泥灰岩、大理石、岩盐、石膏等可溶性岩层受水的化学和机械作用而形成的溶洞、溶沟、裂隙，以及由于溶洞的顶板塌落使地表产生陷穴、洼地等现象和作用的总称。土洞是岩溶地区上覆土层被地下水冲蚀或被地下水潜蚀所形成的洞穴。岩溶和土洞对建（构）筑物的影响很大，可能造成地面变形，地基陷落，发生水的渗漏和涌水现象。在岩溶地区修建建筑物时要特别重视岩溶和土洞的影响。

山区地基地质条件比较复杂，主要表现在地基的不均匀性和场地的稳定性两方面。山区基岩表面起伏大，且可能有大块孤石，这些因素常会导致建筑物地基产生不均匀沉降。另外，在山区常有可能遇到滑坡、崩塌和泥石流等不良地质现象，给建（构）筑物造成直接的或潜在的威胁。在山区修建建（构）筑物时要重视地基的稳定性和避免过大的不均匀沉降，必要时需进行地基处理。

总之，不同性质地基的缺陷会给建筑物造成不同形式的破坏，地基处理的目的就是加强地基承载力，控制地基沉降和不均匀沉降以防止地基发生渗透变形。

任务 1.3　地基处理的方法和类型

地基处理的方法很多，特别是近年来地基处理的技术有了较大的提高，理论水平、施工技术、施工材料均有长足的进步。对于地基处理方法的分类，不同学者有不同的见解，从地基处理的原理、地基处理的目的、地基处理的性质、地基处理的时效、动机等不同角度出发，对地基处理方法的分类结果是不同的。这里的分类是根据地基处理的加固原理，并考虑到便于对加固后地基承载力的分析而归类汇总提出的。实际对地基处理方法进行分类是无现实意义的，因为不少地基处理方法具有不同的作用。例如，振冲法既有置换作用也有挤密作用，桩土又构成复合地基。

目前工程中常用的地基处理方法和类型见表 1.1。

表 1.1　　　　　　　　　　　　　地基处理方法和类型

		堆载预压法
密实法	预压法	真空预压法
		降水预压法
		电渗法
	压实法	静力碾压法
		振动碾压法
	夯实法	重锤夯实法
		强夯法、强夯置换法
换土垫层法	换土垫层法	粗颗粒土垫层
		细颗粒土垫层

	散体材料桩复合地基	碎石桩（振冲碎石桩、挤密碎石桩、干振碎石桩）
		砂桩
		渣土桩
复合地基法	一般黏结强度桩复合地基	灰土桩
		石灰桩
		水泥土桩（夯实水泥土桩、深层搅拌桩、旋喷桩）
	高黏结强度桩复合地基	CFG 桩
		素混凝土桩
加筋法		土工织物
	加筋土	加筋土挡墙
		土钉
灌浆法	灌浆法	渗透灌浆法
		帷幕灌浆法
		劈裂灌浆法

任务 1.4 地基处理方法选用原则和规划程序

　　地基处理工程要做到确保工程质量、经济合理和技术先进。我国地域辽阔，工程地质条件千变万化，各地施工机械条件、技术水平、经验积累，以及建筑材料品种、价格差异很大。在选用地基处理方法时一定要因地制宜，具体工程具体分析，要充分发挥地方优势，利用地方资源。地基处理方法很多，每种处理方法都有一定的适用范围、局限性和优缺点。没有一种地基处理方法是万能的。要根据具体工程情况，因地制宜确定合适的地基处理方法。在选择方案时还应提高环保意识，注意节约能源和保护环境，尽量避免地基处理时对地面和地下水产生污染，以及振动和噪声对周边环境的不良影响等。

　　地基处理规划程序建议按图 1.1 所示的程序进行。

　　（1）根据建（构）筑物对地基的各种要求和天然地基条件确定地基是否需要处理。若天然地基能够满足建（构）筑物对地基的要求时，应尽量采用天然地基。若天然地基不能满足建（构）筑物对地基的要求，则需要确定进行地基处理的天然地层的范围以及地基处理的要求。

　　当天然地基不能满足建（构）筑物对地基要求时，应将上部结构、基础和地基统一考虑。在考虑地基处理方案时，应重视上部结构、基础和地基的共同作用。不能只考虑加固地基，应同时考虑上部结构体型是否合理，整体刚度是否足够等。在确定地基处理方案时，应同时考虑只对地基进行处理的方案，或选用加强上部结构刚度和地基处理相结合的方案。否则不仅会造成不必要的浪费且可能带来不良后果。

　　在具体确定地基处理方案前，应根据天然地层的条件、地基处理方法的原理、过去应用的经验和机具设备、材料条件，进行地基处理方案的可行性研究，提出多种技术上可行的方案。

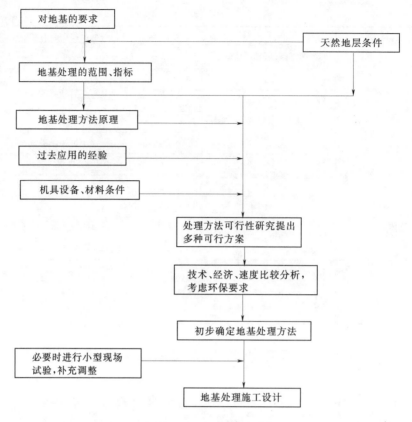

图 1.1 地基处理规划程序

（2）对提出的多种方案进行技术、经济、进度等方面的比较分析，并重视考虑环境保护要求，确定采用一种或几种地基处理方法。这也是地基处理方案的优化过程。

（3）可根据初步确定的地基处理方案，根据需要决定是否进行小型现场试验或进行补充调查。然后进行施工设计，再进行地基处理施工。施工过程中要进行监测、检测，如需要还要进行反分析，根据情况可对设计进行修改、补充。

实践表明，图 1.1 所示程序是比较恰当的地基处理规划程序。

这里需要强调的是要重视对天然地基工程地质条件的详细了解。许多由地基问题造成的工程事故，或地基处理达不到预期目的，往往是由于对工程地质条件了解不够全面造成的。详细的工程地质勘察是判断天然地基能否满足建（构）筑物对地基要求的重要依据之一。如果需要进行地基处理，详细的工程地质勘察资料也是确定合理的地基处理方法的主要基本资料之一。通过工程地质勘察，调查建筑物场地的地形地貌，查明地质条件：包括岩土的性质、成因类型、地质年代、厚度和分布范围。对地基中是否存在明浜、暗浜、古河道、古井、古墓要了解清楚。对于岩层，还应查明风化程度及地层的接触关系，调查天然地层的地质构造，查明水文及工程地质条件，确定有无不良地质现象，如滑坡、崩塌、岩溶、土洞、冲沟、泥石流、岸边冲刷及地震等。测定地基土的物理力学性质指标，包括天然重度、相对密度、颗粒分析、塑性指数、渗透系数、压缩系数、压缩模量、抗剪强度等。最后按照要求，对场地的稳定性和适宜性，地基的均匀性、承载力和变形特性等进行评价。

另外，需要强调进行地基处理多方案比较。对一具体工程，技术上可行的地基处理方案往往有几个，应通过技术、经济、进度等方面综合分析，以及对环境的影响，进行地基处理方案优化，以得到较好的地基处理方案。

任务 1.5 地基处理工程的施工管理

1. 地基处理工程与其他建筑工程的不同之处

地基处理工程与其他建筑工程的不同之处主要体现在三个方面：大部分地基处理方法的加固效果不是在施工结束后就能全部发挥和体现，一般需经过一段时间才能体现。每一项地基处理工程都有它的特殊性，同一种方法在不同地区应用其施工工艺也不尽相同，对每一个具体的工程往往有些特殊的要求。地基处理是隐蔽工程，很难直接检验其加固效果。

2. 地基处理工程的施工管理

对于选定的地基处理方案，在设计完成之后，必须严格施工管理，否则会丧失良好处理方案的优越性。施工的各个环节的质量标准要严格掌握，施工时间要合理安排，因为地基加固后的强度提高往往需要有一定的时间。随着时间的延长，强度还会增加，模量也必然会提高，可通过调整施工速度，确保地基的稳定性和安全性。

在地基处理施工过程中，只让现场人员了解如何施工是不够的，还必须使他们很好地了解所采用的地基处理方法的加固原理、技术标准和质量要求，经常进行施工质量和处理效果的检验，使施工符合规范要求，以保证施工质量。一般在地基处理施工前、施工中和施工后，都要对被加固的地基进行现场测试，以便及时了解地基土加固效果，修正设计方案，调整施工进度。有时为了获得某些施工参数，还必须于施工前在现场进行地基处理的原位试验。有时在地基加固前，为了保对证邻近建（构）筑物的安全，还要对邻近建（构）筑物或地下设施进行沉降和裂缝等监测。

任务 1.6 地基处理监测方法

目前各种地基处理方法在工程实践中得到了大量应用，取得了显著的技术效果和经济效益。但是由于地基处理问题的复杂性，一般还难以对每种方法进行严密的理论分析，还不能在设计时作精确的计算与设计，往往只能通过施工过程中的监测和施工后的质量检验来保证工程质量。因此，地基处理现场监测和质量检验测试是地基处理工程的重要环节。

地基处理施工过程中的现场监测对某些地基处理方法来说是很重要的，有时甚至是必不可少的。例如，强夯处理施工时的振动监测和排水固结法施工中的孔隙水压力监测。

为有效控制地基处理的施工质量，规范对每一种地基处理方法都规定了施工过程中的检测方法。例如，石灰桩的施工检测可采用静力触探、动力触探试验，检测部位为桩中心及桩间土。

对地基处理的效果检验，应在地基处理施工结束后，经过一定时间休止恢复后再进行。因为地基加固后有一个时效作用，复合地基的强度和模量的提高往往需要一定的时间。效果检验的方法有：载荷试验、钻孔取样、静力触探试验、动力触探试验、标准贯入试验、取芯试验等。有时需要采用多种手段进行检验，以便综合评价地基处理效果。

现场监测主要测试内容通常为地面沉降和深层沉降，地面水平位移和深层土体侧向位移，地基土强度，地基土中孔隙水压力等。对某一具体工程，需要周密计划，根据监测目的，合理确定测试项目和监测点的数量，满足信息化施工的要求。表 1.2 所示常用现场测试方法的适用范围可作参考。

表 1.2　　　　　　　　　　　　　常用现场测试方法的适用范围

地基处理方法＼现场测试方法	平板载荷试验	沉降观测	水平位移观测	十字板剪切试验	静力触探	动力触探	标准贯入试验	孔隙水压力测试	桩荷载试验	旁压试验	桩基动力测试	波速法	螺旋压板试验
换填垫层法	○	○	×	×	○	○	○	○	×	×	×	○	△
振冲碎石桩	○	○	×	×	○	△	○	○	△	△	×	○	×
强夯置换法	○	○	△	×	×	○	○	△	×	×	×	○	△
沉管砂石桩法	○	○	×	△	○	△	△	○	×	×	×	○	△
石灰桩法	○	○	×	△	○	△	○	○	×	×	×	○	○
堆载预压法	○	○	△	△	○	○	○	○	×	×	×	○	○
超载预压法	○	○	△	△	○	○	○	○	×	×	×	○	○
真空预压法	○	○	△	△	○	×	×	○	×	×	×	×	○
深层搅拌法	○	○	×	×	×	×	×	○	○	△	△	△	×
旋喷法	○	○	×	×	×	×	×	○	○	△	△	△	×
灌浆法	○	○	○	×	×	○	○	△	○	△	×	○	△
强夯法	○	○	○	×	○	△	○	△	×	×	△	○	△
表层夯实法	○	○	△	×	○	△	○	△	×	×	△	○	○
振冲密实法	○	○	△	×	○	△	○	△	×	×	△	○	×
挤密砂石桩法	○	○	△	△	○	△	○	△	×	×	×	○	×
土桩、灰土桩法	○	○	△	△	△	△	○	△	×	×	×	×	×
加筋土法	○	○	△	△	△	△	△	△	×	×	×	△	△
冻结法		○	○			△	△					○	

注　○为一般适用；△为有时适用；×为不适用。

任务 1.7　地基处理与环境保护

随着工业的发展，环境污染问题日益严重，公民的环境保护意识也逐渐提高，在进行地基处理设计和施工中一定要注意环境保护，处理好地基处理与环境保护的关系。

与某些地基处理方法有关的环境污染问题主要是噪声、地下水质污染、地面位移、振动、大气污染以及施工场地泥浆污水排放等。事实上，一种地基处理方法对环境的影响还受施工工艺的影响，改进施工工艺可以减少甚至消除对周围环境的不良影响。在确定地基处理方案时，尚需结合具体情况，进一步研究分析。环保问题政策性地区性很强，一定要了解、研究、熟悉施工现场所在地环境保护的有关法令和规定，施工现场周围条件，以及了解施工工艺才能正确选用合适的地基处理方法。

任务1.8　地基处理发展展望

自20世纪80年代以来，在土木工程建设中遇到需要进行加固的不良地基也越来越多，对地基提出了越来越高的要求。地基处理已成为土木工程中最活跃的领域之一，地基处理在我国得到了飞速发展。地基处理技术最新发展反映在地基处理技术的普及与提高、施工队伍的壮大、地基处理机械、材料、设计计算理论、施工工艺、现场监测技术，以及地基处理新方法的不断发展和多种地基处理方法综合应用等方面。

随着地基处理工程的实践和发展，人们在改造土的工程性质的同时，不断丰富了对土的特性研究和认识，从而又进一步推动了地基处理技术和方法的更新，因而成为土力学基础工程领域中一个较有生命力的分支。

近些年，通过引进国外先进的地基处理技术，吸收其原理和方法，再加上我国各地区根据工程实际研制的独特的技术工艺，使得我国的地基处理技术迅猛发展，并已跻身世界前列。展望地基处理技术的发展，在实际工作中主要考虑下述几个方面的问题。

1. 研制和引进地基处理新机械，提高各种工法的施工能力

在土木工程建设中，与国外差距较大的是施工机械能力。在地基处理领域情况也是如此。深层搅拌法、高压喷射注浆法、振冲法等工法的施工机械能力上存在较大差距。随着综合国力提高，地基处理施工机械将会有较大的发展。不仅要重视引进国外先进施工机械，也要重视研制国产先进施工机械。只有各种工法的施工机械能力有了较大提高，地基处理水平才能有较大提高。

2. 加强理论研究，提高设计水平

加强地基处理和复合地基理论研究，如复合地基计算理论、优化设计理论、按沉降控制设计理论等，也要加强各种工法加固地基的机理以及设计计算理论研究。

这里特别要强调优化设计理论研究。地基处理优化设计包括两个层面：一是地基处理方法的合理选用；二是某一方法的优化设计。目前在这两个层面都存在较大的差距，发展空间很大。

3. 发展新技术

发展地基处理新方法和复合地基新技术，还包括发展地基处理新材料，如深层搅拌专用固化剂等。

4. 发展测试技术

测试技术包括各种地基处理工法本身的质量检验，以及对地基处理加固效果的评价。

地基处理和复合地基领域是土木工程中非常活跃的领域，也是非常有挑战性的领域。挑战与机遇并存，可以相信在不远的将来，地基处理技术会在普及的基础上得到较大的提高，发展到一个新的水平，我国的地基处理技术会在施工工艺、计算方法、设备创新、信

息反馈、设计理论及质量检测等方面取得更大的突破。

项 目 小 结

该部分把地基处理技术的基础知识列为一个项目进行介绍。首先介绍地基处理的目的和重要性；然后介绍地基处理的对象和处理方法及类型，地基处理的选用原则和规划程序，地基处理的施工管理和检测方法；最后对地基处理和环境保护的关系以及地基处理技术的发展进行评述。

思 考 及 习 题

1. 地基所面临的问题有哪些方面？
2. 地基处理的目的是什么？
3. 土木工程中经常遇到的不良土地基有哪些？
4. 地基处理方法可分为几大类？简述每一种地基处理方法的应用范围。
5. 地基处理方法的选用原则是什么？简述地基处理方案的确定步骤。
6. 地基处理工程的特点是什么？
7. 如何进行地基处理工程的施工管理？
8. 地基处理的最新发展表现在哪些方面？

项目2 换 填 垫 层

教学目标

    1. 熟悉换填垫层法的概念、作用，掌握垫层的适用条件。

    2. 熟悉垫层设计要点。

    3. 能根据工程的特点合理选择垫层施工。

    4. 掌握垫层施工质量控制和施工完后的质量检验。

项目背景

    背景1. 砂垫层在某泵房地基处理中的应用。

    某泵房为砖混结构，承重墙下采用钢筋混凝土条形基础，基础宽 $b=1.2m$，埋深 $d=1.1m$，上部结构作用于基础的荷载为 116kN/m。勘探资料显示，有一条深度为 2.4m 的废弃河道（已淤积填满）从泵房基础下穿过，地下水位埋深为 0.9m。地基第一层土为洪积土，层厚 2.4m，重度 18.8kN/m³；第二层为淤泥质粉质黏土，层厚 6.3m，重度 18.0kN/m³，地基承载力标准值为 68kPa；第三层为淤泥质黏土，层厚 8.6m，重度 17.3kN/m³；第四层为粉质黏土。由于泵房基础将坐落在古河道，有必要对地基进行处理。经多方案技术经济综合比较分析，决定采用砂垫层处理方案。

    背景2. 上海某学院动力馆砂垫层地基处理工程。

    上海某学院动力馆是3层混合结构，建造在冲填土的暗浜范围内，上部建筑正立面与基础平剖面布置如图2.1和图2.2所示。

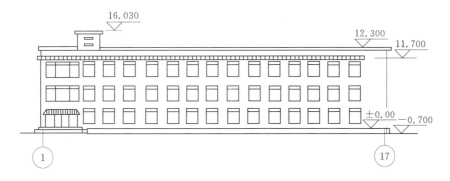

图 2.1　建筑物正立面

    建筑物场地系一池塘，冲填时塘底淤泥未挖除，地下水位较高，冲填龄期虽然已达40年之久但仍未能固结。其主要物理力学性质指标见表2.1。在基础平面外冲填土层曾做过两个载荷试验，地基承载力标准值为50kPa和70kPa。

    经分析研究，最后决定如下方案：采用砂垫层置换部分冲填土。砂垫层厚度选用0.9m和1.5m两种，辅以井点降水，并适当降低基底压力，控制基底压力为74kPa。

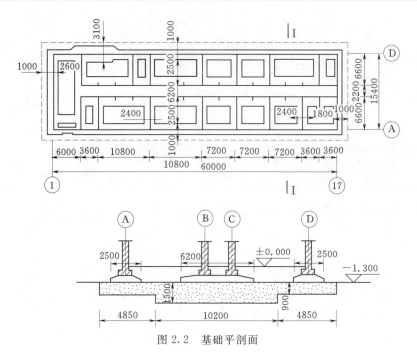

图 2.2 基础平剖面

表 2.1   地基土主要物理力学指标

土层类别	土层厚度 /m	层底标高 /m	含水率 ω /%	天然重度 γ /(kN/m³)	孔隙比 e	黏聚力 c /kPa	有效内摩擦角 φ' /(°)	压缩系数 α_{1-2} /MPa⁻¹	地基承载力特征值 f_a /kPa
褐黄色冲填土	1.0	+3.38							
灰色冲填土	2.3	+1.08	35.6	17.74	1.04	8.8	22.5	0.29	
塘底淤泥	0.5	+0.58	43.9	16.95	1.30	8.8	16	0.61	
淤泥质粉质黏土	7	−6.2	34.2	18.23	1.00	8.8	21	0.43	98
淤泥质黏土	未穿		53	16.66	1.47	9.8	11.5		59

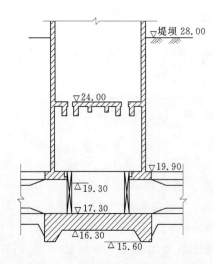

图 2.3 涵闸纵剖面（单位：m）

背景 3. 加筋砂石垫层在涵闸地基处理中的应用。

湖北黄石市拟在长江干堤某废弃涵闸旁重新建一座钢筋混凝土箱形穿堤涵闸。涵闸长 109m，每节 12m，箱涵内孔尺寸为 2m×2m，外轮廓尺寸为 3.2m×3.2m（图 2.3）。闸位于淤泥质粉质黏土地基，闸底以下软弱土层厚 10～18m，地基承载力 100kPa。

考虑到地基承载力不足，经方案比较和设计计算，决定采用加筋砂垫层作地基处理。土层厚 1.6m，由垫层底面开始每隔 50cm 厚度铺设一层土工格栅（图 2.4）。

背景 4. 加筋砂石垫层在海堤地基处理中的应用。

浙江舟山东港海堤全长 2235m，堤高 6.0m，地基分为 4 个土层，即淤泥质黏土（$\omega =$ 244.3%），淤泥（$\omega = 54.3\%$），淤泥质亚黏土（$\omega = 35.6\%$）和亚黏土（$\omega = 26.4\%$），总厚度达 20m。为使工程顺利进行，在大规模施工前做了一段试验堤。堤身材料为堆石，在与软基接触部位有一层砂石垫层。选用的筋材为织造型土工织物，抗拉强度为 60kN/m。第一层织物在横断面上的长度为 55m，其上抛填 0.7m 的砂石垫层；再在垫层上铺第二层织物，长度 40m，如图 2.5 所示。试验堤工程于 1994 年底完成，并进行了观测，效果良好。

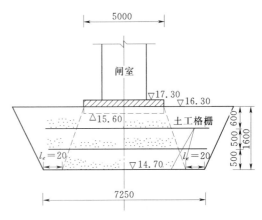

图 2.4 闸底加筋砂石垫层

图 2.5 浙江舟山东港海堤断面

任务 2.1 换填垫层法的选用

2.1.1 换填垫层法的概念

换填垫层法又称换填法，它是将建筑物基础下一定范围内的软弱土层部分或全部挖去，然后分层换填砂、碎石、素土、灰土、粉煤灰等强度较大，性能稳定且无侵蚀性的材料，并分层夯实（或振实）至要求的密实度，达到改善地基应力分布、提高地基稳定性和减少地基沉降的目的。

当软弱地基的承载力和变形不能满足建筑物要求，且软弱土层的厚度又不是很大时，换填垫层法是一种较为经济、简单的软土地基浅层处理方法。换填垫层法的优点：可就地取材、施工简便、机械设备简单、工期短、造价低。

在水利工程中，换填法多用于上部荷载不大、基础埋深较浅的水闸、泵房、涵闸、渡槽及堤坝工程。换填开挖厚度一般为 1.5～3.0m，垫层厚度过小，往往起不到作用；垫层厚度过大，基坑开挖有一定困难。对于上部荷载较大的建筑物地基处理，换填法必须结合其他地基加固措施（如桩基等）方能满足工程要求。

2.1.2 垫层的作用

换填垫层法处理地基，其作用主要体现在以下几个方面。

1. 提高地基承载力

浅基础的地基承载力与持力层的抗剪强度有关。如果抗剪强度较高的砂土或其他材料置换基础下的软弱土层，可以提高地基承载力，同时通过应力扩散作用使传到垫层下软弱下卧层的附加应力大大减小，避免地基破坏。

2. 减小沉降量

一般地基浅层部分的沉降量在总沉降量中所占的比例是比较大的，以条形基础为例，在相当于基础宽度的深度范围内的沉降量约占总沉降量的50%，如以高模量的密实砂或其他填筑材料代替低模量的上部软弱土层，必然可以减少这部分的沉降量。砂垫层或者其他垫层对应力的扩散作用，使作用在下卧土层的压力较小，进一步地减小软弱下卧层的沉降量，因此使得总沉降量显著减小。

3. 加速软弱土层的排水固结

建筑物的不透水基础与软弱土层直接接触时，在荷载作用下，软弱土地基中的水被迫绕基础两侧排出，因而使基底下的软弱土不易固结，形成较大的孔隙水压力，还可能导致由于地基强度降低而产生塑性破坏的危险。砂垫层和砂石垫层等垫层材料透水性大，软弱土层受压后，软弱下卧层增加了排水通道，使基础下面的孔隙水压力迅速消散，加速软弱土层的固结从而提高其抗剪强度，避免地基土塑性破坏。

用透水材料做垫层相当于增设了一道水平排水通道，起到排水作用。在建筑物施工过程中，孔隙水压力消散加快，有效应力增加也加快，有利于提高地基承载力，增加地基稳定性，加速施工进度以及减少建筑物工后沉降。

4. 防止冻胀

因粗颗粒的垫层材料孔隙大，不易产生毛细管水上升现象，因此可以防止寒冷地区浅层土结冰造成的冻胀。砂垫层的底面应满足当地冻结深度的要求。

5. 消除膨胀土的胀缩作用

在膨胀土地基上可选用砂、碎石、块石、煤渣、二灰或灰土等材料作为垫层以消除胀缩作用，但垫层厚度应根据变形计算确定，一般不少于0.3m，且垫层宽度应大于基础宽度，而基础两侧宜用与垫层相同的材料回填密实。

6. 隔水作用

对于湿陷性黄土地区，设置不透水垫层可防止地下水下渗到湿陷性黄土层，造成湿陷，所以垫层可起隔水作用。

2.1.3 换填垫层法的选用

《建筑地基处理技术规范》（JGJ 79—2012）中规定：换填垫层适用于浅层软弱土层或不均匀土层的地基处理。工程实践表明，换填垫层法主要用于淤泥、淤泥质土、湿陷性黄土、膨胀土、冻胀土、杂填土地基及暗沟、暗塘等的浅层处理。

换填垫层法各种垫层的适用范围见表2.2。

表2.2　　　　　　　　　　　　　　垫 层 的 适 用 范 围

垫层种类		适 用 范 围
砂（砂砾、碎石）垫层		中小型工程的暗河、塘、沟等的局部处理，适用于一般饱和、非饱和的软弱土和水下黄土地基处理，不宜用于湿陷性黄土地基，可有条件地用于膨胀土基
土垫层	素土垫层	中小型工程，大面积回填、湿陷性黄土
	灰土垫层	中小型工程，膨胀土，尤其是湿陷性黄土
粉煤灰垫层		大、中小型工程，大面积的填筑
矿渣垫层		中小型工程，地坪、堆场等工程大面积的地基处理和场地平整

任务 2.2 垫 层 的 设 计

　　垫层的设计不但要满足建筑物对地基变形及稳定的要求，而且应符合经济合理的原则。垫层设计前应根据建筑体型、结构特点、荷载性质、场地土条件、施工机械设备和填料性质和来源等进行综合分析。垫层的设计内容主要包括垫层厚度和宽度的确定两个方面，要求有足够的厚度以置换可能被剪切破坏的软弱土层，有足够的宽度以防止垫层向两侧挤出；对于有排水作用的砂（石）垫层，除有一定的厚度和宽度满足上述要求外，还要在基底形成一个排水面，以保证地基土排水路径的畅通，促进地基土的固结，从而提高地基强度。

　　垫层按回填材料可分为：砂垫层、素土垫层、灰土垫层、粉煤灰垫层、矿渣垫层和土工合成材料垫层等。不同材料的垫层，其应力分布稍有差异，但根据试验结果和实测资料，垫层地基的强度和变形特性基本相似，因此可将各种材料的垫层设计近似的按砂垫层的设计方法进行计算。

2.2.1 垫层厚度设计

　　合理确定垫层厚度是垫层设计的主要内容。如图 2.6 所示，垫层的厚度 z 一般根据需要置换土层的深度或下卧土层的承载力确定，要求作用在垫层底面软弱土层顶部的自重压力与附加压力之和不大于该高程处软弱土层的承载力值，即符合式（2.1）的要求。对于浅层软土厚度不大的工程，应置换掉全部软弱土。

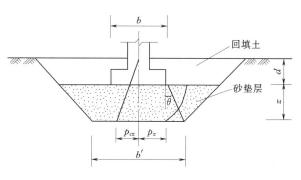

图 2.6　垫层内应力分布

$$p_z + p_{cz} \leqslant f_{az} \tag{2.1}$$

式中　p_z——垫层底面处的附加压力值，kPa；

　　　p_{cz}——垫层底面处土的自重压力值，kPa；

　　　f_{az}——垫层底面处经深度修正后的地基承载力特征值，kPa。

　　垫层底面处的附加压力 p_z，可按应力扩散角 θ 根据式（2.2）和式（2.3）进行简化计算：

　　条形基础：
$$p_z = \frac{b(p_k - p_c)}{b + 2z\tan\theta} \tag{2.2}$$

　　矩形基础：
$$p_z = \frac{bl(p_k - p_c)}{(b + 2z\tan\theta)(l + 2z\tan\theta)} \tag{2.3}$$

式中　b——矩形基础或条形基础底面的宽度，m；

　　　l——矩形基础底面的长度，m；

p_k——基础底面处的平均压力值，kPa；

p_c——基础底面处土的自重压力值，kPa；

z——基础底面下垫层的厚度，m；

θ——垫层的压力扩散角，（°），宜通过试验确定。无试验资料时，各种换填材料的压力扩散角 θ 值见表 2.3。

表 2.3　　　　　　　　　　　　压 力 扩 散 角 θ　　　　　　　　　　单位：（°）

z/b 换填材料	中砂、粗砂、砾砂、圆砾、角砾、石屑、卵石、碎石、矿渣	粉质黏土、粉煤灰	灰土
0.25	20	6	28
≥0.50	30	23	

注　当 $z/b<0.25$ 时，除灰土取 $\theta=28°$ 外，其余材料均取 $\theta=0°$，必要时宜由试验确定。

　　当 $0.25<z/b<0.5$ 时，θ 值可内插求得；土工合成材料加筋垫层应力扩散角宜由现场静载荷试验确定。

垫层厚度计算时，一般是先根据初步拟定的厚度，再用式（2.1）进行复核。一般情况下，换填垫层的厚度不宜小于 0.5m，也不宜大于 3m。太薄则换填垫层的作用不明显；垫层太厚，成本高且施工比较困难，垫层效用并不随厚度线性增加。

2.2.2　垫层宽度的设计

垫层的宽度一方面要满足压力扩散的要求，另一方面应根据垫层侧面土的强度条件。当其侧面土质较好时，垫层宽度略大于基底宽度即可，当其侧面土质较差时，如果垫层宽度不足，垫层就有可能被挤入四周软弱土层中，促使侧面软土的变形和地基沉降的增大。垫层顶面每边超出基础底边应大于 $z\tan\theta$，不得小于 300mm，且从垫层底面两侧向上，按基坑开挖期间保持边坡稳定性的当地经验放坡确定。整片垫层底面的宽度可根据施工要求适当加宽。

砂垫层底面宽度 b'（以 m 计）应满足基础底面压力扩散的要求，可以按式（2.4）确定。

$$b'\geqslant b+2z\tan\theta \qquad (2.4)$$

式中　b'——垫层底面宽度，m；

　　　θ——压力扩散角，根据表 2.3 取值，当 $z/b<0.25$ 时，按表 2.3 中 $z/b=0.25$ 取值。

2.2.3　换填垫层承载力的确定

经换填处理后的地基，由于理论计算方法尚不够完善，或由于较难选取有代表性的计算参数等原因，因而难于通过计算准确确定地基承载力。垫层的承载力宜通过现场静载荷试验确定。对于现行国家标准《建筑地基基础设计规范》（GB 50007—2011）设计等级为丙级的建筑物及一般的小型、轻型或对沉降要求不高的工程，在无试验资料或经验时，当施工达到要求的压实标准后，在进行垫层设计时，可根据表 2.4 确定。

表 2.4 各种垫层的压实标准及承载力

施工方法	换填材料类别	压实系数 λ_c	承载力特征值 f_{ak}/kPa
碾压、振密或夯实	碎石、卵石	≥0.97	200～300
	砂夹石（其中碎石、卵石占全重的 30%～50%）		200～250
	土夹石（其中碎石、卵石占全重的 30%～50%）		150～200
	中砂、粗砂、砾砂、圆砾、角砾		150～200
	粉质黏土		130～180
	石屑		120～150
	灰土	≥0.95	200～250
	粉煤灰		120～150
	矿渣	—	200～300

注　1. 压实系数小的垫层，承载力特征值取低值，反之取高值；原状矿渣垫层取低值，分级矿渣或混合矿渣垫层取高值。

　　2. 压实系数 λ_c 为土的控制干密度 ρ_d 与最大干密度 $\rho_{d\max}$ 比值，土的最大干密度宜采用击实试验确定，碎石或卵石的最大干密度可取 $2.0\sim2.2t/m^3$。

　　3. 表中压实系数 λ_c 系使用轻型击实试验测定土的最大干密度 $\rho_{d\max}$ 时给出的压实控制标准，采用重型击实试验时，对于粉质黏土、灰土、粉煤灰及其他材料压实标准应为压实系数 $\lambda_c\geqslant0.94$。

　　4. 矿渣垫层的压实指标在采用 8t 的平碾或振动碾施工时按最后两遍压实的压陷差小于 2mm 控制。

2.2.4　沉降量计算

垫层的变形由垫层自身变形和下卧层变形组成，在满足前述设计要求的基础上可只考虑下卧层的变形。对于沉降有严格限制的建筑，应计算垫层自身变形。垫层下卧层的变形量可按现行国家标准《建筑地基基础设计规范》（GB 50007—2011）的规定进行计算。

对于垫层下存在软弱下卧层的建筑，在进行地基变形计算时应考虑邻近建筑物基础荷载对软弱下卧层顶面应力叠加的影响。当超出原地面标高的垫层或换填材料的重度高于天然土层重度时，应及时换填，并应考虑其附加载荷的不利影响。

2.2.5　垫层材料的选用

1. 砂石

砂石垫层宜选用碎石、卵石、角砾、圆砾、砾砂、粗砂、中砂或石屑（粒径小于 2mm 的部分不超过总重的 45%），且级配良好，不含植物残体、垃圾等杂质，其含泥量不超过 5%。若用做排水固结的砂垫层，其含泥量不应超过 3%。若用粉细砂作为换填材料时，不容易压实，而且强度也不高，使用时应掺入不少于总重量 30% 的碎石或卵石，使其分布均匀，最大粒径不得超过 50mm。对于湿陷性黄土地基的垫层，不得选用砂石等透水性材料。

2. 粉质黏土

土料中有机质含量不得超过 5%，且不得含有冻土和膨胀土。当含有碎石时粒径不得大于 50mm。对湿陷性黄土和膨胀土地基的粉质黏土垫层，土料中不得夹有砖、瓦和石块。换填时尽量避免采用黏土作为换填材料，在不得已选用时，应掺入不少于 30% 的砂石并拌和均匀后方可使用。当采用粉质黏土大面积换填并使用大型机械夯压时，土料中碎石粒径可稍大于 50mm，但不宜大于 100mm，否则影响垫层的夯压效果。

3. 灰土

灰土体积配合比宜为 2∶8 或 3∶7。石灰用新鲜的消石灰，其最大粒径不得大于 5mm，石灰应消解 3～4d 并筛除生石灰块后使用。土料宜用粉质黏土，不宜使用块状黏土且不得含有松软杂质，土料应过筛且最大粒径不得大于 15mm。

4. 粉煤灰

选用的粉煤灰应满足相关标准对腐蚀性和放射性的要求。粉煤灰垫层上宜覆盖 0.3～0.5m 厚的黏性土，以防干灰飞扬，同时减少碱性对植物生长的不利影响，有利于环境绿化。粉煤灰垫层中采用掺加剂时，应通过试验确定其性能及适用条件。粉煤灰垫层中的金属构件、管网宜采取适当防腐措施。大量填筑粉煤灰时应考虑对地下水和土壤的环境影响。

5. 矿渣

垫层矿渣是指高炉重矿渣，可分为分级矿渣、混合矿渣及原状矿渣。矿渣的松散重度不小于 11kN/m³，有机质和含泥量不超过 5%。设计、施工前必须对所选的矿渣进行试验，在确认其性能稳定并满足腐蚀性和放射性安全的要求后方可使用。易受酸、碱影响的基础或地下管网不得采用矿渣垫层。大量填筑矿渣时应经场地地下水和土壤环境的不良影响评价合格后，方可使用。对中、小型垫层可选用 8～40mm 与 40～60mm 的分级矿渣或 0～60mm 的混合矿渣；较大面积换填时，矿渣最大粒径不宜大于 200mm 或大于分层铺筑厚度的 2/3。

6. 其他工业废渣

在有可靠试验结果或成功工程经验时，对质地坚硬、性能稳定、透水性强无腐蚀性和放射性危害的工业废渣等亦可用于填筑换填垫层，但应经过现场试验证明其经济技术效果良好且施工措施完善后方可使用。

7. 土工合成材料

由分层铺设的土工合成材料与地基土构成加筋垫层。土工合成材料的品种、性能及填料的土类应根据工程特性和地基土条件，按照《土工合成材料应用技术规范》（GB 50290—1998）的要求，通过设计并进行现场试验后确定。作为加筋土工合成材料应采用抗拉强度较高，耐久性好，抗腐蚀的土工带、土工格栅、土工格室、土工垫或土工织物等土工合成材料。垫层填料宜用碎石、角砾、砾砂、粗砂、中砂等材料，且不含氯化钙、碳酸钠、硫化物等化学物质。当工程要求垫层具有排水功能时，垫层材料应具有良好的透水性。在软土地基上使用加筋垫层时，应保证建筑物稳定并满足允许变形的要求。

任务 2.3 垫 层 施 工

2.3.1 施工方法的选用

按密实方法和施工机械，换填垫层法有机械碾压法、重锤夯实法和振动压实法。垫层施工应根据不同的换填材料选择施工机械。

1. 机械碾压法

机械碾压法是采用各种压实机械来压实地基土的一种压实方法。机械碾压法的施工设备有平碾、振动碾、羊足碾、振动压实机、蛙式夯、平板振动器等。这种方法常用于大面积填土的压实、杂填土地基处理、基坑面积较大的换填垫层的分层压实。施工时，先按设计挖掉要处理的软弱土层，把基础底部土碾压密实后，再分层填土，逐层压密填土。

2. 重锤夯实法

重锤夯实法是利用起重设备将夯锤提升到一定高度，然后自由落锤，利用重锤自由下落时的冲击能来夯实浅层土层，重复夯打，使浅部地基土或分层填土夯实。主要设备为起重机、夯锤、钢丝绳和吊钩等。重锤夯实法一般适用地下水位距地表0.8m以上非饱和的黏性土、砂土、杂填土和分层填土，用以提高其强度，减少其压缩性和不均匀性，也可用于消除或减少湿陷性黄土的表层湿陷性，但在有效夯实深度内存在软弱土时，或当夯击振动对邻近建筑物或设备有影响时，不得采用。因为饱和土在瞬间冲击力作用下水不易排出，很难夯实。

3. 振动压实法

振动压实法是利用振动压实机将松散土振动密实。地基土的颗粒受振动而发生相对运动，移动至稳固位置，减小土的孔隙而压实。此法适用于处理无黏性土或黏粒含量少、透水性较好的松散杂填土以及矿渣、碎石、砾砂、砾石、砂砾石等地基。

总的来说一般粉质黏土、灰土垫层宜采用平碾、振动碾或羊足碾以及蛙式夯、柴油夯；砂石垫层等宜采用振动碾；粉煤灰垫层宜用平碾、振动碾、平板振动器、蛙式夯；矿渣垫层宜采用平板式振动器或平碾、也可采用振动碾。

2.3.2 垫层的施工工艺

垫层所采用的换填材料不同，垫层的施工方法也有所不同。

1. 砂石垫层施工

砂石垫层选用的砂石料应进行室内击实试验，确定最大干密度 $\rho_{d\max}$ 和最优含水量 w_{op}，然后根据设计要求的压实系数 λ_c 确定设计要求的干密度 ρ_d、压实系数 λ_c，依次作为检验砂石垫层质量控制的技术指标。在无击实试验数据时，砂石垫层的中密状态可作为设计要求的干密度：中砂1.6t/m³，粗砂1.7t/m³，碎石、卵石2.0～2.2t/m³ 即可。

砂和砂石垫层采用的施工机具和方法对垫层的施工质量至关重要。下卧层是高灵敏度的软土时，在铺设第一层时要注意不能采用振动能量大的机具振动下卧层。除此之外，一般情况下砂及砂石垫层首先用振动法，因为振动法更能有效地使砂和砂石密实。

砂石垫层施工要点如下：

（1）砂石垫层宜采用振动碾，分层铺筑厚度、每层压实遍数宜通过现场试验确定。除接触下卧软土层的垫层底部应根据施工机械设备及下卧层土质条件确定厚度外，其他垫层的分层铺筑厚度为200～300mm。为保证分层压实质量，应控制机械碾压速度。

（2）砂及砂石料可根据施工方法不同按经验控制适宜的施工含水量，即当用平板式振动器时可取15%～20%，当用平碾或蛙式夯时可取8%～12%，当用插入式振捣器时宜为饱和。对于碎石及卵石应充分浇水湿透后夯压。

（3）铺筑前，应先行验槽。浮土应清除，边坡必须稳定，防止塌土。基坑（槽）两侧附近如有低于地基的孔洞、沟、井和墓穴等，应在未做垫层前加以填实。

（4）开挖基坑铺设砂垫层时，必须避免扰动软弱土层的表面，防止软弱土层被践踏、受冻或受水浸泡。否则坑底土的结构在施工时遭到破坏后，其强度就会显著降低，以致在建筑物荷重的作用下，将产生很大的附加沉降。基坑开挖时可保留 180～220mm 厚的土层暂不挖去，待铺筑垫层前再由人工挖至设计标高。在碎石或卵石垫层底部应设置厚度为 150～300mm 的砂垫层或铺一层土工织物，并应防止基坑边坡塌土混入垫层中。基坑开挖后应及时回填。

（5）砂、砂石垫层底面应铺设在同一标高上，如深度不同时，基坑地基土面应挖成踏步（阶梯）或斜坡搭接，各分层搭接位置应错开 0.5～1m 的距离。搭接处应注意捣实，施工应按先深后浅的顺序进行。

（6）人工级配的砂石垫层，应将砂石拌和均匀后，再行铺填捣实。采用细砂作为垫层的填料时，应注意地下水的影响，且不宜使用平振法、插振法。

（7）地下水位高出基础底面时，应采用排水降水措施，这时要注意边坡的稳定，以防止塌土混入砂石垫层中影响垫层的质量。

2. 粉质黏土和灰土垫层施工

粉质黏土和灰土垫层施工参数及施工要点：

（1）粉质黏土和灰土垫层应选用平碾、振动碾或羊足碾，以及蛙式夯、柴油夯。最大虚铺厚度为 200～300mm。

（2）粉质黏土和灰土垫层土料的施工含水量现场一般控制在最优含水率 $\omega_{op} \pm 2\%$ 范围内。当使用振动碾压时，可适当放宽下限范围值，即控制到最优含水率 $\omega_{op} - 6\% \sim \omega_{op} + 2\%$ 范围内。最优含水率一般通过室内击实试验确定，缺乏试验资料时可近似取液限 ω_l 值的 60% 或按经验采用塑限 $\omega_p \pm 2\%$ 的范围值作为施工含水率的控制值。

（3）分段施工时，不得在墙角、柱基等地基压力突变处接缝。上下两层的接缝距离不得小于 500mm。接缝处应夯压密实。灰土拌和后须在当日铺垫压实，压实后 3d 内不能受水浸泡。

（4）垫层施工竣工验收合格后应及时进行基础施工与基坑回填。

3. 粉煤灰垫层施工

粉煤灰不得含垃圾、有机质等杂物。粉煤灰运输时含水量要适中，既要避免含水量过大造成途中滴水，又要避免含水量过小造成扬尘。粉煤灰施工时的含水量应为 $\omega_{op} \pm 4\%$。在软弱地基上填筑粉煤灰垫层时，应先铺约 20cm 厚的中、粗砂或高炉干渣，以免下卧软土层表面受到扰动，同时有利于下卧软土层的排水固结。其他施工要点可参照砂石垫层的相关内容。

任务 2.4 质 量 检 验

垫层的施工质量检验可利用贯入仪、轻型动力触探或标准贯入试验检验。

垫层质量检验包括：分层施工质量检查和工程质量验收。

1. 检验方法选用

对粉质黏土、灰土、粉煤灰和砂石垫层的施工质量可用环刀取样、静力触探、轻型动力触探或标准贯入试验等方法进行检验；对碎石、矿渣垫层可用重型动力触探。以上方法均应通过现场试验，在达到设计要求压实系数的垫层试验区内，测得标准的贯入深度或击数，然后再以此作为控制施工压实系数的标准，进行施工质量检验。利用传统的贯入试验进行施工质量检验必须在有经验的地区通过对比试验确定检验标准，再在工程中实施。压实系数也可采用灌砂法、灌水法或其他方法检验。

2. 检验点数量

检验点数量，条形基础下垫层 10～20m 不应少于 1 个点，独立柱基、单个基础下垫层不应少于 1 个点，其他基础下垫层每 50～100m³ 不应少于 1 个点。采用标准贯入试验或动力触探检验垫层的施工质量时，每分层检验点的间距不应大于 4m。

竣工验收宜采用载荷试验检验垫层承载力，且每个单体工程不宜少于 3 个点；对大型工程应按单体工程的数量或工程划分的面积确定检验点数。

3. 施工质量检测方法

垫层施工质量检验必须分层进行，应在每层的压实系数符合设计要求后铺筑上层土。检验方法主要有：环刀法和贯入测定法两种。

(1) 环刀法。用容积不小于 200cm³ 的环刀压入垫层中的每层 2/3 的深度处取样，测定其干密度。若采用砂垫层，干密度应不小于该砂石料在中密状态的干密度值（中砂为1.55～1.6t/m³，粗砂为 1.7t/m³，砾石、卵石为 2.0～2.2t/m³）。

(2) 贯入测定法。以砂垫层为例，先将砂垫层表面 3cm 左右厚的砂刮去，然后用贯入仪、钢钎或钢筋以贯入度的大小来定性地检验砂垫层质量，以不大于通过相关试验所确定的贯入度为合格。钢筋贯入法所用的钢筋为 φ20mm，长 1.25m 的平头钢筋，垂直举离砂垫层表面 700mm 时自由下落，测其贯入深度，插入深度以不大于根据该砂的控制干密度测定的深度为合格。钢叉贯入法于 50cm 高处自由落下，测其贯入深度，其插入深度以不大于根据控制干密度测定的深度为合格。

4. 工程竣工质量验收

工程竣工质量验收的检测、试验方法有：

(1) 静载荷试验。根据垫层静载荷实测资料，确定垫层的承载力和变形模量。

(2) 静力触探试验。根据现场静力触探试验的比贯入阻力的曲线资料，确定垫层的承载力及其密实状态。

(3) 标准贯入试验。由标准贯入试验的贯入锤击数，换算出垫层的承载力及其密实状态。

(4) 轻便触探试验。利用轻便触探试验的锤击数，确定垫层的承载力、变形模量和垫层的密实度。

(5) 中型或重型以及超重型动力触探试验。根据动力触探试验锤击数，确定垫层的承载力、变形模量和垫层的密实度。

(6) 现场取样做物理、力学性质试验。检验垫层竣工后的密实度，估算垫层的承载力及压缩模量。

5. 加筋垫层中土工合成材料的检验

土工合成材料质量应符合设计要求，外观无破损、老化、无污染；土工合成材料应可拉、无皱折、紧贴下承层，锚固端应锚固牢靠；上下层土工合成材料的搭接缝应交替错开，搭接强度满足设计要求。

案例分析

【案例1】 根据背景1中的相关资料进行砂垫层设计。

1. 砂垫层厚度确定

古河道的洪积土层厚2.4m，基础埋深1.1m，故砂垫层厚度可先设定为$z=1.3$m，其干密度要求大于$1.6t/m^3$。

（1）基础底面的平均压力p：

$$p=\frac{F+G}{A}=\frac{F+\gamma_G bd}{b}=\frac{116}{1.2}+20\times0.9+(20-10)\times0.2=116.7(\text{kPa})$$

上式中的γ_G为基础及回填土的平均重度，可取为20kN/m^3，地下水位以下部分应扣除浮力。

（2）基础底面处土的自重压力p_c：

$$p_c=18.8\times0.9+(18.8-10)\times0.2=18.7(\text{kPa})$$

（3）垫层底面处土的自重压力p_{cz}：

$$p_{cz}=18.8\times0.9+(18.8-10)\times1.5=30.1(\text{kPa})$$

（4）垫层底面处的附加压力p_z：

由于是条形基础，p_z按式（2.2）计算，其中垫层的压力扩散角θ由$z/b=1.3/1.2=1.08>0.5$查表2.2得$\theta=30°$，于是

$$p_z=\frac{b(p_k-p_c)}{b+2z\tan\theta}=\frac{1.2(116.7-18.7)}{1.2+2\times1.3\tan30°}=43.5(\text{kPa})$$

（5）下卧层地基承载力设计值f_a。砂垫层底面处淤泥质粉质黏土的地基承载力标准值以$f_{ak}=68$kPa，再经深度修正可得到下卧层地基承载力设计值（修正系数η_d取1.0）。

$$
\begin{aligned}
f_a&=f_{ak}+\eta_d\gamma_m(d+z-0.5)\\
&=68+1.0\times\frac{18.8\times0.9+(18.8-10)\times1.5}{2.4}(1.1+1.3-0.5)=91.8(\text{kPa})
\end{aligned}
$$

（6）下卧层承载力验算。砂垫层的厚度，应保证垫层底面处的自重压力与附加压力之和不大于下卧层地基承载力设计值，即

$$p_z+p_{cz}=43.5+30.1=73.6(\text{kPa})<f_a=91.8(\text{kPa})$$

满足设计要求，故砂垫层厚度确定为1.3m。

2. 确定砂垫层宽度

垫层的宽度按压力扩散角的方法确定，即

$$b'=b+2z\tan\theta=1.2+2\times1.3\tan30°=2.7(\text{m})$$

取垫层宽为2.7m。

3. 沉降计算（略）

【案例2】 根据背景2中的相关资料进行地基处理方案确定及施工效果评价。

1. 设计时曾经考虑过下列方案

(1) 挖除填土，将基础落深，如将基础落深至淤泥质粉质黏土层内，需挖土 4m，因而土方工程量大，地下水位又高，塘泥淤泥渗透性差，采用井点降水效果估计不够理想，且施工也十分困难。

(2) 打钢筋混凝土 20cm×20cm 短桩，长度 5～8m，单桩承载力 50～80kN。通常以暗浜下有黏质粉土和粉砂的效果较为显著。

当无试验资料时，桩基设计可假定承台底面下的桩与承台底面下的土起共同支承作用。计算时一般按桩承受荷载的 70% 计算，但地基土承受的荷载不宜超过 30kPa。本工程因冲填土尚未固结，需做架空地板，这样也会增加处理造价。

(3) 采用基础梁跨越。本工程因暗浜宽度太大，因而不可能选用基础梁跨越方法。

(4) 采用砂垫层置换部分冲填土。砂垫层厚度选用 0.9m 和 1.5m 两种，辅以井点降水，并适当降低基底压力，控制基底压力为 74kPa，经分析研究，最后决定采用本方案。

2. 施工情况

(1) 砂垫层材料采用中砂，使用平板振动器分层振实，控制土的干密度为 1.6t/m³。

(2) 建筑物四周布置井点，开始时井管滤头进入淤泥质粉质黏土层内，但因暗浜底淤泥的渗透性差，降水效果欠佳，最后补打井点，将滤头提高至填土层层底。

3. 效果评价

(1) 由于纵横条形基础和砂垫层处理起到了均匀传递扩散压力的作用，并改善了暗浜内部的排水固结条件。冲填土和淤泥在承受上部荷载后，孔隙水压力可通过砂垫层排水消散，地基土逐渐固结，强度也随之提高。

(2) 实测沉降量约 200mm，在规范容许沉降范围以内，实际使用效果良好。

项 目 小 结

换填垫层法是一种较为经济、简单的软土地基浅层处理方法。换填垫层地基处理项目以实体工程为背景，首先介绍了换填垫层法的概念、垫层的作用和选用；然后介绍换填垫层设计的内容，包括垫层厚度的确定，垫层宽度的确定，垫层承载力的确定，垫层沉降计算和垫层材料的选用；其次是垫层的施工方法和要点以及垫层施工完成后的质量检验；最后通过案例分析强化教学内容。

思 考 及 习 题

1. 什么是换填垫层法？换填垫层的作用包括哪些？
2. 如何进行垫层的设计计算？
3. 垫层的施工方法有哪些？
4. 垫层施工完后，如何进行质量检验？
5. 某 4 层砖混结构房屋，条形毛石基础，基础埋深 2m，条形基础底面宽度 1.8m，基底压力为 150kPa，基底及以上回填土的重度为 20kN/m³，该场地 0～8m 深为软黏土，重度为 18kN/m³，地基承载力特征值为 110kPa，采用砂石垫层处理，砂石重度 19.5kN/m³。如何进行该砂石垫层设计？

6. 某独立基础尺寸为 1.5m×1.2m，基底埋深为 1.0m，荷载效应标准组合时，上部结构传至基础顶面的荷载为 252kN，其他资料如下：①0～1m 为粉土，重度 18kN/m³；②1～3m 为淤泥质土，重度 19.8kN/m³，地基承载力特征值为 80kPa；③地下水位在 4m 处；现拟用 1.0m 厚的灰土垫层进行处理，灰土重度为 19.8kN/m³。试进行灰土垫层设计。

项目3 压实与夯实地基

教学目标

1. 熟悉压实和夯实法的概念、作用及适用范围。
2. 了解压实和夯实法加固机理和设计流程。
3. 掌握压实和夯实地基的施工特点、施工程序。
4. 能进行压实和夯实地基施工的质量检验。

项目背景

背景1. 深圳国际机场跑道及滑行道长度约3400m。要求机场建成后地基剩余沉降量不超过50mm。

跑道和滑行道均位于5～9m深的含水量高达84%的流塑状海相淤泥上，该土的特点是含水量大、强度低、灵敏度高（表3.1），不同深度工程性质基本一致，表层基本无硬壳层，有利于形成整体式强夯挤淤置换。

表3.1　深圳机场跑道及滑行道地基处淤泥的物理力学指标

项目	含水量/%	重度/(kN/m³)	孔隙比	液限/%	塑限/%	塑性指数
范围	74.6～92.6	14.8～15.7	2.08～2.54	53.1～59.5	26.7～33.1	23.4～29.1
平均	85.8	15.1	2.34	57.1	30.9	26.3

项目	十字板抗剪强度/kPa	灵敏度	压缩系数/MPa⁻¹	颗粒组成/%			
				>0.1mm	0.1～0.05mm	0.05～0.005mm	<0.005mm
范围	3～7	4～7	1.27～2.59	0	2～5	23～29	66～75
平均	5.4		2.24				

背景2. 山东省莱城电厂拟建储灰场，一期工程灰坝的最大坝高40m，二期工程灰坝加高47m，相应最大坝高87m，该灰场可满足电厂储灰22年。由地质勘测知，在黑山沟谷底上覆盖第四系全新统和上更新统坡积洪积地层，系黄土状粉质黏土，黄棕—棕黄色，可塑—硬塑状态，夹黄土状黏土及粉土团块，混碎石，约10%～20%，粒径一般为2～5cm；并夹有厚度不等的碎石透镜体，碎石层厚度为0.3～3.5m，碎石粒径一般为2～5cm，最大为10～30cm，混黏性土30%～45%，稍密。黄土状粉质黏土承载力标准值147kPa，碎石混黏土层承载力标准值250kPa。其中4个钻孔（2号、4号、11号与13号孔）的6个土样湿陷性系数为0.018～0.027，说明黄土状粉质黏土局部有湿陷性。

经研究分析，设计单位提出用强夯法加固坝基，并建议进行强夯试验。

任务 3.1　压实法的选用

压实填土地基包括压实填土及其下部天然土层部分，压实填土地基的变形也包括压实填土及其下部天然土层的变形。压实填土需要通过设计，按设计要求分层压实，并对其填料性质和施工质量有严格控制，其承载力和变形满足地基设计要求。

压实地基适用于处理大面积填土地基。浅层软弱地基以及局部不均匀地基的换填处理按照换填垫层给出的方案执行。

3.1.1　土的压实原理

1. 土的压实机理

建筑物建筑在填土上，为了提高土的强度，减小压缩性和渗透性，增加土的密实度，经常要采用夯打、振动或碾压等方法使土得到压实，从而保证地基和土工建筑物的稳定。压实就是指土体在压实能量作用下，土颗粒克服粒间阻力，产生位移，土颗粒重新排列，使土中的孔隙减小，密实度增加。

细粒土和粗粒土具有不同的压密性质。当黏性土的含水量较小时，水化膜很薄，以结合水为主，颗粒间引力大，在一定的外部压实功作用下，还不能克服这种引力而使土粒相对移动，压实效果效果差，土的干密度小。当含水量增加时，结合水膜逐渐增厚，颗粒间引力减弱，土粒在相对压实功作用下易于移动而挤密，压实效果提高，土的干密度也随之提高。当含水率达到一定程度后，孔隙中开始出现自由水，结合水膜的扩大作用并不明显，颗粒间引力很弱，但自由水填充在孔隙中，阻止了土粒间的移动，并随着含水率的继续增加，移动阻力逐渐增大，压实效果反而下降，土的干密度也随之减小。工程实践表明，对于细粒土要获得较好的压实效果必须控制其含水率，宜用夯击或碾压机具。压实粗粒土宜用振动机具，同时应充分洒水。

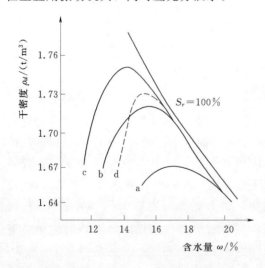

图 3.1　工地试验与室内击实试验的比较
a—碾压 6 遍；b—碾压 12 遍；c—碾压 24 遍；
d—室内击实试验

2. 最优含水率

工程实践表明，要使土的压实效果最好，其含水量一定要适当。对过湿的土进行碾压会出现"橡皮土"，不能增大土的密实度；对很干的土进行碾压，也不能把土充分压实。这说明土的压实存在最优含水率的问题。

在标准击实条件下，当土样含水率较低时，击实后的干密度随着含水率的增加而增大；而当含水率达到某一值时，干密度达到最大值，此时含水率继续增加反而导致干密度的减小。干密度的最大值称为最大干密度 $\rho_{d\max}$，与它对应的含水率称为最优含水率 ω_{op}。如图 3.1 所示，从图中曲线分析可以看出，对饱和土（$S_r = 100\%$）的理论曲线高于制备土样的试验曲线，这是因为理论曲线假定土中孔隙完全被水充满，无空气存在，但实际土样中的空气是不可能完全排出的，故实际土样的干密度小于理论值。

不同土样，击实试验效果是不同的，黏粒含量较多的土，因土粒间的引力较大，只有在较大含水量时才可达到最大干密度的压实状态，如黏性土的最优含水率 ω_{op} 大于粗砂的最优含水率 ω_{op}。

如果改变压实功能，曲线形态基本不变，但曲线位置会发生移动。一般在加大击实功能时，最大干密度 ρ_{dmax} 将增大，最优含水率 ω_{op} 却减少。这说明压实功能越大，越容易克服土颗粒间的吸引力，使之在较低含水量时达到更大的密实程度。

由于现场施工的土料土块大小不均，含水率和铺筑厚度又难以控制均匀，其压实效果要比室内击实试验差。因为，对现场土的压实，是以压实系数 λ_c（土的控制干密度 ρ_d 与最大干密度 ρ_{dmax} 的比值）和施工含水率来控制填土的工程质量。

压实系数的计算公式为

$$\lambda_c = \frac{\rho_d}{\rho_{dmax}} \qquad (3.1)$$

$$\rho_{dmax} = \eta \frac{\rho_w d_s}{1 + 0.01\omega_{op}d_s} \qquad (3.2)$$

式中　ρ_d——现场土的实际控制干密度，g/cm³；

ρ_{dmax}——土的最大干密度，g/cm³；

η——经验系数，粉质黏土取 0.96，粉土取 0.97；

ρ_w——水的密度，可取 $\rho_w = 1$g/cm³；

d_s——土粒相对密度；

ω_{op}——土的最优含水率。

当填料为碎石或卵石时，其最大干密度可取 2.1～2.2g/cm³。

3.1.2 压实填土设计要点

1. 压实填土地基填料的选择

可选用粉质黏土、灰土、粉煤灰、级配良好的砂土或碎石土，以及质地坚硬、性能稳定、无腐蚀性和无放射性危害的工业废料等。以碎石土作为填料时，其最大粒径不宜大于 100mm；以粉质黏土、粉土作填料时，其含水率宜为最优含水率，可采用击实试验确定；不得采用淤泥、耕土、冻土、膨胀土以及有机质含量大于 5% 的土料；采用振动压实法时，宜降低地下水位到振实面下 600mm。

2. 设计参数的确定

碾压法和振动压实法施工时，应根据压实机械的压实性能、地基土性质、密实度、压实系数和施工含水率等，并结合现场试验确定碾压分层厚度、碾压遍数、碾压范围和有效加固深度等施工参数。初步设计可按表 3.2 选用。

表 3.2　　　　　　　　　　　　　填土每层铺填厚度及压实遍数

施 工 设 备	每层铺填厚度/mm	每层压实遍数
平碾（8～12t）	200～300	6～8
羊足碾（5～16t）	200～350	8～16
振动碾（8～15t）	500～1200	6～8
冲击碾压（冲击势能 15～25kJ）	600～1500	20～40

对于已经回填完成且回填厚度超过表 3.1 中的铺筑厚度，或粒径超过 100mm 的填料含量超过 50% 的填土地基，应用较高性能的压实设备或采用夯实法进行加固。

3. 压实填土的质量控制

压实填土的质量以压实系数 λ_c 控制，并根据结构类型和压实填土所在的部位按表 3.3 的要求确定。

表 3.3　　　　　　　　　　　　压实填土的质量控制

结构类型	填土部位	压实系数 λ_c	控制含水率/%
砌体承重结构和框架结构	在地基主要受力层范围内	≥0.97	$\omega_{op} \pm 2$
	在地基主要受力层范围下	≥0.95	
排架结构	在地基主要受力层范围内	≥0.96	
	在地基主要受力层范围下	≥0.94	

注　地坪垫层以下及基础底面标高以上的压实填土，压实系数不应小于 0.94。

4. 设置在斜坡上的压实填土

设置在斜坡上的压实填土，应验算其稳定性。当天然地基坡度大于 20%，应采取防止压实填土可能沿着坡面滑动的措施，并应避免雨水沿着坡面排泄。当压实填土阻碍原地表水畅通排泄时，应根据地形修筑雨水截水沟，或设置其他排水设施。设置在压实填土区的上下管道，应采取严格防渗和防漏措施。

5. 压实填土的边坡坡度允许值

压实填土的边坡坡度允许值，应根据厚度、填料性质等因素，按照填土自身稳定性、填土下原地基稳定性的验算结果确定，初步设计时按表 3.4 的数值确定。

表 3.4　　　　　　　　　　　　压实填土的边坡坡度允许值

填土类型	边坡坡度允许值（高宽比）		压实系数 λ_c
	坡高在 8m 以内	坡高为 8～15m	
碎石、卵石	1:1.50～1:1.25	1:1.75～1:1.50	0.94～0.97
砂夹石（碎石卵石占全重 30%～50%）	1:1.50～1:1.25	1:1.75～1:1.50	
土夹石（碎石卵石占全重 30%～50%）	1:1.50～1:1.25	1:2.00～1:1.50	
粉质黏土、黏粒含量 $\rho_c \geq 10\%$ 的粉土	1:1.75～1:1.50	1:2.25～1:1.75	

注　当压实填土厚度大于 15m 时，可设计成台阶或者采用土工格栅加筋等措施，验算满足稳定性要求后进行压实填土的施工。

6. 压实填土地基承载力确定

压实填土地基承载力特征值，应根据现场静载荷试验确定，或可通过动力触探、静力触探等试验，结合静载荷试验结果确定；其下卧层顶面的承载力应满足式（2.1）、式（2.2）和式（2.3）的要求。

7. 压实填土地基的变形

压实填土地基的变形，可按现行国家标准《建筑地基基础设计规范》（GB 50007—2011）的规定进行计算，压缩模量应通过处理后地基的原位测试或土工试验确定。

任务 3.2 压实填土地基的施工

3.2.1 压实填土地基压实机械的选用

压实机械包括静力碾压、冲击碾压和振动碾压等。静力碾压压实机械是利用碾轮的重力作用；振动式压路机是通过振动作用使被压土层产生永久变形而密实。碾压和冲击作用的冲击式压路机分为：光碾、槽碾、羊足碾和轮胎碾等。光碾压路机压实的表面平整光滑、使用最广，适用于各种路面、垫层、飞机场道路和广场等工程的压实。槽碾、羊足碾单位压力较大，压实层厚，适用于路基、堤坝的压实。轮胎式压路机轮胎气压可调节，可增减压重，单位压力可变，压实过程中有揉搓作用，使压实土层均匀密实、且不伤路面，适用于道路、广场等垫层的压实。

3.2.2 压实填土地基施工要点

（1）大面积压实填土的施工，在有条件的场地或工程，应首先考虑采用一次施工，即将基础底面以下和以上的压实填土一次施工完备后再开挖基坑及基槽。对无条件一次施工的场地或工程，当基础超出±0.00标高后，也应该将基础底面以上的压实填土施工完毕，避免主体工程完工后，再施工基础底面以上的压实填土。

（2）填料前应清除填土层底面以下的耕土、植被或软弱土层等。压实设备选定后应在现场通过试验确定分层填料的虚铺厚度和分层压实的遍数，取得必要的施工参数后，再进行压实填土的施工，以确保压实填土的施工质量。压实设备施工对下卧层的饱和土体易产生扰动时可在填土底部设置碎石盲沟。

冲击碾压施工应考虑对居民、建（构）筑物等周边环境可能带来的影响。可采取以下两种减振隔振措施：开挖宽0.5m、深1.5m左右的隔振沟进行隔振；降低冲击压路机的行驶速度，增加冲压遍数。

在斜坡上进行压实填土，应考虑压实填土沿斜坡滑动的可能。当天然坡度大于20%，填料前应将斜坡的坡面挖成台阶，使压实填土和斜坡坡面紧密接触，形成整体，防止压实填土向下滑动。此外，还应将坡面以上的雨水有组织的引向远处，防止雨水流向压实填土内。

（3）在压实填土施工过程中，应采取防雨、防冻措施，防止填料（粉质黏土、粉土）受雨水淋湿或冻结。可根据当地地形及时修筑雨水截水沟、排水盲沟等，疏通排水系统，使雨水或地下水顺利排走。对填土高度较大的边坡应重视排水对边坡稳定性的影响。设置在压实填土场地的上、下水管道，由于材料及施工原因，管道的渗漏可能性很大，需要采取必要的防渗漏措施。

（4）基槽内压实时，应先压实基槽两边，再压实中间。

（5）冲击碾压法施工中的冲击碾压宽度不宜小于6m，工作面较窄时，需设置转弯车道，冲压最短直线距离不宜少于100m，冲压边角及转弯区域应采用其他措施压实；施工时地下水位应降至碾压面以下1.5m。

（6）性质不同的填料，应水平分层、分段填筑，分层压实；同一水平层应采用同一填料，不得混合填筑；填方分几个作业段施工时，接头部位如不能交替填筑，应按1:1坡度分层留台阶；如能交替填筑，则应分层相互交替搭接，搭接长度不小于 2m。压实填土的施工缝各层应错开搭接，在施工缝的搭接处，应适当增加压实遍数；边角及转弯区域应采取其他措施压实，以达到设计标准。此外还应避免在工程的主要部位或主要承重部位留施工缝。

（7）压实地基施工场地附近有对振动和噪声环境控制要求时，应合理安排施工工序和时间，减少噪声与振动对环境的影响，或采取挖减振沟等减振或隔振措施，并进行振动和噪声监测。

（8）施工过程中避免扰动填土下卧的淤泥或淤泥质土层。压实填土施工检验合格后，应及时进行基础施工。

任务 3.3　压实填土地基质量检验

压实填土地基质量检验包括施工过程质量检验和竣工验收检验。

（1）压实地基施工过程质量检验应分层进行，每完成一道工序应按设计要求进行验收，未经验收或验收不合格时，不得进行下一道工序的施工。

（2）施工过程中，应分层取样检验土的干密度和含水量；每 $50\sim100m^3$ 面积内应不少于 1 个检测点，每一个独立基础下，检测点不少于 1 个点，条形基础每 20 延米设监测点不少于 1 个点，压实系数满足表 3.2 的要求。采用灌砂或灌水法检测碎石土干密度不得低于 $2.0t/m^3$。

（3）有地区经验时，可采用动力触探、静力触探、标准贯入等原位试验，并结合干密度试验的对比结果进行质量检验。

（4）冲击碾压法施工宜分层进行变形量、压实系数等土的物理力学指标监测和检测。

（5）压实填土地基竣工验收采用静载荷试验检验地基承载力，并结合动力触探、静力触探、标准贯入试验结果进行综合判定。每个单体工程静载荷试验不应少于 3 点，大型工程可按单体工程的数量或面积确定检验点数。

任务 3.4　夯 实 法 的 选 用

强夯处理法又称动力固结法或动力压实法，是由法国 Louis Menard 技术公司在 1969 年首创的。这种方法是使用吊升设备将重锤（一般为 $10\sim60t$）起吊至较大高度（一般为 $10\sim40m$）后，让其自由落下，产生巨大的冲击能量，对地基产生强大的冲击和振动，通过加密（使空气或气体排出）、固结（使水或流体排出）和预加变形（使各种颗粒成分在结构上重新排列）的作用，从而改善地基土的工程性质，使地基土的渗透性、压缩性降低，密实度、承载力和稳定性得到提高，湿陷性和液化可能性得以消除。

强夯法具有设备简单、施工速度快、不添加特殊材料、造价低、适应处理的土质类别多等特点，我国自 20 世纪 70 年代引入此法后迅速在全国推广应用。强夯法应用初期仅适用于加固砂土、碎石土地基。随着施工方法的改进和排水条件的改善，强夯法已发展到用于处理碎石土、砂土及低饱和度的粉土、黏性土、素填土、杂填土、湿陷性黄土等各类地基，一般均能取得较好的经济效果。对于软土地基，一般来说处理效果不显著。

20 世纪 80 年代后期，为使强夯法应用于高饱和度粉土地基的处理，又发展了强夯置换法。强夯置换法是采用在夯坑内回填块石、碎石等粗粒材料，用夯锤夯击形成连续的强夯置换墩，最终形成砂石桩与软土构成的复合地基。强夯置换法主要适用于高饱和度的粉土与软塑—流塑的黏性土等地基上对变形控制要求不严的工程。强夯置换法具有加固效果显著、施工期短、施工费用低等特点，目前已用于堆场、公路、机场、房屋建筑、油罐等工程，一般效果良好，个别工程因设计、施工不当，加固后出现下沉较大或墩体与墩间土下沉不等的情况。因此，特别强调强夯置换前，必须通过现场试验确定其适用性和处理效果，否则不得采用。

强夯法和强夯置换法也存在一些缺陷或负面影响。例如，强夯施工时产生强烈的噪声公害和振动，有时强烈的振动导致周围已有建筑物和在建工程发生损伤和毁坏。此外，对于饱和软黏土，如淤泥和淤泥质地基，强夯处理效果不显著，目前一般谨慎采用。

3.4.1 强夯加固的一般机理

强夯法是利用强大的夯击能给地基一冲击力，并在地基中产生冲击波，在冲击力的作用下，夯锤对上部土体进行冲切，土体结构破坏形成夯坑，并对周围土进行动力挤压，从而达到地基处理的目的。由于各类地基的性质差别很大，强夯影响的因素也很多，很难建立适用于各类土的强夯加固理论，到目前为止尚未有一套成熟的理论和设计计算方法。

根据工程实践和试验成果，随地基类型和加固特点的不同，其加固机理也有所不同。本书拟对强夯加固的一般机理作介绍。目前，强夯法加固地基的机理，从加固原理与作用来看，可分为动力密实、动力固结、动力置换三种情况，其共同特点是：破坏土的天然结构，达到新的稳定状态。

1. 动力密实

由于巨大夯击能量所产生的冲击波和动应力在土中传播，使颗粒破碎或使颗粒产生瞬间的相对运动，从而使孔隙中气体迅速排出或压缩，孔隙体积减小，形成较密实的结构。实际工程表明，在冲击动能作用下，地面会立即产生沉降，一般夯击一遍后，其夯坑深度可达 0.6～1.0m，夯坑底部可形成一层超压密硬壳层，承载力可比夯前提高 2～3 倍以上，在中等夯击能量 1000～2000kN·m 的作用下，主要产生冲切变形。在加固范围内的气体体积将大大减小，从而可使非饱和土变成饱和土，至少使土的饱和度提高。对湿陷性黄土这样的特殊性土，其湿陷是由于其内部架空孔隙多，胶结强度差，遇水结构强度迅速降低而突变失稳，造成孔隙崩塌，因而引起附加的沉降，所以强夯法处理湿陷性黄土就应该着眼于破坏其结构，使其结构在遇水前崩塌，减少其孔隙。从这个角度看，此时强夯法应是动力夯实。

2. 动力固结

强夯法处理饱和黏性土时，巨大的冲击能量在土中产生很大的应力波，破坏了土体原有的结构，使土体局部发生液化，产生许多裂隙，使孔隙水顺利逸出，待超孔水压力消散后，土体发生固结。由于软土的触变性，强度得到提高，这就是动力固结。在强夯过程中，根据土体中的孔隙水压力、动应力和应变的关系，加固区内冲击波对土体的作用可分为三个阶段。

（1）加载阶段。在夯击的瞬间，巨大的冲击波使地基土产生强烈振动和动应力。在波动的影响带内，动应力和超孔隙水压力往往大于孔隙水压力，有效动应力使土产生塑性变形，破坏土的结构。对砂土，迫使土的颗粒重新排列而密实；对于细颗粒土，Menard教授认为大约1%～4%的以气泡形式出现的气体体积压缩，同时，由于土体中的水和土颗粒两种介质引起不同的振动效应，两者的动应力差大于土颗粒的吸附能时，土颗粒周围的部分结合水从颗粒间析出，产生动力水聚结，形成排水通道，制造动力排水条件。

（2）卸荷阶段。夯击能卸去后，总的动应力瞬间即逝，然而土中孔隙水压力仍保持较高水平，此时孔隙水压力大于有效应力，因而将引起砂土、粉土的液化。在黏性土中，当孔隙水压力大于小主应力、静止侧压力及土的抗拉强度之和时，即土中存在较大的负有效应力，土体开裂，渗透系数骤增，形成良好的排水通道。宏观上看，在夯击点周围产生了垂直破裂面，夯坑周围出现冒气、冒水现象，这样孔隙水压力迅速下降。

（3）动力固结阶段。在卸荷之后，土体中保持一定的孔隙水压力，土体在此压力下排水固结。砂土中，孔隙水压力可在大约3～5min内消散，使砂土进一步密实。在黏性土中孔隙水压力的消散则可能要延续2～4周，如果有条件排水，土颗粒进一步靠近，重新形成新的结合水膜和结构连接，土的强度恢复和提高，从而达到加固地基的目的。但是如果在加荷和卸载阶段所形成的最大孔隙水压力不能使土体开裂，也不能使土颗粒的水膜和毛细水析出，动荷载卸去后，孔隙水未能迅速排出，则孔隙水压力很大，土的结构被扰动破坏，又没有条件排水固结，土颗粒间的触变恢复又较慢，在这种条件下，不但不能使黏性土加固，反而使土扰动，降低了地基土的抗剪强度，增大土的压缩性，形成橡皮土。这样的教训也不乏其例，如河南省焦作热电厂地基加固由于工期紧迫，在雨天实行强夯，表层土由于雨水而接近饱和，夯击能量为3000kN·m，结果形成橡皮土，未达到预期目的，地基承载力仅70kPa。因此对饱和黏性土进行强夯，应根据波在土中传播的特性，按照地基土的性质，选择适当的强夯能量，同时又要注意设置排水条件和触变恢复条件，才能使强夯法获得良好的加固效果。

3. 动力置换

对于透水性极低的饱和软土，强夯使土的结构破坏，但难以使孔隙水压力迅速消散，夯坑周围土体隆起，土的体积没有明显减小，因而这种土的强夯效果不佳，甚至会形成橡皮土。单击能量大小和土的透水性高低，可能是影响饱和软土强夯加固效果的主要因素。有人认为可在土中设置袋装砂井等来改善土的透水性，然后进行强夯，此时机理应类似于动力固结，也可以采用动力置换，它分为整式置换和桩式置换（图3.2）。前者是采用强夯法将碎石整体挤淤，其作用机理类似于换土垫层；后者则是通过强夯将碎石填筑土体中，形成桩式（或墩式）的碎石墩（或桩），其作用机理类似于碎石桩，主要靠碎石内摩

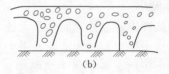

图3.2 动力置换类型

(a) 整式置换；(b) 桩式置换

擦角和墩间土的侧限来维持桩体的平衡，并与墩间土共同作用。

3.4.2 强夯法设计计算

强夯法加固设计的任务就是确定下述参数：有效加固深度，单位面积夯击能，夯击次数，夯点间距及布置，夯击遍数和间歇时间等。

1. 有效加固深度及处理范围

强夯的有效加固深度是指从起夯面算起的强夯有效影响地基深度，应根据现场试夯或当地经验确定。在缺少试验资料或经验时可按表3.5预估。

表 3.5　　　　　　　　　　　　强夯法的有效加固深度

单击夯击能/(kN·m)	碎石土、砂土等粗颗粒土/m	粉土、黏性土、湿陷性黄土等细颗粒土/m
1000	4.0～5.0	3.0～4.0
2000	5.0～6.0	4.0～5.0
3000	6.0～7.0	5.0～6.0
4000	7.0～8.0	6.0～7.0
5000	8.0～8.5	7.0～7.5
6000	8.5～9.0	7.5～8.0
8000	9.0～9.5	8.0～8.5
10000	9.5～10.0	8.5～9.0
12000	10.0～11.0	9.0～10.0

注　强夯法的有效加固深度应从最初起夯面起算；单击夯击能 E 大于12000kN·m时，强夯的有效加固深度应该通过试验确定。

强夯处理范围应大于建筑物基础范围，具体的放大范围可根据建筑类型和重要性等因素考虑决定。对一般建筑物，每边超出基础外缘的宽度宜为设计处理深度的 $1/2～2/3$，并不宜小于3m；对于可液化地基，基础边缘的处理宽度，不应小于5m；对于湿陷性黄土地基，应符合现行国家标准《湿陷性黄土地区建筑规范》（GB 50025—2004）的有关规定。

2. 夯锤和落距

强夯设计时，应根据需要加固的深度初步确定单击夯击能，然后再根据机具条件因地制宜地确定锤重和落距。

(1) 单击夯击能。单击夯击能是表征每击能量大小的参数，其值等于锤重和落距的乘积。单击夯击能一般应根据加固土层的厚度、地基状况和土质成分综合确定。一般来讲，夯击时最好锤重和落距都大，则单击能大，夯击次数少，夯击遍数也相应地减少，加固效果和技术经济效果也较好。

(2) 平均夯击能（即单位面积夯击能）。平均夯击能也称单位面积夯击能，等于加固面积范围内单位面积上所施加的总夯击能（单击夯击能乘总夯击次数）。单位面积夯击能的大小与地基土的类别有关，在相同的条件下，细颗粒土的单位面积夯击能比粗颗粒土适当大一些。此外，结构类型、荷载大小和要求处理的深度，也是选择单位面积夯击能的重要因素。单位面积夯击能过小，难以达到预期的加固效果，单位面积夯击能过大，不仅浪费能源，而且对饱和黏性土来说，强度反而会降低。在一般情况下，对粗粒土可取 1000～3000(kN·m)/m²，对细粒土可取 1500～4000(kN·m)/m²。

（3）夯锤选择。国内夯锤一般重在 10～40t。夯锤材质最好用铸铁，也可用钢板为外壳内灌混凝土的锤。夯锤平面一般为圆形或方形，夯锤的底可为平底、锥底和球形底等。一般锥底锤和球底锤的加固效果较好，适用于加固较深层土体，平底锤则适用于浅层及表层地基加固。夯锤中设置若干个上下贯通的气孔，孔径可取 250～300mm，它可以减少起吊夯锤时的吸力，又可减少夯锤着地前的瞬时气垫的上托力。

夯锤的底面积对加固效果的影响很大。当锤底面积过小时，静压力就大，夯锤对地基土的作用以冲切力为主；锤底面积过大时，静压力太小，达不到加固效果。为此，夯锤底面积宜按土的性质确定，锤底静压力值可取 25～40kPa。对砂性土和碎石填土，一般锥底面积为 2～4m²，对一般第四纪黏性土建议用 3～4m²，对于淤泥质土建议采用 4～6m²，对于黄土建议采用 4.5～5.5m²。同时控制夯锤的高宽比，以防止产生偏锤现象，如夯击黄土，夯锤高宽比可采用 1∶2.5～1∶2.8。

（4）落距选择。夯锤确定后，根据要求的单点夯击能量，就能确定夯锤的落距。国内通常采用的落距 10～25m。对相同的夯击能量，常选用大落距的施工方案，这是因为增大落距可获得较大的接地速度，能将大部分能量有效的传到地下深处，增加深层夯实效果，减少消耗在地表土层塑性变形的能量。

3. 夯点布置

夯点平面布置的合理与否与夯实效果有直接关系。夯点的平面布置可根据基底平面形状，采用等边三角形、等腰三角形或正方形布置。对某些基础面积较大的建筑物或构筑物，为施工方便，可按等边三角形和正方形布置夯点；对于办公楼、住宅建筑等，可根据承重墙位置布置夯点，一般可采用等腰三角形布点，这样保证了横向承重墙以及纵墙和横墙交接处墙基下均有夯击点；对于工业厂房，也可按柱网来设置夯击点。

4. 夯点间距

夯点间距的选择宜根据建筑物结构类型、加固土层厚度及土质条件通过试夯确定，对细颗粒土来说，为便于超静孔隙水压力的消散，夯击点间距不宜过小。当加固深度要求较大时，第一遍的夯点间距更不宜过小，以免在夯击时在浅层形成密实层而影响夯击能往下传递。另外，还必须指出，若各夯点间距太小，在夯击时上部土体易向旁侧已夯成的夯坑中挤出，从而造成坑壁坍塌，夯锤歪斜或倾倒，而影响夯实效果。

一般来说，第一遍夯击点间距通常为 5～15m（或取夯锤直径的 2.5～3.5 倍），以保证使夯击能量传递到土层深处，并保护夯坑周围所产生的辐射向裂隙为基本原则。第二遍夯击点位于第一遍夯击点之间，以后各遍夯击点间距可适当减小。对于处理基础较深或单击夯击能较大的工程，第一遍夯击点间距应适当增大。

5. 夯击次数

夯击次数是强夯设计中的一个重要参数。夯击次数一般通过现场试夯得到的夯击次数和夯沉量关系曲线确定。常以夯坑的压缩量最大，夯坑周围隆起量最小为确定夯击次数的原则，除按上述两种方法确定夯击次数外，还应满足下列条件：

（1）最后两击的平均夯沉量宜满足表 3.6 的要求：当单击夯击能 E 大于 12000kN·m

时，应通过试验确定。

表 3.6　　　　　　　　　　　　　强夯法最后两击平均夯沉量

单击夯击能 $E/(kN \cdot m)$	最后两击平均夯沉量不大于/mm
$E < 4000$	50
$4000 \leqslant E < 6000$	100
$6000 \leqslant E < 8000$	150
$8000 \leqslant E < 12000$	200

（2）夯坑周围地面不应发生过大的隆起。

（3）不因夯坑过深发生起锤困难。对于粗颗粒土，如碎石、砂土、低饱和度的湿陷性黄土和填土地基，夯击时夯坑周围往往没有隆起或虽有隆起，但其量很小。在这种情况下，应尽量增加夯击次数，以减少夯击遍数。但对于饱和度较高的黏性土地基，随着夯击次数的增多，土的孔隙体积因压缩而逐渐减小。因这类土的渗透性较差，故孔隙水压力将逐渐增加，并使夯坑下的地基土产生较大的侧向挤出，而引起夯坑周围地面的明显隆起，此时如继续夯击，则不能使地基土得到有效的夯实，反而造成能量的浪费。

6. 夯击遍数

整个强夯场地中，将同一编号的夯击点夯完后算作一遍。夯击遍数应应根据土的性质确定，可采用点夯 2～4 遍，对于渗透性较差的细颗粒土，应适当增加夯击遍数。最后再以低能量满夯 2 遍，满夯时可用轻锤或低落距锤多次夯击，锤印搭接。图 3.3 是某强夯法地基处理工程的夯击遍数及夯点布置图，该工程夯击遍数为 6 遍。

7. 间歇时间

两遍夯击之间应有一定的间歇时间，以利于强夯时土中超静孔隙水压力的消散。所以间歇时间取决于超静孔隙水压力的消散时间。土中超静孔隙水压力的消散速率与土的类别、夯点间距等因素有关。当缺少实测资料时，可根据地基土的渗透性确定，对于渗透性较差的黏性土地基，间隔时间不宜少于 2～3 周；对于渗透性好的地基可以连续夯击。

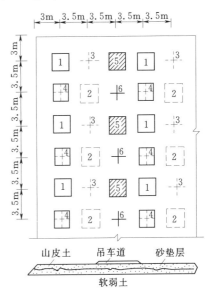

图 3.3　夯点遍数及夯点布置图
（夯坑中数字指夯击遍数的编号）

8. 起夯面

起夯面可高于或低于基底。高于基底是预留压实高度，使夯实后表面与基底为同一标高；低于基底是当要求加固深度加大，能量级达不到所需加固深度时，降低起夯面，在满夯时再回填至基底以上，使满夯后与基底标高一致，这时满夯的加固深度加大，需增大满夯的单击夯击能量。

9. 垫层

强夯前要求对拟加固的场地必须具有一层稍硬的表层，使其能够支承起重设备，亦便于夯击能得到扩散，为此可加大地下水位至地表面的距离。对场地地下水位在－2m深度以下的砂砾石土层，可直接施行强夯，无须铺设垫层；对地下水位较高的饱和黏性土与易液化流动的饱和砂土，均需要铺设砂、砂砾或碎石垫层才能进行强夯，否则土体会发生流动，垫层厚度一般为50～150cm。

根据初步确定的强夯参数，提出强夯试验方案，进行现场试夯。应根据不同土质条件待试夯结束一至数周后，对试夯场地进行检测，并与夯前测试数据进行对比，检验强夯效果，确定工程采用的各项强夯参数。强夯地基承载力特征值应通过现场载荷试验确定，初步设计时也可根据夯后原位测试和土工试验指标按《建筑地基基础设计规范》（GB 50007—2011）有关规定确定。强夯地基变形计算应符合《建筑地基基础设计规范》（GB 50007—2011）有关规定。夯后有效加固深度内土层的压缩模量应通过原位测试或土工试验确定。

3.4.3 强夯置换法设计计算

1. 处理深度

强夯置换墩的深度由土质条件决定，除厚层饱和粉土外，应穿透软土层，到达较硬土层上。深度不宜超过10m。

2. 单击夯击能及夯击次数

强夯置换法的单击夯击能应根据现场试验确定。但在可行性研究和初步设计时可按下列公式估算：

较适宜的夯击能：
$$\overline{E}=940(H_1-2.1) \tag{3.3}$$

夯击能最低值：
$$E_w=940(H_1-3.3) \tag{3.4}$$

式中 H_1——置换墩深度，m。

初选的夯击能宜在$\overline{E}$和E_w之间选取，高于$\overline{E}$则可能造成浪费，低于E_w则可能达不到所需的置换深度。强夯置换宜选取同一夯击能中锤底静压力较高的锤施工。

夯点的夯击次数应通过现场试夯确定，且应同时满足下列条件：墩底穿透软弱土层，且达到设计墩长；累计夯沉量为设计墩长的1.5～2.0倍；最后两击的平均夯沉量与强夯法规定相同。

3. 墩体材料

墩体材料级配不良或块石过多过大，均宜在墩中留下大孔，在后续墩施工或建筑物使用过程中墩间土挤入孔隙，下沉增加。所以墩体材料宜采用级配良好的块石、碎石、矿渣、建筑垃圾等坚硬粗颗粒材料，粒径大于300mm的颗粒含量不宜超过全重的30%。

4. 墩位布置

墩位布置宜采用等边三角形或正方形。对独立基础或条形基础可根据基础形状与宽度相应布置。

墩间距应根据荷载大小和原土的承载力选定，当满堂布置时可取夯锤直径的2～3倍。对独立基础或条形基础可取夯锤直径的1.5～2.0倍。墩的计算直径可取夯锤直径的1.1～1.2倍。当墩间净距较大时，应适当提高上部结构和基础的刚度。强夯置换处理范围与强夯法处理范围相同。

墩顶应铺设一层厚度不小于500mm的压实垫层，垫层材料可与墩体相同，粒径不宜大于 100mm。

强夯置换设计时，应预估地面抬高值，并在试夯时校正。根据初步确定的强夯置换参数，提出强夯置换试验方案，进行现场试夯。应根据不同土质条件待试夯结束一至数周后，对试夯场地进行检测，并与夯前测试数据进行对比，检验强夯置换效果，确定工程采用的各项强夯置换参数。检测项目除进行现场载荷试验检测承载力和变形模量外，尚应采用超重型或重型动力触探等方法，检查置换墩着底情况及承载力与密度随深度的变化。确定软黏性土中强夯置换墩地基承载力特征值时，可只考虑墩体，不考虑墩间土的作用，其承载力应通过现场单墩载荷试验确定，对饱和粉土地基可按复合地基考虑，其承载力可通过现场单墩复合地基载荷试验确定。强夯置换地基的变形计算应符合《建筑地基基础设计规范》（GB 50007—2011）有关规定。

任务 3.5 夯实法施工技术

3.5.1 强夯法施工技术

1. 强夯的施工机具和设备

（1）夯锤。夯锤的设计或选用应考虑夯锤质量、夯锤材料、夯锤形状、锤底面积及夯锤气孔等因素。

国内常用的夯锤质量有 8t、10t、12t、16t、20t、25t、30t、40t 等多种，国外大都采用大吨位起重机，夯锤质量一般大于 15t。

夯锤材料可用铸钢（铁），也可用钢板壳内填混凝土。混凝土锤重心高，冲击后晃动大，夯坑易塌土，但夯坑开口较大，起锤容易，而且可就地制作，成本较低。铸钢（铁）锤则相反，它的稳定性好，且可按需要拼装成不同质量的夯锤，故夯击效果优于混凝土锤。夯锤形状分圆形、方形两类，但方锤落地方位易改变，与夯坑形状不一致，影响夯击效果，故近年来工程中多用圆形锤，具体有锥底圆柱形、球底圆台形、平底圆柱形三种结构形状。加固深层土体多采用锥底锤和球底锤，以便较好地发挥夯击能的作用，增加对夯坑侧向的挤压。加固浅层和表层土体时，多采用平底锤，以求充分夯实且不破坏地基表层。

锤底面积一般根据锤重和土质而定，锤重为 10～60t 时，可取锤底静压力 25～80kPa。对砂质和碎石土、黄土，所需单击能较高时，锤底面积宜取较大值，一般取 2～4m²。对黏性土，一般取 3～4m²，淤泥质土取 4～6m²。对饱和细粒土，单击能低，宜取静压力的下限。

锤底面积对加固深度有一定影响，加固土层小于 5m 时，锤底面积为 2～5m²；加固土层厚度大于 5m 时，锤底面积在 4.5m² 以上。

强夯作业时，由于夯坑对夯锤有气垫作用，消耗的功约为夯击能的 30% 左右，并对夯锤有拔起吸着作用（起拔阻力常大于夯锤自重，而发生起锤困难），因此，夯锤上需设排气孔，排气孔数量为 4～6 个，对称均匀分布，孔的中心线与锤的铅直轴线平行，孔径为 300～400mm，孔径不易堵塞。

（2）起重设备。作为起吊夯锤设备，国内外大都采用自行式、全回转履带式起重机。

目前国内主要采用吨位较小（15～50t）的起重机。

（3）脱钩装置。我国缺少大吨位的起重机，另外也考虑到大吨位的起重机用于强夯，会大大增加施工台班费，因此，常采用小吨位起重机配上滑轮组来吊重锤，并用脱钩装置来起落夯锤。施工时将夯锤挂在脱钩装置上，为了便于夯锤脱钩，将系在脱钩装置手柄上的钢丝绳的另一端，直接固定在起重机臂杆根部的横轴上，当夯锤起吊至预定高度时，钢丝绳随即拉紧而使脱钩装置开启，这样既保证了每次夯击的落距相同，又做到了自动脱钩。

2. 正式强夯前的试夯

强夯法的许多设计参数还是经验性的，为了验证这些参数的拟定是否符合预定加固目标，常在正式施工前作强夯的试验即试夯，以校正各设计、施工参数，考核施工机具的能力，为正式施工提供依据。

试夯时要选取一个或几个有代表性的区段作为试夯区，试夯面积不能小于20m×20m，每层的虚铺厚度应通过试验确定，试夯层数不能少于2层。试夯前要在试夯区内进行详细原位测试，采用原状土样进行室内试验，测定土的动力性能指标。试夯时应有不同单击夯击能的对比，以提供合理地选择，记录每击夯沉量，测定夯坑深度及口径体积，记录每遍夯击的夯击次数、时间间隔、夯沉量、夯点间距等。在夯击结束一周至数周后（即孔隙水压力消散后），对试夯场地进行测试，测试项目与夯前相同。如取土试验（抗剪强度指标 C、φ，压缩模量 E_s，密度 ρ，含水量 w，孔隙比 e，渗透系数 K 等），十字板剪切试验、动力触探、标准贯入试验、静力触探试验、旁压试验、波速试验、载荷试验等。试验孔布置应包括坑心、坑侧。

根据夯前、夯后的测试资料，经对比分析，修改或调整夯击参数，然后编制正式施工方案。

3. 强夯法施工步骤

强夯法施工可以按下列步骤进行：

（1）清理并平整施工场地。

（2）标出第一遍夯击点位置，并测量场地高程。

（3）起重机就位，使夯锤对准夯点位置。

（4）测量夯前锤顶高程。

（5）将夯锤起吊到预定高度，待夯锤脱钩自由下落后放下吊钩，测量锤顶高程；若出现坑底倾斜而造成夯锤歪斜时，应及时将坑底整平。

（6）重复步骤（5），按设计规定的夯击次数和控制标准，完成一个夯点的夯击；当夯坑过深，出现提锤困难，但无明显隆起，而尚未达到控制标准时，宜将夯坑回填至与坑顶齐平后，继续夯击。

（7）换夯点，重复步骤（3）～（6），完成第一遍全部夯点的夯击。

（8）用推土机填平夯坑，并测量场地高程。

（9）在规定的间歇时间后，重复以上步骤逐次完成全部夯击遍数，最后用低能量满夯，使场地表层松土密实，并测量夯后场地高程。

4. 强夯法施工注意事项

（1）当场地表土软弱或地下水位较高，夯坑底积水而影响施工时，宜采用人工降低地下水位的方法或铺设一定厚度的松散材料，使地下水位低于坑底面下 2m。夯坑内或场地积水应及时排除。

（2）当强夯施工所产生的振动对邻近建筑物或设备产生有害影响时，应设置监测点，应采取防振或隔振措施。

（3）施工前应查明场地范围内的地下构筑物和各种地下管线的位置和标高等，并采取必要的措施，以免因施工造成损坏。

（4）按规定起锤高度、锤击数的控制指标施工，或按试夯后的沉降量控制施工。

（5）注意含水量对强夯效果的影响，注意夯锤上部排气孔的通畅。

3.5.2 强夯置换法施工技术

强夯置换处理地基夯锤选用圆形，夯锤底静接地压力值宜为 80～120kPa。当表土松软时应铺设一层 1.0～2.0m 的砂石施工垫层以利于施工机具运转。随着置换墩的加深，被挤出的软土渐多，夯点周围底面渐高，先铺的施工垫层在向夯坑中填料时往往被推入坑中成了填料，施工层越来越薄，因此施工中须不断地在夯点周围加厚施工垫层，避免底面松软。

强夯置换施工按下列步骤进行：

（1）清平并平整施工场地，当表土松软时应铺设一层 1.0～2.0m 的砂石施工垫层。

（2）标出夯点位置，并测量场地高程。

（3）起重机就位，使夯锤对准夯点位置。

（4）测量夯前锤顶高程。

（5）夯击并逐级记录夯坑深度。当夯坑过深，起锤困难时，应停夯，向夯坑内填料直至与坑顶齐平，记录填料数量；工序重复，直至满足设计的夯击次数及质量控制标准，完成一个墩体的夯击；当夯点周围软土挤出，影响施工时，应随时清理，并宜在夯点周围铺垫碎石后继续施工。

（6）按照"由内到外，隔行跳打"的原则，完成全部夯点的施工。

（7）推平场地，采用低能量满夯，将场地表层松土夯实，并测量夯后场地高程。

（8）铺设垫层，分层碾压密实。

3.5.3 施工监测

施工过程中应有专人负责下列监测工作：

（1）开夯前应检查夯锤质量和落距，以确保单击夯击能复合设计要求。

（2）在每一遍夯击前，应对夯点进行放线复核，夯完后检查夯坑位置，发现偏差或漏夯应及时纠正。

（3）按设计要求检查每个夯点的夯击次数，每击的夯沉量、最后两击的平均夯沉量和总夯沉量、夯点施工起止时间。对强夯置换施工，尚应检查置换深度。

（4）施工过程中，应对各项施工参数及施工情况进行详细记录。

任务 3.6　夯实法的质量检验

3.6.1 检验方法

强夯处理后的地基竣工验收时，承载力检验应根据静载荷试验、其他原位测试和室内土工试验等方法综合确定。强夯置换后的地基竣工验收时，除应采用单墩载荷试验进行承载力检验外，尚应采用动力触探等查明置换墩着底情况及密度随深度的变化情况。对饱和粉土地基尚应监测墩间土的物理力学指标。

室内试验主要通过夯击前后土的物理力学性质指标的变化来判断其加固效果。其项目包括：抗剪强度指标（C、φ）、压缩模量（或压缩系数）、重度、含水量、孔隙比等。

原位测试方法及应用如下：

十字板剪切试验：适用于饱和软黏土。

轻型动力触探试验：适用于贯入深度小于 4m 的黏性土和素填土（黏性土和粉土组成）。

重型动力触探试验：适用于砂土和碎石土。

超重型动力触探试验：适用于粒径较大或密实的碎石土。

标准贯入试验：适用于黏性土、粉土和砂土。

静力触探试验：适用于黏性土、粉土和砂土。

载荷试验：适用于砂土、碎石土、粉土、黏性土和人工填土。当用于检验强夯置换法处理地基时，宜用压板面积较大的复合地基载荷试验。

旁压试验：分预钻式旁压和自钻式旁压试验。预钻式旁压试验适用于坚硬、硬塑和可塑黏性土、粉土、密实和中密砂土、碎石土；自钻式旁压试验适用于黏性土、粉土、砂土和饱和软黏土。

波速试验：适用于各类土。

3.6.2　检验要求

（1）检查施工过程中的各项测试数据和施工记录，不符合设计要求时应补夯或采取其他有效措施。

（2）强夯处理后的地基竣工验收承载力检验，应在施工结束后间隔一定时间方能进行。对于碎石土和砂土地基，其间隔时间可取 7～14d；粉土和黏性土地基可取 14～28d；强夯置换地基间隔时间可取 28d。

（3）强夯地基均匀性检验，可采用动力触探试验或标准贯入试验、静力触探等原位测试，以及室内土工试验。检验点的数量，可根据场地复杂程度和建筑物的重要性确定，对于简单场地上的一般建筑物，按每 400m³ 不少于 1 个检测点，且不少于 3 点；对于复杂场地和重要建筑物地基，每 300m³ 不少于 1 个检测点，且不少于 3 点。强夯置换地基，可采用超重型或重型动力触探试验等方法，检查置换墩着底情况及承载力与密度随深度的变化，检验数量不应少于墩点数的 3%，且不少于 3 点。

（4）竣工验收承载力检验的数量，应根据场地复杂程度和建筑物的重要性确定，对于简单场地上的一般建筑物，每个建筑地基的载荷试验检验点不应少于 3 点；对于复杂场地或重要建筑地基应增加检验点数。检验结果的评价，应考虑夯点与夯间位置的差异。强夯置换地基单墩载荷试验数量不少于墩点数的 1%，且每个建筑载荷试验检验点不应少于 3 点。

案　例　分　析

【案例 1】　根据项目 1 中的相关资料进行方案设计。

1. 设计与施工

实现该方案的最关键技术，就是要使长达16576m、顶宽不小于13m、高7～11m的堆石拦淤堤整体穿过5～9m深海相淤泥沉至持力层——粉质黏土层上，起到挖淤后的挡淤作用。在端部进行抛石压载挤淤施工中，拦淤堤可沉入淤泥中2.5～3.0m，再采用两侧挖淤和卸荷挤淤，又可下沉1.0～1.5m。此时拦淤堤底部距持力层仍有1.5～3.0m厚淤泥，采用强夯挤淤方法沉到持力硬土层上；强夯挤淤施工参数见表3.7。

表3.7　　　　　　　　　实际采用的强夯挤淤参数（自动脱钩）

项　目	施工试验		实际施工	
锤重/t	18.5	18	18	21
锤直径/m	2.5	1.5	1.4	1.6
夯锤底面积/m²	3.64	1.766	1.54	2.00
落距/m	14	14	14	24
点距/m	3.30	2.75	2.75	2.75
排距/m	3.8	3.3	3.3	3.3
单击夯击能/(kN·m)	2590	2520	2520	5040
单击锤底单位面积能量/(kN·m/m²)	711.5	1427	1636	520
平均每点夯数	13	13	1.3	10
单点累计夯击能/(kN·m)	33670	32760	32760	50400
每排点数	4	5	5	3
每百米排数	26.3	30.3	30.3	30.3
每百米点数	105.2	151.5	151.5	151.5
每百米夯击数	1367.6	1969.5	1969.5	151
每百米夯击能/(kN·m)	3512080	4963140	4963140	7635600
单点夯沉量/m	2.1	2.7	2.8	3.1
控制最后两击夯沉量/cm	5.0	5.0	5.0	5.0
单点夯坑上口直径/m	3.8	3.3	3.4	3.7
堤身单击单位面积夯击能/(kN·m/m²)	206.5	277.6	277.6	555.4
堤身累计单位面积夯击能/(kN·m)	2685	3609.9	3609.9	5554

2. 加固效果及经济效益

全部拦淤堤填筑量达18.9万m³，在不到9个月（1989－05－20～1990－02－16）内全部完成，达到了安全挡淤和形成换填地基施工基坑的目的。与常规爆破挤淤相比，工期只有爆破挤淤的1/8，造价只有爆破挤淤的1/2。经强夯挤淤后实测堆石体干密度为2.05～2.15t/m³。

【案例2】　根据工程背景中提出的强夯方案进行强夯设计，具体步骤如下。

1. 试夯选定及布置

试夯区选在黄土状粉质黏土层厚度最大的 8 号钻孔附近，试夯面积 20m×20m，夯点间距 5.0m，呈等边三角形布置（图 3.4）。

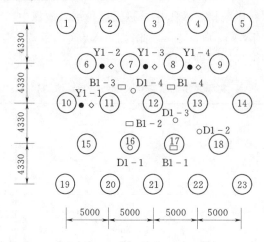

●—原状土样钻孔；□—标准贯入试验点；○—动力触探试验点；◇—孔隙水压测点

图 3.4　试夯区夯点与原位测试点布置图

2. 夯击能

6250kN·m，即夯锤重 284kN，夯锤落距 22m。

3. 强夯机具

50t 履带式吊车、龙门架与自动脱钩器，圆柱形组合式铸钢锤，净锤重 284kN，夯锤直径 2.5m，锤底面积 4.9m²，有 4 个排气孔，孔径 20cm。

4. 试夯施工参数

试夯采用最大夯击能强夯三遍与满夯两遍，具体安排如下：

（1）最大夯击能强夯三遍。夯击能 6250kN·m，夯点间距 5m。

第一、第二遍为隔点跳打，即第二遍后才将试夯区 23 个夯点各夯一遍，原拟夯击数为 1 击，试夯时通过最佳夯击能测试，改为 12 击。第三遍在场地平整后复打主夯点，原拟夯击数为 8 击，后改为 14 击。

（2）满夯两遍。第四遍夯击能 2000kN·m，夯击数为 8 击，夯点间距 2.5m，即各夯点之间相切满夯。第五遍夯击能 1000kN·m，夯击数为 4 击，夯点间距 1.9m，即各击之间搭击 1/4 夯锤直径（0.6m）。

5. 夯前坝基土特性测定

在试夯区布置原状土样取土钻孔 4 个、标准贯入试验孔 4 个和动力触探试验孔 4 个，钻孔与试验孔位置如图 3.4 所示。

6. 试夯情况检测

在试夯过程中用水准仪、经纬仪观测每夯点每击的夯沉量、累计夯沉量（坑深）、夯坑体积、地面隆起量与夯后地面沉降量。

在 4 个测点不同深度埋设了 8 个孔隙水压力计，观测在强夯时，距夯点不同距离、不同深度土层孔隙水压力增长与消散情况。孔隙水压力测点位置也如图 3.1 所示。

7. 试夯效果检测

在试夯区布置原状土样取土钻孔 4 个、标准贯入试验孔 4 个、动力触探试验孔 4 个和静载荷试验点 2 个。夯后钻孔与试验孔位置均布设在夯前坝基土特性测定孔的附近，以便进行夯前、夯后对比。一个静载荷试验点在主夯点，另一个静载荷试验点在主夯点之间。夯后效果检测点布置如图 3.5 所示。

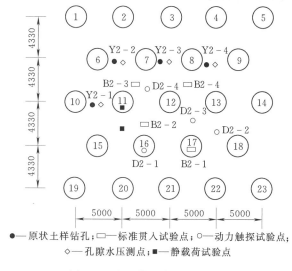

图 3.5　夯后效果检测点布置图

试夯时首先进行最佳夯击能试验，第一遍最大夯击能强夯试验点为 S11、S17 和 S22 三个主夯点，夯击数分别为 12 击、15 击和 18 击。用水准仪测出每击夯沉量与累计夯沉量及地面隆起量。

绘制累计夯沉量与夯击数的关系曲线知，夯击数 16 击以后，累计夯沉量增加得相当缓慢，而且夯击仅超过 16 击时，夯坑深度已达 4m 以上，夯锤下落时碰撞坑壁，夯锤陷入夯坑过深，起吊相当困难，增加施工难度，影响强夯加固效果，因而第一遍最大夯击能强夯的夯击数宜为 16 击。

项 目 小 结

该部分把压实法和夯实法归结于一个项目。首先是介绍压实法，从压实法的基本概念、适用范围和压实机理开始介绍，然后介绍压实法的施工，包括压实机械的选用和压实填土地基的施工要点；压实地基填土的质量检测方法和要求。对于夯实法，主要介绍了强夯和强夯置换法。着重介绍夯实法的选用，包括强夯的概念、适用范围和强夯加固地基的一般机理；强夯和强夯置换法的设计、强夯和强夯置换法施工技术及施工监测；夯实法质量检验要求和检验方法。最后通过案例分析强化教学内容。

思 考 及 习 题

1. 试述土的压实机理。

2. 压实填土的设计要点包括哪些方面？

3. 压实填土施工中应注意哪些问题，需要采取何种措施？

4. 强夯法适用于何种土类？强夯置换法适用于何种土类？

5. 强夯（压密）法和强夯置换法的加固原理有何不同？各适用于何种土质条件？

6. 如何确定强夯的设计参数？

7. 试述强夯法的加固机理。

8. 采用强夯法施工后，为什么对于不同的土质地基，进行质量检测的间隔时间不同？

9. 某建筑场地为砂土场地，采用强夯密实法进行加固，夯锤质量 20t，落距 20m，试确定该方法的有效加固深度。

项目4 复 合 地 基

教学目标

1. 熟悉复合地基的定义及分类，掌握复合地基的特点及复合地基基本术语。

2. 了解复合地基设计的一般流程，熟悉竖向增强体复合地基承载力和变形计算的方法。

3. 熟悉振冲碎石桩、沉管砂石桩、土桩和灰土挤密桩、CFG桩、旋喷桩、水泥土搅拌桩、夯实水泥土桩的概念及适用范围。

4. 了解各种复合地基的作用机理和设计基本流程。

5. 掌握各种复合地基的施工要点及质量检测方法。

项目背景

拟建成都金牛区某村拆迁安置房（××家园）由7栋（1～7号楼）11～15F高层建筑（高32.2～43.8m）和1～2层纯地下室组成，1～7号楼高层建筑（11～15F）均为框架剪力墙结构，拟采用筏板基础，裙楼及地下室拟采用独立基础。地基基础设计等级为乙级，场地5号、6号、7号楼主楼及之间无上部结构地下室部分地段基底位于细砂或松散卵石层上或存在中砂、松散卵石等软弱下卧层，承载力不能满足设计要求，因此根据设计要求对其采用振冲碎石桩进行加固处理。要求处理后复合地基承载力标准值：f_{spk}不小于320kPa。变形模量E_0不小于20MPa。

处理范围内建筑±0.00m相对应的绝对标高为523.10m，主楼基础标高相对于±0.00m为−6.80m（含垫层、防水层等），纯地下室基础标高相对于±0.00m为−6.40m。场地主要地基土物理力学设计指标见表4.1。

表4.1 地基土物理力学设计指标值表

地基土质	承载力特征值 f_{ak}/kPa	压缩模量 E_S/MPa	变形模量 E_0/MPa
细砂	100	8.0	
中砂	110	9.0	
松散卵石	180		15.0
稍密卵石	320		20.0
中密卵石	530		30.0
密实卵石	800		45.0

任务4.1 复合地基处理方法的选用

4.1.1 复合地基的概念

复合地基是指天然地基在地基处理过程中部分土体得到增强，或被置换，或在天然地基中设置加筋材料，加固区是由基体（天然地基土体或被改良的天然地基土体）和增强体两部分组成的人工地基。在荷载作用下，基体和增强体共同承担荷载的作用。工程实践中通过形成复合地基达到提高承载力和减小沉降的目的。近年来，随着地基处理技术和复合地基理论的发展，复合地基技术在土木工程各个领域如房屋建筑、高等级公路、铁路、堆场、机场、堤坝等工程建设中广泛应用，并取得了良好的社会效益和经济效益，复合地基在我国已经成为一种常用的地基处理形式。

4.1.2 复合地基的分类

根据复合地基荷载传递机理将复合地基分成竖向增强体复合地基和水平向增强体复合地基两类，如图4.1所示。水平向增强体材料多采用土工合成材料，如土工格栅、土工布等；竖向增强体材料可采用砂石桩、水泥土桩、土桩、灰土桩、渣土桩、低强度混凝土桩、钢筋混凝土桩、管桩、薄壁筒桩等。

图4.1 复合地基的类型

(a) 水平向增强体复合地基；(b) 竖向增强体复合地基

竖向增强体复合地基根据桩体材料性质，分为散体材料增强体复合地基和黏结材料增强体复合地基。散体材料桩复合地基如碎石桩复合地基、砂桩复合地基等，其桩体由散体材料组成，没有黏聚力，单独不能成桩，只有依靠周围土体的环箍作用才能形成桩体。黏结材料桩复合地基根据桩体相对刚度大小分为柔性桩复合地基、半刚性桩复合地基和刚性桩复合地基三类。如水泥土桩、土桩、灰土桩、渣土桩主要形成柔性复合地基；各类钢筋混凝土桩（如钢筋混凝土桩、管桩、薄壁筒桩）主要形成刚性桩复合地基；各类低强度桩（如粉煤灰碎石桩、石灰粉煤灰桩、素混凝土桩），刚性较一般柔性桩大，但明显小于钢筋混凝土桩，故主要形成的是半刚性桩复合地基。

复合地基的分类如图4.2所示。

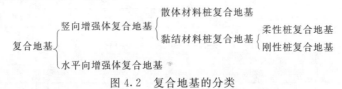

图4.2 复合地基的分类

4.1.3 复合地基的选用

1. 复合地基常用形式

在工程实践中应用的复合地基型式很多，可从下述三个方面来分类：①增强体设置方向；②增强体材料；③基础刚度以及是否设置垫层。

地基中增强体除竖向设置和水平向设置外，还可斜向设置，如树根桩复合地基。在形成复合地基时，竖向增强体可以采用同一长度，也可采用长短桩形式，长桩和短桩可采用同一材料制桩，也可采用不同材料制桩。采用不同材料制桩时即形成多元复合地基。在深厚软土地基中采用多元复合地基既可有效提高地基承载力，又可减小沉降，且具有较好的技术效果和经济效益。

对增强体材料，水平向增强体多采用土工合成材料，如土工格栅、土工织物等；竖向增强体可采用砂石桩、水泥土桩、土桩与灰土桩、CFG桩等。

在建筑工程中，桩体复合地基承担的荷载通常是通过钢筋混凝土基础传给的，而在路堤工程中，荷载是由刚度比钢筋混凝土基础小得多的路堤直接传递给桩体复合地基的。前者基础刚度比增强体刚度大，而后者路堤材料刚度往往比增强体材料刚度小。理论研究和现场实测表明刚性基础下和路堤下复合地基性状具有较大的差异。为叙述方便，将填土路堤下复合地基称为柔性基础下复合地基。柔性基础下复合地基的沉降量远比刚性基础下复合地基的沉降大。为了减小柔性基础复合地基的沉降，应在桩体复合地基加固区上面设置一层刚度较大的"垫层"，防止桩体刺入上层土体。对刚性基础下的桩体复合地基有时需设置一层柔性垫层以改善复合地基的受力状态。

综上所述，复合地基常用型式分类如下：

（1）增强体设置方向。①竖向；②水平向；③斜向。

（2）增强体材料。①土工合成材料，如土工格栅、土工织物等；②砂石桩；③石灰桩、水泥土桩等；④CFG桩和低强度混凝土桩等；⑤两种以上竖向增强体（多元复合地基）；⑥水平向和竖向增强体（桩网复合地基）。

（3）基础刚度和垫层设置。①刚性基础，设垫层；②刚性基础不设垫层；③柔性基础，设垫层；④柔性基础不设垫层。

（4）增强体长度。①等长度；②不等长度（长短桩复合地基）。

由于增强体设置方向不同、增强体的材料组成差异、基础刚度以及垫层情况不同、增强体长度不一定相同，复合地基的形式非常复杂，要建立可适用于各种类型复合地基承载力和沉降计算的统一公式是困难的，或者说是不可能的。在进行复合地基设计时一定要因地制宜，不能盲目套用一般理论，应该以一般理论做指导，结合具体工程进行精心设计。

2. 复合地基选用原则

针对具体工程的特点，选用合理的复合地基形式可获得较好的经济效益。复合地基的选用原则如下：

（1）水平向增强体复合地基主要用于提高地基稳定性。当地基压缩土层不是很厚的情况时，采用水平向增强体复合地基可有效提高地基稳定性，减少地基沉降；但对高压缩土层较厚的情况，采用水平向增强体复合地基对减少总沉降效果不明显。

（2）散体材料桩复合地基承载力主要取决于桩周土体所能提供的最大侧限力，因此散体材料桩复合地基适用于加固砂性土地基，对饱和软黏土地基应慎用。

（3）对深厚软土地基，可采用刚度较大的复合地基，适当增加桩体长度以减少地基沉降，或常用长短桩复合地基的形式。

（4）刚性基础下采用黏结材料桩复合地基，若桩土相对刚度较大，且桩体强度较小时，桩头与基础间宜设置柔性垫层。若桩土相对刚度较小，或桩体强度足够时，也可不设褥垫层。

（5）填土路堤下采用黏结材料桩复合地基时，应在桩头上铺设刚度较好的垫层（如土工格栅砂垫层、灰土垫层），垫层铺设可防止桩体向上刺入路堤，增加桩土应力比，发挥桩体性能。

4.1.4 复合地基基本术语

1. 面积置换率 m

面积置换率是复合地基设计的一个基本参数。若单桩桩身横断面面积为 A_p，该桩体所承担的复合地基面积为 A，则面积置换率 m 定义为

$$m = \frac{A_p}{A} \qquad (4.1)$$

常用的平面布置形式为正方形、等边三角形和矩形等，如图 4.3 所示。以圆形桩为例，若桩身平均直径为 d，单根桩承担的等效圆直径为 d_e，桩间距为 s，则 $m = A_p/A = d^2/d_e^2$，其中 $d_e = 1.13s$（正方形），$d_e = 1.05s$（等边三角形），$d_e = 1.13\sqrt{s_1 s_2}$（矩形）。s_1、s_2 分别为纵向桩间距和横向桩间距。

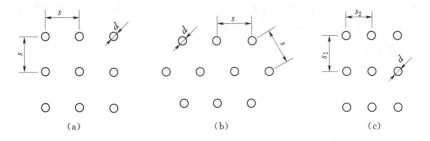

图 4.3 桩位平面布置形式
(a) 正方形布桩；(b) 等边三角形布桩；(c) 矩形布桩

面积置换率按下式计算：

正方形布桩：

$$m = \frac{\pi d^2}{4 s^2} \qquad (4.2)$$

等边三角形布桩：

$$m = \frac{\pi d^2}{2\sqrt{3} s^2} \qquad (4.3)$$

矩形布桩：

$$m = \frac{\pi d^2}{4 s_1 s_2} \qquad (4.4)$$

2. 桩土应力比 n

在复合地基中用桩土应力比 n 来定性的反映复合地基的工作状况。在荷载作用下，复合地基桩体竖向应力 σ_p 和桩间土的竖向应力 σ_s 之比，成为桩土应力比，用 n 表示。

$$n = \frac{\sigma_p}{\sigma_s} \qquad (4.5)$$

各类桩的桩土应力比 n 见表 4.2。

表 4.2 　　　　　　　　　　各类桩的桩土应力比

钢桩、钢筋混凝土桩	水泥粉煤灰碎石桩（CFG）	水泥土搅拌桩（含水泥 5%～12%）	石灰桩	碎石桩
>50	20～50	3～12	2.5～5	1.3～4.4

3. 复合模量 E_{sp}

复合地基加固区由增强体和天然土体两部分组成，是非均质的。在复合地基设计时，为简化计算，将加固区视为均质的复合土体，用假象的等价的均质复合土体来代替真实的非均质复合土体，这种等价的均质复合土体模量成为复合地基土体的复合模量。

复合模量 E_{sp} 计算公式采用材料力学方法，由桩土变形协调条件推演而得

$$E_{sp}=mE_p+(1-m)E_S \tag{4.6}$$

式中　E_p——桩体压缩模量，MPa；

　　　E_S——桩体压缩模量，MPa。

4.1.5　复合地基承载力计算方法

1. 竖向增强体复合地基承载力计算

竖向增强体复合地基又称为桩体复合地基。现有的桩体复合地基承载力计算公式认为复合地基承载力是由桩体的承载力和地基承载力两部分组成的。如何合理估计两者对复合地基承载力的贡献是桩体复合地基计算的关键。

复合地基在荷载作用下破坏时，一般情况下桩体和桩间土两者不可能同时达到极限状态。若复合地基中桩体先发生破坏，则复合地基破坏时桩间土承载力发挥度达到多少是需要估计的。若桩间土先发生破坏，复合地基破坏时桩体承载力发挥度达到多少也只能估计。复合地基中的桩间土的极限荷载与天然地基的是不同的。同样，复合地基中的桩所能承担的极限荷载与一般单桩也是不同的。

桩体复合地基中，散体材料桩、柔性桩和刚性桩的荷载传递机理是不同的。桩体复合地基上基础刚度大小、是否设置垫层、垫层的厚度等都对复合地基受力性状有较大影响，在桩体复合地基承载力计算中都要考虑这些因素的影响。因此，桩体复合地基的承载力计算比较复杂。

（1）桩体复合地基承载力计算的两种思路。

1）分别确定桩体的承载力和桩间土的承载力，根据一定的原则叠加两部分得到复合地基的承载力。

2）将桩体和桩间土组成的复合地基作为整体来考虑，确定复合地基的极限承载力。

（2）复合地基承载力特征值应通过复合地基静载荷试验或增强体静载荷试验结果和其周边土承载力特征值结合经验确定，进行初步设计时，可按下列公式估算。

1）散体材料增强体复合地基按下式计算：

$$f_{spk}=[1+m(n-1)]f_{sk} \tag{4.7}$$

式中　f_{spk}——复合地基承载力特征值，kPa；

　　　f_{sk}——处理后桩间土承载力特征值，kPa，可按地区经验确定；

　　　n——复合地基桩土应力比，可按地区经验确定；

　　　m——面积置换率。

2）黏结强度增强体复合地基按下式计算：

$$f_{spk}=\lambda m\frac{R_a}{A_p}+\beta(1-m)f_{sk} \tag{4.8}$$

式中　λ——单桩承载力发挥系数，可按地区经验取值；

R_a——单桩竖向承载力特征值，kN；

A_p——桩的截面积，m^2；

β——桩间土承载力发挥系数，可按地区经验取值。

3）增强体单桩竖向承载力特征值按下式估算：

$$R_a = u_p \sum_{i=1}^{n} q_{si} l_{pi} + \alpha_p q_p A_p \tag{4.9}$$

式中　u_p——桩的周长，m；

　　　n——桩长范围内所划分的土层数；

　　　q_{si}——桩周第 i 层土的侧阻力特征值，kPa，可按地区经验确定；

　　　q_p——桩端端阻力特征值，kPa，可按地区经验确定；对于水泥搅拌桩、旋喷桩应取未修正的桩端地基土承载力特征值；

　　　l_{pi}——桩长范围内第 i 层土的厚度，m；

　　　α_p——桩端端阻力发挥系数，应按地区经验确定。

对于有黏结强度复合地基增强体桩身强度应满足式（4.10）的要求。当复合地基承载力进行基础埋深修正时，增强体桩身强度应满足式（4.11）的要求。

$$f_{cu} \geqslant 4 \frac{\lambda R_a}{A_p} \tag{4.10}$$

$$f_{cu} \geqslant 4 \frac{\lambda R_a}{A_p} \left[1 + \frac{\gamma_m (d - 0.5)}{f_{spa}} \right] \tag{4.11}$$

式中　f_{cu}——桩体试块（边长 150mm 立方体）标准养护 28d 的立方体抗压强度平均值，kPa；

　　　γ_m——基础底面以上土的加权平均重度，kN/m^3，地下水位以下取有效重度；

　　　d——基础埋置深度，m；

　　　f_{spa}——深度修正后的复合地基承载力特征值，kPa。

2. 水平增强体复合地基承载力计算

水平向增强体复合地基主要包括在地基中铺设各种加筋材料，如土工织物、土工格栅等形成的复合地基。在荷载的作用下，水平向增强体复合地基的工作性状是很复杂的，加筋体的作用及工作机理也很复杂。水平向增强体复合地基的工作性状与加筋体长度、加筋体强度、加筋层数以及加筋体与土体间的黏聚力和摩擦系数等有关。水平向增强体复合地基的破坏具有滑弧破坏、加筋体绷断、承载破坏和薄层挤出等多种形式，影响因素也很多。到目前为止，许多问题尚未完全搞清楚，水平向增强体复合地基的计算理论正处在发展之中，尚不成熟。

4.1.6　复合地基沉降计算方法

在各类复合地基沉降的实用计算方法中，通常将总沉降分为两个部分。设复合地基加固区的压缩量为 s_1，加固区下卧层土体压缩量为 s_2，则复合地基总沉降 s 为加固区压缩量与加固区下卧层土体压缩量之和。即

$$s = s_1 + s_2 \tag{4.12}$$

复合地基沉降计算目前仍以经验方法为主，综合各种复合地基的工程经验，提出以分

层总和法为基础的计算方法。

复合地基变形计算应符合《建筑地基基础设计规范》（GB 50007—2011）的有关规定，地基变形计算深度应大于复合土层的深度。复合土层的分层与天然地基相同，各复合土层的压缩模量等于该层天然地基压缩模量的 ζ 倍，ζ 值按下式确定：

$$\zeta = \frac{f_{spk}}{f_{ak}}$$

(4.13)

式中 f_{ak}——基础底面下天然地基承载力特征值，kPa。

复合地基沉降计算经验系数 ψ_s 可根据地区沉降观测资料统计值确定，无经验取值时，可采用表 4.3 中的数值。

表 4.3   沉降计算经验系数 ψ_s

$\overline{E}_s$/MPa	4.0	7.0	15.0	20.0	35.0
ψ_s	1.0	0.7	0.4	0.25	0.2

注 $\overline{E}_s$ 为变形计算深度范围内压缩模量的当量值，应按下式计算：

$$\overline{E}_s = \frac{\sum_{i=1}^{n} A_i + \sum_{j=1}^{m} A_j}{\sum_{i=1}^{n} \dfrac{A_i}{E_{spi}} + \sum_{j=1}^{m} \dfrac{A_j}{E_{sj}}}$$

(4.14)

式中 A_i—加固土层第 i 层土附加应力系数沿土层厚度的积分值；
　　　A_j—加固土层下第 j 层土附加应力系数沿土层厚度的积分值。

4.1.7 多元复合地基的概念

竖向增强体复合地基中的 3 种类型桩（散体材料桩、柔性桩和刚性桩）的承载力和变形特征各不相同，每种复合地基各有其适用范围及优缺点。在工程实践中，为获得良好的经济效果和经济效益，有关学者提出了多元复合地基的概念。

多元复合地基技术是指将竖向增强体复合地基中的 2 种甚至 3 种类型桩综合应用于加固软弱地基，多元复合地基可以充分发挥各种桩型的优势，在大幅度提高承载力的同时减少沉降量。

在多元复合地基中，桩身强度较高的桩可称为主桩，强度较低的桩可称为次桩。根据多元复合地基的组成，可以将其分为以下两类：

（1）变桩型多元复合地基。即复合地基中存在两种（或以上）的桩型，例如同时采用碎石桩和 CFG 桩的复合地基。

（2）变参数多元复合地基。即复合地基中仅有一种桩型，例如，均为水泥搅拌桩，但采用不同的桩长形成的复合地基。

任务 4.2 砂石桩法设计、施工及质量检验

碎石桩、砂桩和砂石桩总称为砂石桩，是指采用振动、冲积或水冲等方式在软弱地基成孔后，再将砂或碎石挤压入已成的孔中，形成大直径的砂石所构成的密实桩体。

一般来说，对于砂性土，挤密桩法的侧向挤密作用占主导地位，而对于黏性土，则以置换作用为主。

按施工方法的不同，碎石桩法可分为振冲碎石桩法、干振挤密碎石桩法、沉管碎石桩法、沉管夯扩碎石桩法、袋装碎石桩法、强夯置换碎石桩法。

1. 干振挤密碎石桩法

干振挤密碎石桩法加固地基技术是由河北省建筑科学研究所等单位开发成功的一种地基加固技术。主要设备是干法振动成孔器。其直径为280～330mm，有效长度6m，自重约22kN。干法振动挤密碎石桩法施工工艺如下：首先用振动成孔器成孔，成孔过程中桩孔位的土体被挤到周围土体中去；提起振动成孔器，向孔内倒入碎石再用振动成孔器进行捣固密实，然后提起振动成孔器，继续倒碎石，直至碎石桩形成。碎石柱和挤密的桩间土形成碎石桩复合地基。

干振挤密碎石桩法加固机理是形成复合地基，在成孔和挤密碎石桩的过程中，土体在水平激振力作用下产生径向位移，在碎石桩周围形成密实度很高的挤密区，该挤密区对碎石桩起约束作用。桩间土密实度不均匀，靠近碎石桩周围，密实度增大。桩间土强度比原天然地基土强度高得多。经干振挤密碎石桩加固的地基，承载力提高1倍左右。

它与振冲挤密碎石桩的不同之处是不用高压水冲。主要适用于地下水位较低的非饱和黏性土、素填土、杂填土和Ⅱ级以上非自重湿陷性黄土。干振挤密碎石桩复合地基承载力和沉降的确定方法基本上与振冲碎石桩复合地基相同。

2. 夯扩碎石桩法

夯扩碎石桩法是沉管碎石桩法中先拔管后投料复打密实法的发展。施工工艺如下：先将沉管沉至设计深度；边投料边拔管，一次投料数量和一次拔管高度应根据夯扩试验确定；将投料夯扩成设计直径，如直径377mm的沉管可将碎石桩夯扩到直径600mm；然后再边投料边拔管，再夯扩，直至制成一根夯扩碎石桩。在成桩过程中桩间土得到挤密，强度提高。夯扩碎石桩桩体直径大，且密实度高，桩体承载力大。

夯扩碎石桩法适用于非饱和土地基，对杂填土、素填土地基加固效果很好。若地基中各土层强度不同，在相同夯击能作用下，低强度土层中碎石桩桩径较大，高强度土层中碎石桩桩径较小，形成葫芦状，有利于提高加固效果。

夯扩碎石桩复合地基承载力可通过复合地基载荷试验确定，也可通过碎石桩和桩间土载荷试验确定桩体承载力和桩间土承载力，计算式同振冲碎石桩复合地基。沉降计算也与振冲碎石桩复合地基相同。

3. 袋装碎石桩法

由于碎石桩属散体材料桩，它需要桩间土提供一定的侧限压力，才能形成桩体，具有一定的承载力。当天然地基土的侧限压力过小时，可采用土工织物将碎石桩包上，形成袋装碎石桩。国外也有采用竹笼、钢丝网包裹的竹笼碎石桩的报道。

浙江大学岩土工程研究所（原土工教研室）于1987年提出了用冲抓法成孔并用土工织物袋围护碎石的加固方法，成孔直径为80cm。但未在实际工程中应用。福州大学岩土工程教研室采用自制的简易射水器射水成孔深度可达12～13m，直径为40cm或45cm，放入土工织物袋后，采用小直径的插捣棒，这样就可以边填料边捣实，而上段部分则采用插入式混凝土振动器振实，使施工效果大大提高。通过试验，这种碎石桩已在福州大学两幢住宅工程与泉州市某综合楼工程中应用。

袋装碎石桩复合地基的承载力可由复合地基试验确定。

福州大学的袋装碎石复合地基的载荷试验表明，当置换率为 0.15 时，复合地基承载力由天然地基承载力 63kPa 提高到 117～141kPa。与一般的振冲碎石桩比较，它具有填料用量少，易于控制填料数量，桩身密实度较高，受力性能较好的优点，且土工织物袋能起到隔离、过滤保证排水固结并防止软黏土受压后挤入碎石孔隙的作用，特别适合于在高含水量、低强度的软黏土中应用。这种新型碎石桩的提出，有助于降低工程造价，促进碎石桩在软黏土地基工程中的推广应用。

4. 强夯置换碎石桩（墩）法

该法为在地基中设置碎石墩，并对地基进行挤密，碎石墩与墩间土形成复合地基以提高地基承载力，减小沉降。

强夯置换碎石桩法是为了将强夯法应用于加固饱和黏性土地基而开发的地基处理技术。强夯置换碎石桩法从强夯法发展而来，但加固机理并不相同。它利用重锤落差产生的高冲击能将碎石、矿渣等物理性能较好的材料强力挤入地基，在地基中形成一个个碎石墩。强夯置换过程中，土体结构破坏，地基土体中产生超孔隙水压力。随着时间发展结构强度会得到恢复。碎石墩一般具有较好的透水性，有利于土体中超静孔隙水压力消散，产生固结。

强夯置换法质量检验除应了解墩间土性状外，更需要了解复合地基的性状。复合地基承载力可采用复合地基载荷试验确定。了解碎石墩的直径和深度，可采用雷达和斜钻检测。

关于振冲碎石桩和沉管砂石桩在以下内容中作介绍。

4.2.1　振冲碎石桩法概述

1. 振冲法的概念

振冲法又称振动水冲法，是以起重机吊起振冲器，启动潜水电机带动偏心块，使振动器产生高频振动，同时启动水泵，通过喷嘴喷射高压水流，在边振边冲的共同作用下，将振动器沉到土中的预定深度，经清孔后，从地面向孔内逐段填入碎石，使其在振动作用下被挤密实，达到要求的密实度后即可提升振动器。如此反复直至地面，在地基中形成一个大直径的密实桩体与原地基构成复合地基，提高地基承载力，减少沉降，并可消除液化，是一种快速、经济有效的加固方法。

振冲法对不同性质的土层分别具有置换、挤密和振密等作用。对黏性土主要起到置换作用，对中细砂和粉土除置换作用外还有振实挤密作用。在以上各种土中施工时都要在振冲孔内加填碎石（或卵石等）回填料，制成密实的振冲桩，而桩间土受到不同程度的振密和挤密。

2. 振冲碎石桩法发展概况

碎石桩是以碎石（卵石）为主要材料制成的复合地基加固桩。在国外，碎石桩和砂桩、砂石桩、渣土桩等统称为散体桩。即无黏结强度的桩。按制桩工艺区分，碎石桩有振冲（湿法）碎石桩和干法碎石桩两大类。采用振动加水冲的制桩工艺制成的碎石桩称为振冲碎石桩或湿法碎石桩。采用各种无水冲工艺（如干振、振挤、锤击等）制成的碎石桩统称为干法碎石桩。

振动水冲法成桩工艺由德国凯勒公司于 1937 年首创，用于挤密砂土地基，20 世纪 60 年代初，德国开始采用振冲法加固黏性土地基。我国应用振冲法始于 1977 年，现已广泛用于水利工程的坝基、涵闸地基及工业与民用建筑地基的加固处理。江苏省江阴市振冲机械制造有限公司（原江阴市振冲器厂）已经正式投产系列振冲器产品供应市场。但是采用振冲法施工时有泥水漫溢地面造成环境污染的缺点，故在城市和已有建筑物地段限制应用。从 1980 年开始，各种不同的碎石桩施工工艺相应产生，如锤击法、振挤法、干振法、沉管法、振动气冲法、袋装碎石法、强夯碎石桩置换法等。虽然这些方法的施工不同于振冲法，但是同样可以形成密实的碎石桩，所以碎石桩的内涵扩大了，从制桩工艺和桩体材料方面也进行了改进，如在碎石桩中添加适量的水泥和粉煤灰，形成水泥粉煤灰碎石桩（即 CFG 桩）。因学时及篇幅的限制，本教材主要介绍目前国内工程中最为常用的振冲法。

3. 振冲碎石桩复合地基适用范围

振冲碎石桩法适用于挤密处理松散砂土、粉土、粉质黏土、素填土、杂填土等地基，以及用于处理可液化地基。饱和黏土地基，如果变形控制不严格，可采用砂石桩置换处理。对于大型、重要的或场地、地形复杂的工程，以及对于处理不排水强度不小于 20kPa 的饱和黏性土和饱和黄土地基，应在施工前通过现场试验确定其适用性。如果原土的强度过低（例如淤泥），以致土的约束力始终不能平衡使填料挤入孔壁的力，那就始终不能形成桩体，这种方法就不再适用。

4. 振冲碎石桩法的优缺点

振冲法加固松软地基具有以下几方面的优点：

（1）利用振冲加固地基，施工机具简单、操作方便、施工速度较快，加固质量容易控制，并能适用于不同的土类，目前的施工技术最深可达 30m。

（2）加固时不需钢材、水泥，仅用碎石、卵石、角砾、圆砾等当地硬质粗粒径材料即可，因而地基加固造价较低，与钢筋混凝土桩相比，一般可节约投资 1/3，具有明显的经济效益。

（3）在对砂基的加固过程中，通过挤密作用，排水减压并且振动水冲能对松散砂基产生预震作用，对砂基抗震、防止液化有独到的优越性。在填入软弱地基中，经振冲填以碎石或卵石等粗粒材料，成桩后改变了地基的排水条件，可加速地震时超静孔隙水压力的消散，有利于地基抗震并防止液化，同时能加速桩间土的固结、提高其强度。

（4）在加固不均匀的天然地基时，在平面和深度范围内，由于地基的振密程度可随地基软硬程度用不同的填料进行调整，同样可取得相同的密实电流，使加固后的地基成为均匀地基，以满足工程对地基不均匀变形的要求。

（5）振冲器的振动力能直接作用在地基深层软弱土的部位，对软弱土层施加的侧向挤压力大，因而促进地基土密实的效果与其他地基处理方法相比效果更好。

振冲法的缺点：振冲法在施工时，尤其是在黏性土中施工时，排放的污水、污泥量较大，在人口稠密的地区或没有排污泥条件时，使用上要受到一定的限制。

4.2.2 振冲碎石桩法设计

1. 振冲法加固机理

无论从施工的角度，还是从加固的原理来看，振冲法均可分为两大分支，因此，其加固原理、设计、施工参数的选择等多方面应分别按"振冲密实"和"振冲置换"两方面来进行讨论。

（1）振冲密实加固机理。振冲密实（亦称振冲加密或振冲挤密）加固机理如下：一方面振冲器的强力振动使松砂在振动荷载作用下，颗粒重新排列，体积缩小，变成密砂，或使饱和砂层发生液化，松散的单粒结构的砂土颗粒重新排列，孔隙减小；另一方面，依靠振冲器的重复水平振动力，在加回填料的情况下，还通过填料使砂层挤压加密，所以这一方法被称为振冲密实法。

（2）振冲置换加固机理。利用一个产生水平向振动的管状设备在高压水流冲击作用下，边振边冲在黏性土地基中成孔，再在孔内分批填入碎石等粗粒径的硬质材料，制成一根一根的桩体，桩体和原来的地基土构成复合地基，和原地基相比，复合地基的承载力高、压缩性小。这种加固技术被称为振冲置换法。

振冲碎石桩加固黏性土地基主要作用是置换作用（或称桩柱作用）、垫层作用、排水固结作用以及加筋作用。

1）置换作用（或称桩柱作用）。按照一定的间距和分布打设了许多桩体的土层叫做"复合土层"。如果软弱土层不太厚，桩体可以贯穿整个软弱土层，直达相对硬层。亦即复合土层和相对硬层接触，复合土层中的碎石桩在外荷载作用下，其压缩性比桩周黏性土明显小，桩体的压缩模量远比桩间土大，从而使基础传递给复合地基的附加应力随着桩土的等量变形会逐渐集中到桩上来，从而使桩周软土负担的应力相应减小。结果与原地基相比，复合地基的承载力提高，压缩性减小，这就是碎石桩体的应力集中作用（碎石桩在复合地基中即置换了一部分桩间土，又在复合地基中起到桩柱作用）。就这一点来说，复合地基有如钢筋混凝土，而复合地基的桩有如混凝土中的钢筋。

2）垫层作用。对于软弱土层较厚的情况，桩体有可能不贯穿整个软弱土层，这样，软弱土层只有部分厚度的土层转换为复合土层，其余部分仍处于天然状态。对这种桩体不打到相对硬层，亦即复合土层与相对硬层不接触的情况，复合土层主要起垫层的作用。

碎石桩是依赖桩周土体的侧向压力保持形状并承受荷重的，承重时桩体产生侧向变形，同时，通过侧向变形将应力传递给周围土体。这样，碎石桩和周围土体一起组成一个刚度较大的人工垫层，该垫层能将基础荷载引起的附加应力向周围横向扩散，使应力分布趋于均匀，从而可提高复合地基的整体承载力。另外，整个碎石桩复合土层对于未经加固的下卧层也起到了垫层的作用，垫层的扩散作用使作用到下卧层上的附加应力减小并趋于均匀，从而使下卧层的附加应力在允许范围之内，这样就提高了地基的整体抵抗力，并减小了地基沉降。这就是垫层的应力扩散和均布的作用。

3）排水固结作用。振冲置换法形成的复合土层之所以能改善原地基土的力学性质，主要是因为在地基中打设了很多粗粒径材料桩体，如振冲碎石桩。过去有人担心在软弱土中用振冲法制作碎石桩会使原地基土强度降低。诚然，在制桩过程中，由于振动水冲、挤压扰动等作用，地基土中会出现较大的超静孔隙水压力，从而使原地基土的强度降低，但在复合地基完成后，一方面随着时间的推移原地基土的结构强度有所恢复；另一方面，孔隙水压力向桩体转移消散。结果是有效应力增加，强度提高。同时在施加建筑物荷载后，地基土内的超静孔隙水压力能较快地通过碎石桩消散，固结沉降能较快地完成。

对粉质黏土和粉土结构在振冲制桩前后的微观变化进行电镜扫描摄片观察，结果发现振冲前这些土的集粒或颗粒连接以点-点接触为主，振冲后不稳定的点-点接触遭到破坏，形成比较稳定的点-面接触和面-面接触，孔隙减小，孔洞明显变小或消散，颗粒变细，级配变佳，并且，新形成的孔隙有明显的规律性和方向性。由于这些原因，土的结构趋于密实，稳定性增大，这从微观结构角度证实了黏性土的强度在制桩后会恢复并明显增大。

目前，对振冲法加固黏性土地基（特别是软黏土地基）有不同的认识，焦点在振冲对黏性土强度的影响和碎石桩的排水作用上。对碎石桩的排水性能看法不一，而且，专门性的研究资料较少。

4）加筋作用。振冲置换桩有时也用来提高土坡的抗滑能力，这时桩体就像一般阻滑桩那样是用来提高土体的抗剪强度，迫使滑动面远离坡面、向深处转移，这种作用就是类似于干振碎石桩和砂桩的加筋作用。

2. 振冲碎石桩法设计

振冲碎石桩法从加固原理上分为两大类，则它的设计计算也分别进行。到目前为止，振冲法还没有成熟的设计计算理论，这里提到的只是在现有的工程实践和现有的实测资料上来进行设计计算的。

振冲密实法设计要点：

（1）加固范围。振冲法处理范围可根据建筑物的重要性和场地条件确定，宜在基础外缘扩大 1～3 排桩。当要求消除地基液化时，在基础外缘扩大宽度不应小于基底下液化土层厚度的 1/2，且不应小于 5m。

（2）加固深度。振冲密实法的加固深度应根据松散土层的性能、厚度及工程要求等综合确定，通常遵循以下原则：

1）当相对硬土层埋深较浅时，应按相对硬层埋深确定。

2）当相对硬土层埋深较大时，应按建筑物地基变形允许值确定。

3）按稳定性控制的工程，桩长应不小于最危险滑动面以下 2.0m 的深度。

4）对可液化地基，桩长应按要求处理液化的深度确定。

5）桩长不宜小于 4m。

（3）桩位布置、桩径和桩间距。对于大面积满堂地基和独立基础，可采用三角形、正方形、矩形布桩；对条形基础，可沿基础轴线采用单排布桩或对称轴线多排布桩。

桩径可根据土质情况、成桩方式和成桩设备等因素确定，桩的平均直径可按每根桩所用的填料量计算。振冲碎石桩桩径宜为 800～1200mm。

振冲碎石桩的间距应根据上部结构载荷大小和场地土层情况，并结合所采用的振冲器功率大小综合考虑；30kW 的振冲器布桩间距可采用 1.3～2.0m；55kW 的振冲器布桩间距可采用 1.4～2.5m；若使用 75kW 大型振冲器，振冲器布桩可加大到 1.5～3.0m；不加填料振冲挤密孔距可为 2.0～3.0m。

（4）承载力计算。振冲碎石桩复合地基承载力初步设计可按散体材料增强体复合地基承载力公式（4.7）进行估算，处理后桩间土承载力特征值，可取天然地基承载力特征值，松散的砂土、粉土可取原天然地基承载力特征值的 1.2～1.5 倍；复合地基桩土应力比 n，宜采用实测值确定，如无试验资料时，对于黏性土可取 2.0～4.0，对于砂土、粉土可取 1.5～3.0。

（5）变形计算。振冲碎石桩复合地基变形计算参见 4.1.6 中的内容。

（6）振冲挤密法适用的土类。振冲挤密法适用的土质主要为砂土类，从粉砂到含砾粗砂，只要小于 0.005mm 的黏粒含量不超过 10% 都可得到显著的加密效果，当黏粒含量超过 30%，则挤密效果明显降低。

（7）填料的选择。填料多用粗粒料，如粗（砾）砂、角（圆）砾、碎（卵）石、矿渣等硬质无黏性材料。不宜用单级配料，卵石可用自然级配。使用 30kW 的振冲器时，填料的粒径宜在 20～80mm；使用 55kW 的振冲器时，填料的粒径宜在 30～100mm；使用 75kW 的振冲器时，填料的粒径宜在 40～150mm。填料中含泥量不宜超过 5%。

3. 振冲置换法设计

黏性地基土中用的振冲置换法的设计原则与砂类土上用的振冲挤密法的设计原则基本相同，但前者比后者要复杂一些。振冲密实法使砂土地基加密以后，桩间土一般就可以满足上部荷载的要求，同时砂类土地基沉降变形小，因此只需考虑基础内砂土加密效果。振冲置换法主要依靠制成的碎石桩提高地基强度，不但要考虑碎石桩的承载力，还要考虑置换后使复合地基满足要求。软黏土地基经振冲置换后，仍有较大的沉降量，设计计算时还要考虑建筑物沉降的要求等，特别要考虑相邻建筑物引起的沉降要满足规范和设计要求。振冲置换加固设计，目前还处在半理论半经验状态，这是因为一些设计计算都不成熟，也只能凭经验确定。因此对重要工程或地层条件复杂的工程，应在现场进行试验，根据现场试验获取的资料修改设计，制定施工工艺及要求等。

设计内容包括加固范围，加固深度，桩位布置和间距，桩径，承载力计算，复合地基沉降计算，表层处理垫层的设置，桩体材料选择。设计计算中的几个重要参数有桩身材料的内摩擦角，原地基土的不排水抗剪强度，原地基土的沉降模量。

4.2.3　振冲碎石桩法施工

1. 施工机具

振冲法施工的主要机具包括：振冲器、起重设备（用来操作振冲器）、供水泵、填料设备、电控系统以及配套使用的排浆泵电缆、胶管和修理机具。

（1）振冲器及其部件。振冲器为中空轴立式潜水电机带动偏心块振动的短柱状机具（图 4.4），国内常用振冲器型号及技术参数见表 4.4，施工时应根据地质条件和设计要求选用。振冲器的工作原理是利用电机旋转一组偏心块产生一定频率和振幅的水平向振动力，压力水通过竖心空轴从振冲器下端的喷水口喷出。

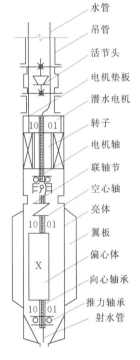

图 4.4　振冲器构造图

水管
吊管
活节头
电机垫板
潜水电机
转子
电机轴
联轴节
空心轴
亮体
翼板
偏心体
向心轴承
推力轴承
射水管

表 4.4　　　　　　　　　　国产振冲器的主要技术参数

项目	型号	ZCQ - 13	ZCQ - 30	ZCQ - 55	BJ75
潜水电机	功率/kW	13	30	55	75
	转数/(r/min)	1450	1450	1450	1450

续表

项目 \ 型号		ZCQ－13	ZCQ－30	ZCQ－55	BJ75
振动体	偏心距/cm	5.2	5.7	7.0	7.2
	激振力/kN	35	90	200	160
	振幅/mm	4.2	5.0	6.0	3.5
	加速度	4.3g	12g	14g	10g
振冲器外径/mm		274	351	450	427
全长/mm		1600	1935	2500	3000
总重/kg		780	940	1600	2050

注 表中 $g＝9.8m/s^2$。

1）电动机（驱动器）。振冲器常在地下水位以下使用，多采用潜水电机，如果桩长较短（一般小于 8m），振冲器的贯入深度也浅，这时可将普通电机装在顶端使用。

2）振动器。内部装有偏心块和转动轴，用弹性联轴器与电动机连接。

3）通水管。国内 30kW 和 55kW 振冲器通水管穿过潜水电机转轴及振动器偏心轴。75kW 振冲器水道通过电机和振动器侧壁到达下端。

（2）振冲器的振动参数。

1）振动频率。振冲器迫使桩间土颗粒振动，使土颗粒产生相对位移，达到最佳密实效果。最佳密实效果发生在土颗粒振动和强迫振动处于共振状态的情况下，一些土的振动频率见表 4.5。目前国产振冲器所选用的电机转速为 1450r/min，接近最佳密实效果频率。

表 4.5 部分土的自振频率

土质	砂土	疏松填土	紧密良好级配砂	极密良好级配砂	紧密矿渣	紧密角砾
自振频率/（r/min）	1040	1146	1146	1602	1278	1686

2）加速度。只有当振动加速度达到一定值时，振冲器才开始加密土。功率为 13kW、30kW、55kW 和 75kW 的国产振冲器的加速度分别为 4.3g、12g、14g 和 10g（$g＝9.8m/s^2$）。

3）振幅。在相同的振动时间内，振幅越大，加密效果越好。但振幅过大或过小，均不利于加密土体，国产振冲器的振幅在 10mm 以内。

4）振冲器和电机的匹配。振冲器和电机匹配得好，振冲器的使用效率就高，适用性就强。

（3）起吊设备。起吊设备是用来操作振冲器的，起吊设备可用汽车吊、履带吊，或自行井架式专用平车。起吊 30kW 振冲器的吊机的起吊力应大于 100kN，75kW 振冲器所需起吊力应大于 100～200kN，即振冲器的总重量乘以一个 5 左右的扩大系数，即可确定起吊设备的起吊力。起吊高度必须大于加固深度。

（4）供水泵。供水泵要求压力为 0.5～1.0MPa，供水量达 20m³/h 左右。

（5）填料设备。填料设备常用装载机、柴油小翻斗车和人力车。30kW 振冲器应配以

0.5m³ 以上的装载机；75kW 振冲器应配以 1.0m³ 以上的装载机为宜。如填料采用柴油小翻斗车或人力车，可根据填料情况确定其数量。

（6）电控系统。施工现场应配有 380V 的工业电源。若用发电机供电，发电机的输出功率要大于振冲器电机额定功率的 1.5～2 倍。例如，一台 30kW 振冲器需配 48～60kW 柴油发电机一台。

（7）排浆泵。排浆泵应根据排浆量和排浆距离选用合适的排污泵。

2. 桩体材料

振冲桩桩体材料可以采用含泥量不大于 5％ 的碎石、卵石、矿渣或其他性能稳定的硬质材料，不宜使用风化易碎的石料。对 30kW 的振冲器，填料粒径宜为 20～80mm；对 55kW 的振冲器，填料粒径宜为 30～100mm；对 75kW 的振冲器，填料粒径宜为 40～150mm。

3. 施工顺序

振冲碎石桩的施工顺序取决于地基条件和碎石桩的设计布置情况，主要有以下几种：

（1）由里向外法。这种施工顺序适用于原地基较好的情况，可避免在由外向内施工顺序时造成中心区成孔困难。

（2）排桩法。根据布桩平面从一端轴线开始，依照相邻桩位顺序成桩到另一端结束。此种施工顺序对各种布桩均可采用，施工时不易错漏桩位，但桩位较密的桩体容易产生倾斜，对这种情况也可采用隔行或隔桩跳打的办法施工。

（3）由外向里法。这种施工顺序也称帷幕法，特别适合于地基强度较低的大面积满堂布桩的工程。施工时先将布桩区四周的外围 2～3 排桩完成，内层采用隔一圈成一圈的跳打办法，逐渐向中心区收缩。外围完成的桩可限制内圈成桩时土的挤出，加固效果良好，并且节省填料。采用此施工法可使桩布置的稀疏一些。

4. 施工方法与工艺

振冲施工法按填料方法的不同，可分为以下几种：

（1）间接填料法。成孔后把振冲器提出孔口，直接往孔内倒入一批填料，然后再下降振冲器使填料振密；每次填料都这样反复进行，直到全孔结束。间接填料法的施工步骤如下：

1）振冲器对准桩位。

2）振冲成孔。

3）将振冲器提出孔口，向桩孔内填料（每次填料的高度限制在 0.8～1.0m）。

4）将振冲器再次放入孔内，将填料振实。

5）重复步骤 3）、4），直到整根桩制作完毕。

（2）连续填料法。连续填料法是将间断填料法中的填料和振密合并为一步来做，即一边缓慢提升振冲器（不提出孔口），一边向孔中填料。连续填料法的成桩步骤是：

1）振冲器对准桩位。

2）振冲成孔。

3）振冲器在孔底留振。

4）从孔口不断填料，边填边振，直至密实。

5）上提振冲器（上提距离约为振冲器锥头的长度，即约为 0.3～0.5m）继续振密、填料，直至密实。

6）重复步骤5），直到整根桩制作完毕。

（3）综合填料法。综合填料法相当于前两种填料施工法的组合。该种施工方法是第一次填料、振密过程采用的是间断填料法，即成孔后将振冲器提出孔口，填一次料后，然后下降振冲器，使填料振密，之后，就采用连续填料法，即第一批填料后，振冲器不提出孔口，只是边填边振。综合填料法的施工步骤为：

1）振冲器对准桩位。

2）振冲成孔。

3）将振冲器提出孔口，向桩孔内填料（填料高度在 0.8～1.0m）。

4）将振冲器再次放入孔内，将石料压入桩底振密。

5）连续不断地向孔内填料，边填边振，达到密实后，将振冲器缓慢上提，继续振冲，达到密实后，再向上提。如此反复操作，直到整根桩制作完毕。

（4）先护壁后制桩法。这种制桩法适用于软土层施工。在成孔时，不要一下子到达深度，而是先到达软土层上部范围内，将振冲器提出孔口，加一批填料，然后下沉振冲器，将这批填料挤入孔壁，这样就可把这段软土层的孔壁加强，以防塌孔。然后使振冲器下降到下一段软土层中，用同样的方法填料护壁。如此反复进行，直到设计深度。孔壁护好后，就可按前述三种方法中的任意一种进行填料制桩了。

（5）不加填料法。对于疏松的中粗砂地基，由于振冲器提升后孔壁极易坍塌，可利用中粗砂本身的塌落从而可以不加填料就可以振密。这种施工方法特别适用于处理人工回填或吹填的大面积砂层。该法的施工步骤如下：

1）振冲器对准桩位。

2）振冲成孔。

3）振冲器达到设计深度后，在孔底不停振冲。

4）利用振冲器的强力振动和喷水，使孔内振冲器周围和上部砂土逐步塌陷，并被振密。

5）上提一次振冲器（每次上提高度 0.3～0.5m），保持连续不停地振冲。

6）按上述步骤4）、5）反复，由下而上逐段振密，直至桩顶设计高程。

5. 施工步骤及其注意事项

（1）振冲定位。吊机起吊振冲器对准桩位（误差应小于10cm），开启供水泵，水压可用 200～600kPa、水量可用 200～400L/min，待振冲器下端喷水口出水后，开通电源，启动振冲器，检查水压、电压和振冲器的空载电流是否正常。

（2）振冲成孔。启动施工车或吊车的卷扬机下放振冲器，使其以 0.5～2m/min 的速度徐徐贯入土中。造孔过程应保持振冲器呈悬垂状态，以保证垂直成孔。注意在振冲器下沉过程中的电流值不超过电机的额定电流值，万一超过，需减速下沉或暂停下沉或向上提升一段距离，借助高压水松动土层后，电流值下降到电机的额定电流以内时再进行下沉。在开孔过程中，要控制振冲器各深度的电流值和时间。电流值的变化能定性地反映出土的强度变化，若孔口不返水，应加大供水量，并记录造孔的电流值、造孔的速度及返水的情况。

（3）留振时间和上拔速度。当振冲达到设计深度后，对振冲密实法，可在这一深度上留振 30s，将水压和水量降至孔口有一定量回水但无大量细小颗粒带走的程度。如遇中部硬夹层，应适当通孔，每深入 1m 应停留扩孔 5～10s，达到深度后，振冲器再往返 2～3次进行扩孔。对连续填料法振冲器留在孔底以上 30～50cm 处准备填料；间断填料法可将振冲器提出孔口，提升速度可在 6m/min。对振冲置换法，成孔后要留有一定的时间清孔。

（4）清孔。成孔后，若返水中含泥量较高或孔口被泥淤堵以及孔中有强度较高的黏性土，导致成孔直径小时，一般需清孔。即把振冲器提出孔口，然后重复步骤（2）、（3）1～2 遍，借助于循环水使孔内泥浆变稀，清除孔内泥土，保证填料畅通，最后，将振冲器停留在加固深度以上 300～500mm 处准备填料。

（5）填料。采用连续填料法施工时，振冲器成孔后应停留在设计加固深度以上 300～500mm 处，向孔内不断填料，并在整个制桩过程中石料均处于满孔状态；采用间断填料时，应将振冲器提出，每往孔内倒 0.15～0.50m³ 石料，振冲器下降至填料中振捣一次。如此反复，直到制桩完成。

（6）制桩结束。制桩加固至桩顶设计高程以上 0.5～1.0m 时，先停止振冲器运转，再停止供水泵，这样一根桩就完成了。

6. 表层处理

为了保证桩顶部的密实，振冲前开挖基坑时在桩顶高程上预留了一定厚度的土层，故在桩体全部施工完备后，应将桩顶预留的松散桩体挖除，在桩顶和基础之间铺设 300～500mm 垫层并压实，垫层材料宜为粗砂、中砂、级配砂石和碎石等，最大粒径不宜大于 30mm。

7. 施工质量控制与问题处理

振冲法施工质量控制就是对施工中的密实电流、留振时间和每根桩填料进行严格控制，才能保证振冲桩的整体质量。主要做法如下：

（1）严格控制加料振密过程中的密实电流。在成桩时不能把振冲器刚接触填料的瞬间电流作为密实电流，瞬间电流有时高于 100A 以上，但只要把振冲器停住不下降，电流值就会立即变小。因此，瞬间电流不反映填料的密实程度。只有让振冲器在固定深度上振动一段时间（称为留振时间）而电流稳定在某一数值，该电流才代表填料的密实程度。要求稳定电流值超过规定的密实电流值，该段桩体制作完毕。

（2）合理选择留振时间。留振时间与振冲器的下降和提升速度有关。当下沉或提升速度较大时，留振时间就应当长些；反之则短些。留振时间应以密实电流是否达到规定值来控制。对于一些特殊情况，如振冲加固饱和砂土时，由于振冲作用下的砂土发生液化，强度降低，密实电流只有 35A 左右（30kW 振冲器），往往达不到规定密实电流（例如40A），留振时间再长也难以达到要求。在这种情况下，工程上一般采用定时的办法，即规定留振时间不得少于 30～60s。

（3）控制好填料量。施工中加料不宜过猛，原则上要"少吃多餐"，即要勤加料，但每次加料不宜过多。有时在制作深部桩体时，达到规定密实电流所需填料比上部较多，主要原因为：①最初阶段加的料有相当一部分从孔口向孔底下落过程中被黏留在某些深度的孔壁上，只有少量落到孔底；②有时水压控制不当造成桩孔超深，使孔底填料剧增；③孔底遇到事先不知的局部软弱土层，使填料增加。在实际工程中，施工中常见问题及处理方法见表 4.6。

表 4.6　　　　　　　　　　　　　施工中常见问题及处理方法

类别	问 题	主 要 原 因	处 理 方 法
成孔	振冲器下沉速度太慢	土质硬，阻力大	加大水压；使用大功率振冲器
	振冲器造孔电流过大	贯入速度过快；振动力过大；孔壁土石坍塌	减慢振冲器下沉速度；减少振动力
	孔口不返水	水量不够；遇到强透水层	加大水压；穿过透水层
填料	石料填不下去	孔口过小	清孔；把孔口土挖除
		一次加料过多造成孔道堵塞	加大水压，提拉振冲器，打通孔道；每次少加填料，"少吃多餐"
		地基有流塑性黏土造成缩孔堵塞孔道	先固壁，后填料；采用强迫填料工艺（75kW 振冲器）
加密	振冲器电流过大	间断填料，上部形成卡壳	加大水压水量，慢慢冲开堵塞孔；每次填料要少，采用连续填料工艺
	密实电流难以达到	土质软；填料量不足	继续填料密实；提拉振冲器继续填料

4.2.4　振冲法质量检验

振冲桩施工结束后，需要对单桩、桩间土和复合地基进行测试检验。振冲桩复合地基检验常用的方法有：静载荷试验、动力触探、标准贯入试验、静力触探和波速测试等。效果检验时间根据土的性质和完成时间确定。振冲施工结束后，除砂土地基外，应间隔一定时间后方可进行质量检验。对粉质黏土地基间隔时间不宜少于 21d，对粉土地基不宜少于 14d，对砂土和杂填土地基不宜少于 7d。

振冲碎石桩质量检验的要求如下：

（1）施工质量的检验，对桩体可采用重型动力触探试验；对桩间土可采用标准贯入、静力触探、动力触探或其他原位测试技术等方法；对消除液化的地基检验应采用标准贯入试验。桩间土质量的检测位置应在等边三角形或正方形的中心。检验深度不应小于处理地基深度，检验数量不应少于桩孔总数的 2%。

（2）振冲处理后的地基竣工验收时，承载力检验应采用复合地基静载荷试验。

（3）复合地基载荷试验检验数量不应少于总桩数的 1%，且每个单体工程不应少于 3 点。

4.2.5　沉管砂石桩概述

沉管砂石桩法是利用沉管制桩机械在地基中锤击、振动沉管成孔或静压沉管成孔后，在管内投料，边投料边上提（振动）沉管形成密实桩体，与原地基组成复合地基。按施工方法可分为三种：管内投料重锤夯实法、管内投料振动密实法、先拔管后投料复打密实法。

管内投料重锤夯实法工艺为：首先将桩管立于桩位，管内填 1m 左右碎石，然后用吊锤夯击桩位，靠碎石和桩管间的摩擦力将桩管带到设计深度，最后分段向管内投料和夯实填料，同时向上提拔桩管，直至拔出桩管，形成碎石桩。

管内投料振动密实法通常采用振动沉拔管打桩机制桩，依靠沉管振动密实，但要控制拔管速度，注意填料量，达不到要求时应复打。

先拔管后投料复打密实法通常采用常规沉管打桩机沉管桩，然后将桩管拔出，再向孔中投料，利用复打的方式密实桩体填料，形成碎石桩复合地基。对于容易发生缩孔的地基，该法不能采用。

沉管碎石桩复合地基承载力可通过载荷试验确定，也可利用散体材料复合地基理论计算，计算式同振冲碎石桩复合地基。沉降计算也与振冲碎石桩复合地基相同。

沉管砂石桩法适用于挤密处理松散砂土、粉土、粉质黏土、素填土、杂填土等地基，以及用于处理可液化地基。饱和黏土地基，如果变形控制不严格，可采用砂石桩置换处理。对于大型、重要的或场地、地形复杂的工程，以及对于处理不排水强度不小于 20kPa 的饱和黏性土和饱和黄土地基，应在施工前通过现场试验确定其适用性。

4.2.6　沉管砂石桩法设计

1. 砂石桩法的加固机理

砂石桩法加固地基原理是在地基中设置砂石桩体，形成复合地基以提高地基承载力和减少沉降。碎石桩桩体具有很好的透水性，有利于超静孔隙水压力消散，碎石桩复合地基具有较好的抗液化性能。地基土的种类不同，对砂石桩的作用原理也不尽相同。

（1）挤密、振密作用。在松散砂土和粉土地基中，砂石桩主要靠桩的挤密和施工中的振动作用使桩周围土的密度增大，从而使地基的承载能力提高，压缩性降低。当被加固土为液化地基时，由于土的空隙比减小、密实度提高，可有效消除土的液化。

（2）置换作用。当砂石桩法用于处理软土地基，由于软黏土含水量高、透水性差，砂石桩很难发挥挤密效用，其主要作用是部分置换并与软黏土构成复合地基，增大地基抗剪强度，提高软基的承载力和提高地基抗滑动破坏能力。砂石桩主要起置换作用，并与地基下组合成复合地基。

（3）加速固结作用。砂石桩可加速软土的排水固结，从而增大地基土的强度。

2. 沉管砂石桩法设计要点

（1）地基处理范围、桩位布置及处理深度参见振冲碎石桩部分。

（2）桩径和桩间距。桩径可根据土质情况、成桩方式和成桩设备等因素确定，桩的平均直径可按每根桩所用的填料量计算。沉管砂石桩桩径宜为 300～800mm。

沉管砂石桩的桩间距应通过现场试验确定，不宜大于砂石桩直径的 4.5 倍；初步设计时，对松散粉土和砂土地基，应根据挤密后要求达到的孔隙比确定，可按下列公式估算：

等边三角形布置

$$s = 0.95 \xi d \sqrt{\frac{1+e_0}{e_0-e_1}} \tag{4.15}$$

正方形布置

$$s = 0.89\xi d\sqrt{\frac{1+e_0}{e_0 - e_1}} \tag{4.16}$$

$$e_1 = e_{max} - D_{r1}(e_{max} - e_{min}) \tag{4.17}$$

式中　　s——砂石桩间距，m；

　　　　d——砂石桩直径，m；

　　　　ξ——修正系数，当考虑振动下沉密实作用时，可取 1.1～1.2；不考虑振动下沉密实作用时，可取 1.0；

　　　　e_0——地基处理前砂土的孔隙比，可按原状土样试验确定，也可根据动力或静力触探等对比试验确定；

　　　　e_1——地基挤密后要求达到的空隙比；

e_{max}、e_{min}——砂土的最大、最小孔隙比，可按现行国家标准《土工试验方法标准》（GB/T 50123—1999）的有关规定执行；

　　　　D_{r1}——地基挤密后要求砂土达到的相对密度，可取 0.70～0.85。

（3）桩体材料。沉管桩桩体材料可用含泥量不大于 5% 的碎石、卵石、角砾、圆砾、砾砂、粗砂、中砂或石屑等硬质材料，最大粒径不宜大于 50mm。

（4）复合地基承载力和变形验算同振冲碎石桩复合地基。

4.2.7　沉管砂石桩法施工

1. 施工设备

（1）根据地质条件选择施工方法。根据地质情况选择成桩方法和施工设备。对饱和松散的砂性土，一般选用振动成桩法，以便利用其对地基的振密、挤密作用；而对于软弱黏性土，则选用锤击成桩法，也可以采用振动成桩法。

（2）振动成桩法施工设备。振动沉桩法的主要设备有振动沉拔桩机、下端装有活瓣桩靴的桩管和加料设备。

1）桩架。沉拔桩机由桩架、振动桩锤组成，桩架为步履式或座式，为提高桩机的移动灵活性，也可以用起重机代替进行改装。起重机一般根据桩管、桩长等情况选择具有 150～500kN 起重能力的履带起重机。

2）桩锤。振动桩锤有单电机、双电机两种。砂石桩施工时使用单电机功率一般为 30～90kW，双电机桩锤由两个电机组成，功率一般为 $(2 \times 15 \sim 2 \times 45)$kW。

振动沉拔桩机的工作性能主要取决于振动桩锤，而振动桩锤主要参数的合理选择是提高其工作性能的关键。振动桩锤主要参数包括：振幅、激振频率、激振器偏心力矩、激振力、参振重量、振动功率和沉桩速度。其中，激振器的激振频率与振动系统的固有频率密切相关，当激振器激振频率接近振动系统的固有频率时，振动沉桩达到最大效果。而振动系统的固有频率不仅与振动桩锤的参数有关，而且与土壤的参数和自振频率有关。目前国内生产的振动桩锤多采用电动机驱动，其转速多为 800～1500r/min，从振动桩锤和地层条件两方面考虑，激振频率为 80～160s^{-1}。实验表明提高激振频率不仅可以减少土壤对桩的侧面摩擦阻力，而且比提高振幅更能有效地提高桩的运动加速度，从而提高沉桩的速度。

3) 桩管。桩管为无缝钢管，直径可以根据桩径选择，一般管径规格 325mm、375mm、425mm、525mm 等，桩管上端前侧设有投料口或焊有投料漏斗。桩管的长度根据桩长确定，并大于设计桩长 1～2m。

4) 桩靴。活瓣或活页桩靴如图 4.5 所示，桩尖的锥形角一般为 60°。

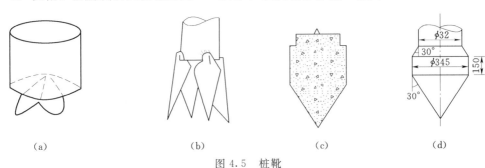

（a）　　　　　　（b）　　　　　　（c）　　　　　　（d）

图 4.5　桩靴
（a）活页桩靴；（b）活瓣桩靴；（c）预制混凝土桩靴；（d）扩大头活瓣桩靴

图 4.5（d）是对普通活瓣桩尖改进后形成扩大头型活瓣桩尖。能够克服普通活瓣或活页很难打开，易造成桩身缩径、充盈系数小，桩体挤密不佳，反插效果不明显等缺点。与普通活瓣对比，加固效果较好。

5) 加料设备。加料设备，一般使用装载机或手推车。

6) 控制台。控制操作台上装有开关、电流表和电压表等自动控制仪表装置，用于控制沉拔桩机的开关和挤密电流。

（3）锤击成桩法施工设备。锤击沉桩法的主要设备有蒸汽打桩机或柴油打桩机、桩管、加料漏斗加料设备。

1) 桩架。蒸汽打桩机或柴油打桩机由移动式桩架或起重机改成桩架与蒸汽桩锤或柴油桩锤组成，起重机为 150～400kN 起重能力的履带式起重机。

2) 桩锤。桩锤的重量一般为 1.2～2.5t，根据地层、桩管等情况选择桩锤的大小，且锤的重量不小于桩管重量的 2 倍。

3) 桩管。

a. 双管成桩法。桩管采用壁厚大于 7mm 的无缝钢管，内配芯管，芯管直径比外管（桩管）直径小约 50mm。外管和内管长度相同。在外管的前侧间隔 2～3m 开有投料口，投料口高 250～300mm、宽 200～250mm，并装有活页式可灵活开关的门。外管上下两端均开口，上端设有供拔管和移位用的吊环。芯管下端用钢板封闭，上端用钢板封闭可与桩锤替打连接，锤击芯管时同时带动外管沉入土中。

b. 单管成桩法。桩管为壁厚 7mm 以上的无缝钢管，下端装有活瓣桩靴，或下端开口成桩时用预制钢筋混凝土锥形桩尖（此桩尖留在土中）。

4) 投料、加料设备。投料漏斗，将其插入桩管上的投料口中，可将砂石料投入管中。加料设备可用装载机或手推车。

2. 施工要求

（1）"三通一平"和标高。施工现场首先做好"三通一平"工作，即保证路通、水通、电通和场地平整。场地平整时，一方面要注意平整地表、清除地上、地下的障碍物；另一方面，当地表土强度较低时要铺设适当厚度的垫层，以利于重型施工机械的通行。

一方面，在接近地表一定深度内，土的自重压力小，桩周土对桩的径向约束力小，造成砂石桩桩体上部 1~2m 范围内密实度较差，这部分一般不能直接做地基，需进行碾压、夯实或挖除等处理。如双管锤击成桩法施工时，就要求桩顶标高以上须有 1~2m 的原土覆盖层，以保证桩顶端的密实。因此要根据不同成桩方法确定施工前场地的标高。另一方面，由于在饱和黏性土中施工，可能因挤压造成地面隆起变形，而在砂性土中进行振动法施工时，振动作用又可能产生振密沉降变形，所以施工前要根据试验或经验预估隆起或振密变形的高度，以确定施工前场地的标高，使处理后场地标高接近规定标高。

（2）砂石料的含水量。施工时，砂石桩的含水量对桩的质量有很大的影响，一般情况下，不同成桩方法对砂石料含水量的要求也不相同。

单管锤击法或单管振动法一次拔管成桩或复打成桩时，砂石料含水量要达到饱和。

双管锤击法成桩或单管振动法重复压拔管成桩时，砂石料含水量为 7%~9%。在饱和土中施工时，可以用天然湿度或干的砂石料。

（3）平面施工顺序。根据地层情况和处理目的来确定砂石桩的平面施工顺序。

砂土和粉土地基中以挤密为主的砂石桩施工时，先打周围 3~6 排桩，后打内部的桩，内部的桩间隔（跳打）施工，实际施工时因机械移动不便，内部的桩可以划分成小区然后逐排施工。

黏性土地基，砂石桩主要起置换作用，为保证设计的置换率，宜从中间向外围或隔排施工，同一排中也可以间隔施工。特别是置换率较大，桩距较小的饱和黏性土，更要注意间隔施工。

在既有建（构）筑物邻近施工时，为了减少对邻近既有建（构）筑物振动影响，应背离建（构）筑物方向施工。

（4）成桩试验。为保证施工质量，施工前要进行成桩工艺和成桩挤密试验。当成桩质量不能满足设计要求时，应调整桩间距、填料量、提升高度、挤密时间等施工参数，重新进行试验或改变设计。

3. 成桩工艺

（1）振动沉桩法。振动成桩法分为一次拔管法、逐步拔管法和重复压拔管法三种。

一次拔管法成桩工艺的步骤，如图 4.6 所示。①移动装机及导向架，把桩管及桩尖垂直对准桩位（活瓣桩靴闭合）；②启动振动桩锤，将桩管振动沉入土中，达到设计深度，使桩管周围的土进行挤密或挤压；③从桩管上端的投料漏斗加入砂石料，数量根据设计确定，为保证顺利下料，可加适量水；④边振动边拔管直至拔出地面。

逐步拔管法成桩工艺步骤，如图 4.6 所示。①~③与一次拔管法步骤相同；④逐步拔管，边振动边拔管，每拔管 50cm，停止拔

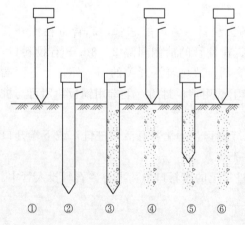

图 4.6 一次拔管和逐步拔管成桩工艺

管而继续振动，停拔时间 10～20s，直至将桩管拔出地面。

重复压拔管法成桩工艺步骤，如图 4.7 所示。①桩管垂直就位，闭合桩靴；②将桩管沉入地基土中达到设计深度；③按设计规定的砂石料量向桩管内投入砂石料；④边振动边拔管，拔管高度根据设计确定；⑤边振动边向下压管（沉管），下压的高度由设计和试验确定；⑥停止拔管，继续振动，停拔时间长短按规定要求；⑦重复步骤③～⑥，直至桩管拔出地面。

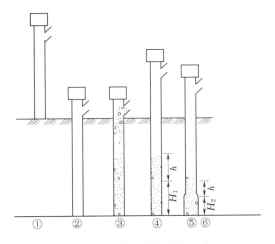

图 4.7　重复压拔管成桩工艺

（2）锤击沉桩法。锤击成桩法成桩工艺有单管成桩法和双管成桩法两种。

单管成桩法成桩工艺步骤，如图 4.8 所示。①桩管垂直就位，下端为活瓣桩靴时则对准桩位，下端为开口的则对准已按桩位埋好的预制钢筋混凝土锥形桩尖；②启动蒸汽桩锤或柴油桩锤将桩管打入土层至设计深度；③从加料漏斗向桩管内灌入砂石料。当砂石量较大时，可分两次灌入，第一次灌总料量的 2/3 或灌满桩管，然后上拔桩管，当能容纳剩余的砂石料时再第二次加够所需砂石料；④按规定的拔管速度，将桩管拔出。

双管成桩法成桩工艺步骤，如图 4.9 所示。①将内外管垂直安放在预定的桩位上，将用作桩塞的砂石投入外管底部；②启动蒸汽桩锤或柴油桩锤，将内外管同时打入预定深度；③提内管并向外管内投入砂石料；④边提外管边用内管将管内砂石料冲出挤压土层；⑤重复步骤③～④，直至拔管接近桩顶；⑥待外管拔出地面，砂石桩完成。

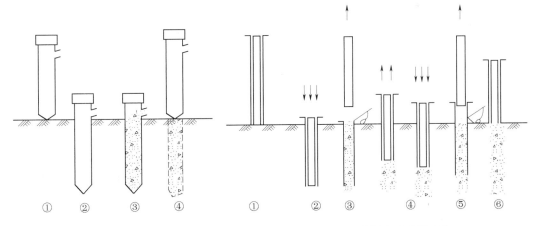

图 4.8　单管锤击式成桩工艺　　　图 4.9　双管锤击式成桩工艺

4. 沉管砂石桩施工要点

（1）砂石桩施工可采用振动沉管、锤击沉管或冲击成孔等成桩法，当用于消除粉细砂及粉土液化时，宜用振动沉管成桩法。

（2）施工前应进行成桩工艺和成桩挤密试验。当成桩质量不能满足设计要求时，应在调整施工有关参数后，重新进行试验或设计。

（3）振动沉管成桩法施工应根据沉管和挤密情况，控制填砂石量、提升高度和速度、挤压次数和时间、电机的工作电流等。

（4）施工中应选用能顺利出料和有效挤压桩孔内砂石料的桩尖结构。当采用活瓣桩靴时，对砂土和粉土地基宜选用尖锥形；一次性桩尖可采用混凝土锥形桩尖。

（5）锤击沉管成桩法施工可采用单管法或双管法。锤击法挤密应根据锤击的能量，控制分段的填砂石量和成桩的长度。

（6）砂石桩桩孔内材料填料量应通过现场试验确定，估算时可按设计桩孔体积乘以充盈系数确定，充盈系数可取 1.2～1.4。

（7）砂石桩的施工顺序：对砂土地基宜从外围或两侧向中间进行。

（8）施工时桩位水平偏差不应大于套管外径的 30%；套管垂直度允许偏差为 ±1%。

（9）砂石桩施工后，应将基底标高下的松散层挖除或夯压密实，随后铺设并压实砂石垫层。

沉管砂石桩法质量检验同振冲碎石桩质量检验。

案 例 分 析

【案例 1】 根据项目 4 背景中给出的资料进行振冲碎石桩复合地基方案设计。

1. 方案设计

（1）振冲桩复合地基承载力和变形模量计算。根据《建筑地基处理技术规范》（JGJ 79—2012）第 7.1.5 条，对散体材料增强体复合地基承载力按下式计算：

$$f_{spk} = [1 + m(n-1)]f_{sk}$$

式中　f_{spk}——复合地基承载力特征值，kPa；

　　　f_{sk}——处理后桩间土承载力特征值，kPa，桩间土主要为细砂、松散卵石、中砂、稍密及以上密实度卵石，按可按地区经验取 $f_{sk}=140$kPa；

　　　n——复合地基桩土应力比，可按地区经验确定，取 4.0；

　　　m——面积置换率，$m=d^2/d_e^2$；d 为桩身平均直径，m，取 1.0m，d_e 为一根桩分担的处理地基面积的等效圆直径，m；等边三角形布桩 $d_e=1.05s$，s 为桩间距，取 1.4m，$m=0.4628$。

经公式计算：

$f_{spk} = [1+0.4628 \times (4-1)] \times 140 = 334.4$kPa 时，采用等边三角形布置。

由材料力学建立的压缩模量和变形模量的关系式：$E_0 = \beta E_s$，β 为经验系数，砂土取 0.9，结合《建筑地基处理技术规范》（JGJ 79—2012）之有关规定，复合砂层的变形模量 $E_0 = 0.9 \times 334.4/100 \times 8.0 = 24.1$（MPa），复合地基中松散卵石层的压缩模量 $E_s = 334.4/180 \times 15.0 = 27.9$（MPa）；能满足设计要求。

（2）桩的布置。据设计要求，施工勘察范围内软弱土层使用振冲碎石桩进行地基处理，根据规范相关条款，独立基础外缘扩大 1～2 排保护桩，故独立基础及筏板基础均采用等边三角形满堂布置，桩中心距为 1.4m，桩径 1.0m。

（3）加固深度。振冲桩以稍密卵石层为桩端持力层，穿过卵石层上部的土层，并保证桩端进入下部稳定的稍密卵石层；终孔稳定电流达 75A，水压达 0.6MPa。对于卵石层顶部为松散卵石或上部持力层（稍密卵石层）厚度小于 1m 的地段，施工中适当延长留振时间，使砂卵石在振冲器的强力振动和水压下产生振动，颗粒重新排列，孔隙减小，成为较为密实的砂卵石土，达到持力层的要求。

（4）复合地基承载力。桩间土承载力特征值 $f_{sk}=140$kPa，桩身平均直径 $d=1.0$m，桩按等边三角形满堂布置，桩中心距 $s=1.4$m；经验算，桩土面积置换率 $m=0.4628$，复合地基承载力特征值为 334.4kPa，满足设计要求。

（5）加固工作量。筏板基础埋深为 -6.8m，基底标高为 516.30m；独立基础埋深为 -6.4m，基底标高为 516.70m。

振冲桩按等边三角形布置，桩中心距 1.4m，桩径 1.0m；共布置振冲碎石桩 2665 根，保证振冲桩桩长进入稍密卵石层 0.5m 以上；其中 A 区共布置 2140 根，处理深度 2～5.5m，平均处理深度 4.0m；B 区共布置 525 根，处理深度 2～7.5m，平均处理深度 6.5m。每一加固点的处理深度应在施工中视实际地质情况的变化而确定加深。

加固工作量见表 4.7。

表 4.7　　　　　　　　　　　　加 固 工 作 量

处理区域	平均桩长/m	桩数/根	加固体积/m³
A 区	4.0	2140	6719.6
B 区	6.5	525	2678.8

加固处理地基 9398.4m³。

（6）地基表面（桩顶部位）处理及褥垫层的制作。地基加固施工时，当振冲桩体施工完毕，可一并完成褥垫层制作。桩顶虚铺碎石厚约 35cm，利用振冲器振密后厚度约 30cm，夯填度不大于 0.9。

2. 施工方案和保证措施

（1）施工步骤。交接振冲基槽和轴线→按布桩图放线定桩位→清理和开挖排污水沟→检查机具设备→吊放机具到位→打开喷水口、启动振冲器→振冲成孔至设计深度→提升振冲器于地面→向孔内填料→下降振冲器并振密→进入下一个循环直到地表→提出振冲器→制桩完毕，在褥垫层施工结束后进入下一根桩施工。

为保证桩体直径，应作试验桩。若最终成型的桩体直径不满足本方案设计要求，可采用 75kW 振冲器或在振冲施工时进行反插施工，以确保桩体直径。

待施工完毕 7d 后，进行复合地基检测。检测合格后，方可进行基础施工。

（2）施工机具设备（表 4.8）。

表 4.8　　　　　　　　　　　　施 工 机 具 设 备

机 具 名 称	数 量	机 具 名 称	数 量
吊车	1 台	排污泵	1 台
配电装置	1 套	加压泵	1 台
ZCQ-55A 型振冲器	1 台套	斗车及其他辅助设施	若干
电焊机	2 台套		

（3）施工人员组织。项目经理1人、项目技术负责人1人、施工工长1人、质检员2人、安全员2人、材料员1人、电工1人、普工20人。

（4）质量保证。为使该项工程安全、顺利地完成，该项工程所设立的项目经理、项目技术负责均配备具有二级以上项目经理证的人员进行现场工作。他们不仅有大量同类地质情况施工的经验，而且可以灵活应对场地地层突变的施工情况。完全能够保证该项工程的质量。

严把材料关，该项工程振冲材料一般采用30～100mm卵石进行施工。

（5）施工保证。

1）为了保证成孔质量和处理效果，减少泥浆排泄量，成孔水水压为0.5～0.7MPa，成孔贯入速度1～2m/min。每贯入0.5～1.0m时，应在该深度留振5～10s。

2）制桩时宜保持小水量补给，使填料处于饱和状态，填料方法可采用边振边填，填料时应保持对称均匀，若将振冲器提出孔口再加填料，每次加料以制作桩高0.5m为宜。

3）振冲制桩的密实度，以振冲器电机工作显示电流为控制标准，必须保持各个深度上桩体达到规定的电流值，并应控制孔内填入的填料数量与成孔的长度，每一次的留振时间不低于10s。

4）该项工程施工中，电机空载电流为15A，终孔电流为75A，密实电流为75～85A。

5）机手、记录人员不得擅自离岗，工作中不得分散注意力，认真负责准确操作和记录好各种原始数据。

6）项目技术负责人必须每天认真收集整理好原始记录资料，施工中遇特殊地质情况不得自作主张，要及时报告现场技术人员研究处理。

7）在确保施工质量的前提下，加快施工进度，保质保量按期完成地基处理施工。

（6）安全保证措施。

1）各种劳动保护用品应配制齐备。

2）开工前、上岗前对现场施工人员进行安全教育。施工人员严格遵守现行规范和施工操作规程，严格执行安全生产有关规章、规程和工地各项安全制度。

3）现场设专职安全员，发现事故隐患应及时通知质检员，技术负责；采取有效措施及时、妥善解决。

4）电器设备检修、电路搭结，必须由专职电工操作。并由专人负责督促电器设备、电缆的防水、防雨及防破损工作。

5）非专职机器操作人员不得顶岗或擅自操作，严禁酒后施工。

3. 关键点控制

（1）制桩时保持水量补给，使填料处于饱和状态，以利于振密。

（2）振冲制桩的密实度，以确保电流值为准，地勘资料为辅，必须保持各个深度段桩体的密实电流值不小于75～85A，并随时对每孔内的填料数量与成桩体积进行核实。

（3）造孔速度控制在1.0～2.0m/min，每贯入0.5～1.0m时，留振5～10s。

4. 检测

按《建筑地基处理技术规范》（JGJ 79—2012）的要求，对振冲加固地基的检测，应采用静载荷试验结合动力触探试验进行，以评价加固后所形成复合地基的强度、变形指标。检测宜在试验点振冲施工完成 7d 后进行。

【案例 2】 福州市马尾交通路工业区厂房建筑群地基处理。

1. 工程概况

福州经济技术开发区交通路工业区建筑群由 6 座通用厂房、7 座连接体组成，建设面积 38000m²。厂房有进深 18m 和 24m 两种，最长 132m，4 层或 5 层，钢筋混凝土框架结构。本工程位于马尾地区近代冲积的砂和淤泥的交互层上，属 7 度烈度地震区，其间砂层有液化问题，而淤泥层强度低、压缩性高。经地基处理方案比较后，最后采用振冲置换法加固，并且减少填土荷载，采用薄壁高梁整体架空的基础，借以提高上部结构刚度，减少厂房的弯曲变形。

设计要求地基承载力由原来的 50～60kPa 提高到 95kPa 以上；总沉降量不超过 30cm，倾斜小于 3‰。

加固施工历时 3 个月，加固面积 13000m²，共施工碎石桩 4983 根。

2. 土层分布

厂区地面以下为砂和淤泥的交互层，厚约 15m。其中淤泥厚 2～4m，天然含水量平均值为 56.2%，十字板抗剪强度为 17.4～31.6kPa，夹砂层与饱和细砂，松散状态，标准贯入击数 5～9 击，比贯入阻力 3.2～4.1MPa，经判别在 7 度烈度下可液化。其下为淤泥层，天然含水量平均值为 57.5%，厚 22～45m。该层土的先期固结压力随深度而增大：深 16m 处，先期固结压力为 173.6kPa；深 35m 处，为 449.1kPa。加固对象主要是上部 15m 厚的砂和淤泥互层，并使经加固形成的复合土层传到下面淤泥层的附加应力小于土层的先期固结压力，借以减少总沉降量。

3. 施工概况

碎石桩在建筑物基底范围内按三角形满堂布置，间距 1.64～1.70m。桩长 13.3m 的有 4203 根，桩长 10m 的 780 根，总共打设碎石桩 4983 根。用 ZCQ-30 型振冲器制桩；填料为粒径 2～8cm 的碎石。碎石桩桩径在砂层和淤泥层中是不一样的。根据不同深度的填料量来推算，在砂层内桩径约为 80cm，在淤泥层内约为 100cm。碎石桩施工完毕后，挖去顶端 0.8～1.0m，再用 25t 振动碾碾压多遍，直至桩顶填料质量达到密实为止。

4. 效果评价

为了检验加固效果，在砂土层中进行了标准贯入试验和静力触探试验，在淤泥层中进行了十字板剪切试验。比较加固前后的试验资料表明，砂土层中的标贯击数提高 1.33～1.92 倍，比贯入阻力提高 1.45～1.88 倍，满足了抗液化的要求；淤泥层中的十字板抗剪强度从原先的平均值 24.7kPa 提高到 45.3kPa，增加了 83%。

在 2 号和 4 号厂区还进行了覆盖三根桩的复合地基载荷试验各一组，在桩上和土上分别埋设了土压力计，借以估算桩土应力比。试验得出：2 号厂区复合地基承载力标准值为 133kPa，桩土应力比为 2.0～2.3；4 号厂区复合地基承载力标准值为 96.6kPa，桩土应力比为 3.7～3.8，满足了对地基承载力的设计要求。

在厂房结构完成后立即开始观测沉降，观测点共设 76 个。观测历时 458d，此时 6 座厂房的沉降量见表 4.9。

表 4.9 厂房沉降量表

厂房序号	1号楼	2号楼	3号楼	4号楼	5号楼	6号楼
测点数	10	8	10	8	5	9
平均沉降量/mm	165.6	154.6	130.9	185.9	173.8	159.6

任务 4.3　土挤密桩、灰土挤密桩法设计、施工及质量检验

4.3.1　概述

土挤密桩和灰土挤密桩法大都是利用成孔过程中的横向挤压作用，桩孔内土被挤向周围，使桩间土挤密，然后将素土（黏性土）或灰土分层填入桩孔内，并分层夯填密实至设计标高。前者称为土挤密桩法，后者称为灰土挤密桩法。夯填密实的土挤密桩或灰土挤密桩，与挤密的桩间土形成复合地基。上部荷载由桩体和桩间土共同承担。对土挤密桩挤密法，若桩体和桩间土密实度相同时，形成均质地基。

土挤密桩法是苏联阿别列夫教授于 1934 年首创，并在工程建设中得到广泛应用。我国自 20 世纪 50 年代中期开始，在西北黄土地区进行土挤密桩法的研究和应用。60 年代中期，西安地区在土挤密桩法的基础上成功地应用了灰土挤密桩法，并在 70 年代起逐步推广应用。1985 年陕西省率先编制了《灰土桩和土桩挤密地基设计施工及验收规范》（DBJ 24—2—85），在省内颁布试行。国家标准《湿陷性黄土地区建筑规范》（GBJ 25—90）和国家行业标准《建筑地基处理技术规范》（JGJ 79—2012）均编入了土挤密桩和灰土挤密桩法。

土挤密桩和灰土挤密桩法适用于处理地下水位以上的粉土、黏性土、素填土、杂填土、湿陷性黄土等地基，不适用于地下水位以下使用。当地基土的含水量大于 24%、饱和度超过 65% 时，成孔及拔管过程中，桩孔与桩孔周围容易缩颈及隆起，挤密效果差，此时应通过试验确定其适用性。处理地基深度一般为 3～15m。若用于处理 3m 以内土层，其综合效果不如强夯法、重锤夯实法，以及换土填层法。对大于 15m 的土层，若地下水位较深，近年来有采用螺旋钻取土成孔，分层回填灰土，并强力夯实，有加固深度超过 20m 的黄土地基加固实例。

当用于消除地基的湿陷性为主时宜采用土挤密桩法，当用于提高地基承载力为主时宜采用灰土挤密桩法。灰土挤密桩法除用石灰和土制备成灰土挤密桩外，近年来，发展了用石灰、粉煤灰和土制备成二灰土挤密桩，以及用建筑垃圾（如颗粒尺寸较大时需粉碎），掺入少量水泥或石灰，制备成渣土挤密桩等。

土挤密桩和灰土挤密桩法具有原位处理、深层挤密和以土治土的特点，在我国西北和华北地区广泛用于处理深厚湿陷性黄土、素填土和杂填土地基时，具有较好的经济效益和社会效益。

4.3.2　土挤密桩、灰土挤密桩设计

1. 加固机理

（1）土挤密桩。桩孔内填入的土料和桩间土相同，土料夯实和桩间土挤密质量一致

时，则土挤密桩和桩间土的力学性质指标也相近，这已为土挤密桩地基实测结果所证实。

土挤密桩地基接触压力测试证明，在刚性基础下同一部位处，土挤密桩上的接触应力 σ_p 与桩间土上的接触应力 σ_s 相差不大（应力分担比 $\sigma_p/\sigma_s \approx 1$），基底接触压力的分布相似于土垫层的情况。因此，可以把土挤密桩地基看作是厚度较大的素土垫层。在国内外有关规程中，关于土挤密桩地基的设计（承载力特征值确定，处理范围验算等）都遵照土垫层的设计原理。

（2）灰土挤密桩。灰土挤密桩地基原理目前还处于探索阶段。根据现有的试验研究资料可以大致了解一些基本特性。

试验表面，刚性荷载板在均布荷载作用下，灰土挤密桩地基的基底压力分布与土挤密桩地基有显著的差别。基底均布压力为 150kPa（尚未超过地基承载力特征值）时，灰土挤密桩上应力已超过 600kPa，桩间土上应力为 $50 \sim 100kPa$，应力分担比 $\sigma_p/\sigma_s = 9.2 \sim 15.6$。测试结果表明，灰土挤密桩面积只占基底面积约 20%，却承担了 50% 左右的荷载。

灰土挤密桩的作用：首先，灰土挤密桩有降低基底下一定深度内桩间土中应力的作用。在桩间土挤密后其湿陷性没有完全消除的情况下，如果土中应力不超过其湿陷起始压力，则地基浸水后仍可能不产生湿陷或仅产生少量湿陷。其次，灰土挤密桩对桩间土起着侧向约束作用，约束桩间土局部受压时产生的侧向挤出变形，使压力与沉降始终呈线形关系（质量较好的土挤密桩地基也有类似情况）。

从灰土挤密桩复合地基的分层应力分布情况可以知道，在基础下一定深度内（2～4m），灰土挤密桩具有分担荷载的明显作用，而在这一深度以下土层中它仅起到类似于土挤密桩地基的作用。所以，灰土挤密桩地基的下卧层强度验算也可按土垫层原理进行，据此确定处理层厚度。灰土挤密桩复合地基的各项力学性质指标（承载力特征值，变形模量 E_0，抗剪强度指标 C、φ 等）可用试验方法确定，也可按加权平均法计算。计算结果能否与试验结果一致，取决于选用的各项参数是否符合实际情况。这个问题还有待深入研究。

2. 设计计算

前面已经提到当用于消除地基的湿陷性为主时宜采用土挤密桩法，当用于提高地基承载力为主时宜采用灰土挤密桩法。因此首先应根据场地工程地质条件和建（构）筑物的类型和要求，明确地基处理的目的，确定是采用土挤密桩法，还是采用灰土挤密桩法。在荷载作用下，土挤密桩法形成的复合地基，桩土应力比往往接近于 1.0，实际上是均质地基；灰土挤密桩法形成的复合地基，桩土应力比较大。灰土挤密桩法比土挤密桩法提高地基承载力效果明显。通常，对湿陷性黄土地基，若建（构）筑物荷载较小，为消除黄土的湿陷性，可采用土挤密桩法；若同时还要较大幅度地提高承载力，减小沉降，而采用土挤密桩法不能满足要求时，可采用灰土挤密桩法。对杂填土或素填土地基视加固要求确定采用土挤密桩法或灰土挤密桩法。

《建筑地基处理技术规范》（JGJ 79—2012）规定采用土挤密桩或灰土挤密桩处理后形成的复合地基的承载力特征值，应通过复合地基静载荷试验或增强体静载荷试验结果和其周边土的承载力特征值结合经验确定，进行初步设计时，可按公式（4.7）估算。桩土应力比按试验或地区经验确定。灰土挤密桩复合地基的承载力特征值，不宜大于处理前的 2.0 倍，并不宜大于 250kPa；对土挤密桩复合地基的承载力特征值，不宜大于处理前的

1.4 倍，并不宜大于 180kPa。

土挤密桩法和灰土挤密桩法一般采用等边三角形排列桩孔，其设计计算一般包括下述几方面：桩孔直径选用、桩孔间距设计、布桩范围的确定、桩长设计和桩孔填料的选用等。

下面分别加以介绍。

（1）成孔直径。桩孔直径根据现有的成孔设备和成孔方法确定，一般取 300～600mm 为宜。

（2）桩孔间距设计。桩孔宜按等边三角形布桩，桩孔中心之间的距离，宜按桩孔直径的 2.0～3.0 倍，也可按下式估算：

$$s = 0.95d \sqrt{\frac{\overline{\eta}_c \rho_{d\max}}{\overline{\eta}_c \rho_{d\max} - \overline{\rho}_d}} \tag{4.18}$$

式中　s——桩孔之间的中心距离，m；

　　　d——桩孔直径，m；

　　$\rho_{d\max}$——桩间土的最大干密度，t/m^3；

　　$\overline{\rho}_d$——地基处理前土的平均干密度，t/m^3；

　　$\overline{\eta}_c$——桩间土经成孔挤密后的平均挤密系数，对重要工程不宜小于 0.93，对一般工程不应小于 0.90。

桩间土的挤密系数 $\overline{\eta}_c$ 应按下式计算：

$$\overline{\eta}_c = \frac{\overline{\rho}_{d1}}{\rho_{d\max}} \tag{4.19}$$

式中　$\overline{\rho}_{d1}$——在成孔挤密深度内，桩间土的平均干密度，t/m^3，平均式样数不宜少于 6 组。

（3）布桩范围的确定。当采用整片处理时，土挤密桩和灰土挤密桩处理地基的面积，应大于基础或建筑物底层平面的面积，超出建筑物外墙基础底面的宽度，每边不宜小于处理土层厚度的 1/2，且不应小于 2m。

当采用局部处理时，对于非自重湿陷性黄土、素填土、杂填土等地基，处理范围每边超出基底边缘的宽度不小于基础底面宽度的 25%，并不小于 0.5m；对自重湿陷性黄土地基，处理范围每边超出基底边缘的宽度应该不小于基础底面宽度的 75%，并不小于 1.0m。这样可使基底下被处理土层不致产生不良的侧向变形。

（4）桩长设计。土挤密桩和灰土挤密桩法桩长设计原则如下：

处理地基的深度应根据建筑场地的土质情况、工程要求和成孔及夯实设备等综合因素确定。考虑到 5m 以内土层加固可采用较为简便的换填法、强夯法等方法处理，而大于 15m 的土层加固受成孔设备条件限制，往往采用其他方法，故处理深度一般为 5～15m。

对湿陷性黄土地基，也可按现行国家标准《湿陷性黄土地区建筑规范》（GB 50025—2004）的有关规定执行。当以消除地基湿陷性为主要目的时，对非自重湿陷性地基，宜将附加应力和土的饱和自重应力之和大于湿陷起始压力的全部土层进行处理，或处理至地基压缩层下限截止；在自重湿陷性黄土场地，宜处理至非湿陷性土层顶面止。

当以降低土的压缩性、提高地基承载力为主要目的时，宜对基底下压缩层范围内压缩

系数 α_{1-2} 大于 $0.4\mathrm{MPa}^{-1}$ 或压缩模量小于 $6\mathrm{MPa}$ 的土层进行处理。

（5）桩孔数量估算。

$$n = \frac{A}{A_e} \tag{4.20}$$

式中　n——桩孔的数量；

A——拟处理地基的面积，m^2；

A_e——单根土或灰土挤密桩所承担的处理地基面积，m^2；即

$$A_e = \frac{\pi d_e^2}{4} \tag{4.21}$$

式中　d_e——单根桩分担的处理地基面积的等效圆直径，m。

（6）桩孔填料的选用。桩孔内的回填填料，其消石灰与土的体积配合比宜为 $2:8$ 或 $3:7$。土料宜选用粉质黏土，土料中有机质含量不应超过 5%，且不得含有冻土、渣土、垃圾粒径不应超过 $15\mathrm{mm}$。石灰可选用新鲜的消石灰或生石灰粉，粒径不应大于 $5\mathrm{mm}$。消石灰的质量应合格，有效 $\mathrm{CaO}+\mathrm{MgO}$ 含量不得低于 60%。

桩体的夯实质量宜用平均压实系数 $\bar{\lambda}_c$ 控制。孔内填料应分层回填夯实，平均压实系数 $\bar{\lambda}_c$ 不应低于 0.97，其中压实系数最小值不应低于 0.93。

（7）桩顶垫层。桩顶标高以上应设置 $300 \sim 600\mathrm{mm}$ 后的褥垫层。垫层材料根据工程要求采用 $2:8$ 或 $3:7$ 灰土、水泥土等。其压实系数均不低于 0.95。

4.3.3 土挤密桩、灰土挤密桩施工

土挤密桩或灰土挤密桩的施工应按设计要求和现场条件选用沉管（振动或锤击）、冲击或钻孔等方法进行成孔，使土向孔的周围挤密。

1. 施工工艺流程

土桩灰土桩主要施工工艺程序如图 4.10 所示。

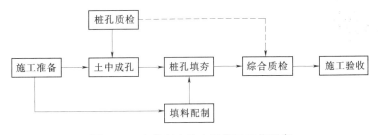

图 4.10　土桩灰土桩主要施工工艺程序

（1）施工准备。施工前应掌握熟悉下列资料和情况：建筑场地的岩土工程勘察报告和普探资料，如发现场地土质或土的含水量变化较大时，宜进行补充勘察或成孔挤密试验，避免盲目进场施工；建筑物基础施工图、桩位布置图及设计要求；建筑场地及周边环境的调查资料，包括地上和地下管线、旧基础以及可能影响到的周边建筑物、设施等相关资料。

施工前应编制施工组织设计或施工方案，其主要内容包括：根据设计施工图，绘制施工桩位详图，标明桩位编号、桩距及施工顺序，注明孔径、桩顶标高、桩长、填料及有关质量要求；根据工期要求，编制施工进度、机械装备、材料供应及人员配备等计划；做好

现场平面布置，规划好临时水、电线路、材料堆放和施工作业的场地；编制质量保证、安全生产、环境保护等技术措施。

施工前，应清除地面上下影响施工的管线、砌体、树根等所有障碍物；对有碍于机械运行、作业的松软地段及浅层洞穴要进行必要的处理，并将场地平整到预定标高。设计桩顶标高以上预留上覆土层的厚度，应根据具体的施工工艺加以确定：沉管成孔成桩用0.3t 以下的夯锤夯填，应控制在 1.0m 以上；冲击法成孔、钻孔夯扩法成桩采用 1.0t 以上夯锤夯填，应控制在 1.5m 以上。其次对场地内外施工机械运行的道路，施工用水、用电，以及其他施工临时设施必须准备到位。土料、石灰或其他填料宜就近堆放，并防止日晒雨淋，并应采集有代表性的填料和场地土样，送试验室进行击实试验，确定填料及桩间土的最优含水量 w 和最大干密度。

（2）土中成孔。土中成孔是挤密桩法能否应用和顺利施工的前提。土中成孔的施工方法有：沉管法、冲击法、爆扩法和钻孔法等，其中前三种均为直接挤土成孔法，而钻孔法为非挤土成孔法，故需通过孔内重锤夯扩桩径后才能达到桩间土挤密的作用。沉管法是国内最常用的挤密成孔方法；冲击法在国外应用已有 40 余年，也是一种主要的成孔方法；爆扩法在缺乏施工机械条件的地区，不失为一种简易可行的工法，只要由专业爆破人员按章操作，可以保证施工安全，国内外均有相当成功的经验。近十余年，由于城区环境条件限制，或地基土含水量偏高等原因，钻孔夯扩法也已常被采用。

1）沉管法成孔。沉管法成孔是利用柴油或振动沉桩机，将带有通气桩尖的钢制桩管沉入土中直至设计深度，然后缓慢拔出桩管，即形成桩孔。桩管由无缝钢管制成，壁厚10mm 以上，外径与桩孔直径相同，桩尖可做成活瓣式或活动锥尖式，以便拔管时通气。沉桩机的导向架安装在履带式起重机上，由起重机带动行走、起吊和定位沉桩。沉管法成孔挤密效果稳定，孔壁光滑规整，施工技术和质量都易于掌握和控制，是我国目前应用最广的一种成孔方法。沉管法成孔的深度由于受到桩架高度或桩锤能力的限制，一般不超过 7~9m。最近几年已有单位设法将桩架改进加高，使成孔深度可达到 14~17m，适用于处理大厚度的湿陷性黄土地基。沉管法施工的主要工序为桩管就位、沉管挤土、拔管成孔和桩孔夯填。

2）冲击法成孔。冲击法成孔是利用冲击钻机或其他起重设备将重 1.0t 以上的特制冲击锤头提升一定高度后自由下落，反复冲击在土中形成直径 0.4~0.6m 的桩孔，冲击法成孔的主要工序为冲锤就位、冲击成孔和冲夯填孔。冲击法成孔的冲孔深度不受机架高度的限制，成孔深度可达 20m 以上，同时成孔与填孔机械相同，夯填质量高，因而它特别适用于处理厚度较大的自重湿陷性黄土地基，并且有利于采用素土桩，降低工程造价。

3）爆破法成孔。爆扩法系利用炸药在土中的爆孔原理，将一定量的炸药埋入土中引爆后挤压成孔，它无须打桩机械，工艺简便，特别适用于缺乏施工机械的地区和新建的工程场地。从 1948 年开始，爆扩法曾广泛应用于苏联等国，我国也曾多次试验研究和应用，并在爆扩工艺方面有所改进和发展。爆扩法成孔的施工工艺在国外，以在小钻孔内串联小药包引爆扩孔法为主；国内常用的有药眼法和药管法。

4）钻孔法成孔。钻孔法成孔属非挤土成孔，为保证桩间的挤密效果，必须结合重锤夯扩成桩，并使桩径达到设计要求。当场地环境对挤土成孔法的噪声及振动影响有限制时，或场地土的含水量偏大，无法直接挤土成孔时，可选用钻孔夯扩法。

钻孔法成孔可采用螺旋钻、机动洛阳铲、钻斗等多种类型的钻机，其技术性能应与设计要求的孔径、孔深以及场地土质条件相适应，钻杆上应有明显的深度标志。

（3）桩孔夯填。桩孔填料的种类分为素土、灰土、二灰和水泥土等，施工应按设计要求配制。各种填料的材质及配合比应符合设计要求，且应拌和均匀，及时夯填。灰土、二灰拌和后堆放时间不宜超过 24h；水泥土拌和后不宜超过水泥的终凝时间。

现有的夯实机均由人工配向桩孔内填料，机械匀速夯击，填进过快或不加控制时，势必影响桩体夯实的质量。因此在缺乏经验的地区和施工单位，应根据夯实机的性能，通过有代表性的现场夯填试验，确定特定锤重条件下，能保证夯实效果的分层填料量、夯锤提升高度、夯击次数等夯填施工工艺控制参数。

（4）垫层施工。桩顶灰土垫层施工前，应将桩顶设计标高以上部分连同桩间土一并清除，桩顶应基本水平。如发现该处理标高以下部分桩间土呈松软状态，应将其换填夯实，方可进行垫层施工。

灰土垫层的用料与配合比必须符合设计要求，且应拌和均匀，随拌随用（拌后堆放时间不超过 24h），混合料的含水量应控制在最优含水量±3％以内。灰土垫层应根据设计厚度和范围，分层铺填、压实，施工中应控制好虚铺厚度，保证垫层的顶面标高和压实系数都满足设计与规程要求。

2. 成孔和回填夯实施工满足的要求

（1）成孔施工时，地基土宜接近最优含水量，当含水量低于 12％时，宜对拟处理范围内的土层进行增湿，应在地基处理前 4～6d，将需增湿的水通过一定数量和一定深度的渗水孔，均匀地浸入拟处理范围内的土层中，增湿水的加水量可按下式估算：

$$Q = V \bar{\rho}_d (\omega_{op} - \bar{\omega})k \tag{4.22}$$

式中 Q——计算加水量，t；

  V——拟加固土体的总体积，m^3；

  $\bar{\rho}_d$——地基处理前土的平均干密度，t/m^3；

  ω_{op}——土的最优含水量，％，通过室内击实试验求得；

  $\bar{\omega}$——地基处理前土的平均含水量，％；

  k——损耗系数，可取 1.05～1.10。

（2）桩孔中心距允许偏差应为桩距的±5％。

（3）桩孔垂直度允许偏差应为±1％。

（4）成孔和孔内回填夯实的施工顺序，当整片处理地基时，宜从里（或中间）向外间隔 1～2 孔依次进行，对于大型工程，可采取分段施工；当局部处理地基时，宜从外向里间隔 1～2 孔依次进行。

（5）向孔内填料前，孔底必须夯实，然后用素土或灰土在最优含水量状态下（允许偏差±2％）分层回填夯实。回填土料有机质含量一般不大于 5％，且不得含有冻土和膨胀土，使用时应过 10～20mm 筛；土料和水泥应搅拌均匀。

桩孔填料夯实机目前有两种：一种是偏心轮夹杆式夯实机；另一种是电动卷扬机提升式夯实机。前者可上、下自动夯实，后者需人工操作。

夯锤形状一般采用下端呈抛物线锤体形的梨形锤或长锤形。两者质量均不小于0.1t。夯锤直径应小于桩孔直径100mm左右，使夯锤自由下落时将填料夯实。填料时每一锹料夯击一次或两次。夯锤落距一般在600～700mm，每分钟夯击25～30次，长6m的桩可在15～20min内夯击完成。

3. 施工中可能出现的问题和处理方法

（1）夯打时桩孔内有渗水、涌水、积水现象可将孔内水排出地表，或将水下部分改为混凝土桩或碎石桩，水上部分仍为土挤密桩。

（2）沉管成孔过程中遇障碍物时可采取以下措施处理：

1）用洛阳铲探查并挖除障碍物，也可在其上面或四周适当增加桩数，以弥补局部处理深度的不足，或从结构上采取适当措施进行弥补。

2）对未填实的墓穴、坑洞、地道等，若面积不大，挖除不便时，可将桩打穿通过，并在此范围内增加桩数，或从结构上采取适当措施进行弥补。

（3）夯打时造成缩径、堵塞、挤密成孔困难、孔壁坍塌等情况，可采取以下措施处理：

1）当含水量过大，缩径比较严重，可向孔内填干砂、生石灰块、碎砖渣、干水泥、粉煤灰；如含水量过小，可预先浸水，使之达到或接近最优含水量。

2）遵守成孔顺序，由外向里间隔进行（硬土由里向外）。

3）施工中宜打一孔，填一孔，或隔几个桩位跳打夯实。

4）合理控制桩的有效挤密范围。

4.3.4　土挤密桩、灰土挤密桩质量检验

成桩后，应及时抽样检验灰土挤密桩或土挤密桩处理地基的质量。对一般工程，主要检查施工记录、检测全部处理深度内桩体和桩间土的干密度，并将其换算为平均压实系数 $\overline{\lambda_c}$ 和平均挤密系数 $\overline{\eta_c}$ 。对重要工程，除检测上述内容外，还应测定全部处理深度内桩间土的压缩性和湿陷性。抽样检验的数量，对一般工程不应少于桩总数的1%，对重要工程不应少于桩总数的1.5%。

夯实质量的检测方法有下列几种：

（1）轻便触探检验法。先通过试验夯填，求得检定锤击数，施工检验时以实际锤击数不小于检定锤击数为合格。

（2）环刀取样检验法。先用洛阳铲在桩孔中心挖孔或通过剖开桩身，从基底算起沿深度方向每隔1.0～1.5m用带长把的小环刀分层取出原状夯实土样，测定其干密度。

（3）载荷试验法。对重要的大型工程应进行现场载荷试验和浸水载荷试验，直接测试承载力和湿陷情况。

灰土挤密桩或土挤密桩地基竣工验收时，承载力检验应采用复合地基载荷试验。检验数量不应少于桩总数的0.5%，且每项单体工程不应少于3点。

当复合地基载荷试验的压力沉降曲线上极限荷载能确定，而其值不小于对应比例界限的2倍时，可取比例界限作为复合地基承载力特征值；当其值小于对应比例界限的2倍时，可取极限荷载的一半。

当按相对变形值确定复合地基承载力特征值时，对土挤密桩复合地基，可取 s/b

（或）s/d 等于 0.012 所对应的压力；对灰土挤密桩复合地基，可取 s/b（或）s/d 等于 0.008 所对应的压力。

案 例 分 析

灰土挤密桩案例分析：陕西某贸易中心大楼灰土挤密桩地基处理情况如下。

1. 工程概况

陕西省农牧产品贸易中心大楼是一栋包括客房、办公、贸易和服务的综合性建筑，主楼地面以上 17 层，局部 19 层，高 59.7m；地下一层，平面尺寸 32.45m×22.9m，剪力墙结构，地下室顶板以上总重 185MN，基底压力 303kPa。主楼三面有 2～3 层的裙房，结构为大空间框架结构，柱距 4.80m 和 3.75m，裙房与主楼用沉降缝分开。主楼基础采用箱形基础，地基采用灰土挤密桩法处理，成功地解决了地基湿陷和承载力不足的问题，建筑物沉降量显著减少且基本均匀，获得了良好的技术效果和经济效益。

2. 工程地质条件

建筑场地位于西安市北关外龙首塬上，地下水位深约 16m。地层构造自上而下分别为黄土状粉质黏土或粉土与古土壤相间，黄土（4）以下为粉质黏土、粉砂和中砂，勘察孔深至 57m。基底以下主要土层及其工程性质见表 4.10。

表 4.10　　　　　　　　　　　　主要土层的工程性质

土层名称	层底深度/m	含水量/%	承载力特征值/kPa	压缩模量/MPa
黄土（1-1）	≤5m	18.6	110	5.9
黄土（1-2）	6.8～9.5	18.6	150	5.9
黄土（1-3）	10.5～12.0	21.3	130	14.2
古土壤（1）	15.8～16.6	21.8	150	14.1
黄土（2-1）	18.6～21.7	（水位以下）	120	5.9
黄土（2-2）	23.0～24.6	（水位以下）	140	6.6
黄土（2-3）	26.5～28.3	（水位以下）	180	8.6
古土壤（2）	27.7～28.3	（水位以下）	250	12.6

注　古土壤（2）以下为黄土（3）、古土壤（3）、黄土（4）及粉质黏土（1）等，其承载力大于等于 280kPa，压缩模量大于等于 11.4MPa。

场地内湿陷性黄土层深 10.6～12.0m，7m 以上土的湿陷性较强，湿陷系数 δ_s ＝0.040～0.124；7m 以下土的湿陷系数 δ_s 不大于 0.020，湿陷性已比较弱。分析判定，该场地属于 Ⅱ～Ⅲ 级自重湿陷性黄土场地。

3. 设计与施工

（1）地基与基础的方案设计从工程地质条件看，建筑场地具有较强的自重湿陷性，且在 27m（黄土 2-3 层）以上地基土的承载力偏低，压缩性较高。同时，在 27m 以下也没有理想的坚硬桩端持力层。在研究地基基础方案时，曾拟采用两层箱基加深基础埋深和扩大箱基面积的办法，但这种方法使裙房与高层接合部的沉降差异及基础高低的衔接处理更加困难，且在建筑功能上也无必要；另一种设想的方案是采用桩基，由于没有坚硬的持力层，单桩承载力仅为750～800kN，承载力效率低，费用较高，且上部土为自重湿陷性黄土，负摩擦阻力的问题也较棘手。经分析比较后，设计采用了单层箱基和灰土挤密桩法处理地基的方案，具体做法如下：

1）将地下室层高从4.0m增大到5.4m，按箱基设计。

2）箱基下地基采用灰土挤密桩法处理，它既可消除地基土的全部湿陷性，又可提高地基的承载力，处理深度可满足要求。

3）灰土挤密桩顶面设1.1m厚的3：7灰土垫层，整片的灰土垫层可使灰土挤密桩地基受力更加均匀，且可使箱基面积适当扩大。

4）对裙楼独立柱基也可同样采用灰土挤密桩法处理，以减小地基的沉降；在施工程序上，采取先高层主楼后低层裙房的做法，尽量减少高低层间的沉降差。

（2）灰土挤密桩的设计与施工灰土挤密桩直径按施工条件定为$d=0.46$m。为了确定合理的桩孔间距，在现场进行了挤密试验，当桩距s为1.10m时，桩间土的压实系数λ_c小于0.93，达不到全部消除湿陷性的要求。后确定将桩距改为近2.2d，即$s=1.0$m。通过计算，当$s=2.2d$，桩间土的平均干密度可达到1.6t/m³，压实系数$\lambda_c\geqslant0.93$。由于古土壤（1）以上的黄土层需要处理，设计桩长7.5m，桩尖标高为－13.7m。包括1.1m厚的灰土垫层，处理层的总厚度为8.6m。通过验算，传至灰土挤密桩地基的压力为243kPa，低于原地基承载力的2倍，同时也不超过250kPa，符合有关规程的规定。

施工采用沉管法成孔。施工及建设单位对成孔及夯填施工进行了严格的监督和检验，每一桩孔夯填的灰土数量和夯击次数均进行检查和记录，施工质量比较可靠。

4. 效果检验与分析

勘察单位估算建筑物的沉降时，分别按分层总和法和固结应力史法计算主楼的沉降量为284.4～269.6mm。后又根据地基处理后的情况，按适用于大型基础的变形模量法计算的沉降量仅为66.5mm。到施工主体完成并砌完外墙时观测，实测沉降量为20～45mm，预估建筑全部建成后的最大沉降将达到64.5m，与按变形模量法的计算结果基本一致。

根据最后一次的观测结果，主楼的倾斜为：南北方向0.00031；东面方向几乎为零，西南与东北两对角的倾斜值最大，也仅为0.00063，均小于规范允许倾斜值0.003。农贸中心建成使用已超过5年，结构完好无损，使用正常。经验证明，在深厚强湿陷黄土地基上的高层建筑，只要认真设计和施工，采用灰土挤密桩法处理地基可以获得满意的技术效果和经济效益，并可使地基基础工程大为简化，加快建设速度。

任务4.4 CFG法设计、施工及质量检验

4.4.1 CFG法概述

1. CFG桩复合地基的概念

CFG桩是水泥粉煤灰碎石桩的简称，由碎石、石屑、砂、粉煤灰掺水泥加水拌和，用各种成桩机械制成的可变强度桩。通过调整水泥掺量及配比，其强度等级在C5～C25之间变化，是介于刚性桩与柔性桩之间的一种桩型。CFG桩和桩间土一起，通过褥垫层形成CFG桩复合地基共同工作，如图4.11所示。

2. CFG 桩法复合地基的应用和发展

CFG 桩复合地基成套技术是中国建筑科学研究院地基所 20 世纪 80 年代末开发的一项新的地基加固技术。该技术于 1994 年被建设部和国家科委列为国家级重点推广项目。1997 年被列为国家级工法，并制定了中国建筑科学研究院企业标准。20 世纪 80 年代末至 90 年代初，CFG 桩多采用振动沉管打桩机施工，该工艺不足之处在于存在振动和噪声污染，遇厚砂层和硬土层难以穿透。为完善 CFG 桩的施工技术，1997 年国家投资立项研制开发长螺旋钻机和配套的施工工艺，并列入"九五"全国重点攻关项目，于 1999 年 12 月通过国家验收。

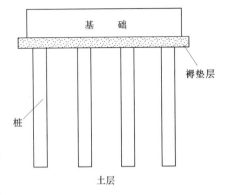

图 4.11　CFG 桩复合地基示意图

CFG 桩复合地基是高黏结强度复合地基的代表，20 世纪 80 年代多用于多层建筑地基处理，现今大量用于高层和超高层建筑地基的加固，并成为某些地区应用最普遍的地基处理方法之一。CFG 桩可全桩长发挥侧阻，桩端落在好的土层上时可很好地发挥端阻作用，形成的复合地基置换作用强，复合地基承载力幅度提高大，地基变形小。由于 CFG 桩桩体材料可以掺入工业废料粉煤灰，不配置钢筋，并可充分发挥桩间土的承载力，工程造价仅为桩基的 1/3～1/2，经济效益和社会效益显著。CFG 桩采用长螺旋钻孔管内泵压成桩工艺，具有无泥浆污染、无振动、低噪声等特点，且施工速度快、工期短，质量容易控制。该地基处理方法目前已经广泛应用于建筑和公路工程的地基加固。

3. CFG 桩复合地基工程特性

(1) 承载力提高幅度大、可调性强。CFG 桩桩体可以从几米到 20 多米，并且可全桩长发挥桩的侧阻力，桩承担的荷载占总荷载的百分比可在 40%～75% 之间变化，使得复合地基承载了提高幅度大并具有很大的可调性。当地基承载力较高时，荷载又不大，可将桩长设计得短一点，荷载大时，桩长可设计得长一点。特别是天然地基承载力较低而设计要求的承载力较高，用柔性桩复合地基一般难以满足设计要求，CFG 桩复合地基则比较容易实现。

(2) 刚性桩性状明显。与柔性桩相比，CFG 桩具有较大的刚性，可向深层土传递荷载。在荷载作用下，不仅能充分发挥侧阻力，当桩端落在好的土层上时，还具有明显的端承作用。

(3) 桩体的排水作用明显。CFG 桩在饱和粉土和砂土中施工时，由于沉管和拔管的振动，会使土体产生超孔隙水压力。较好透水层上面有透水性较差的土层时，刚刚施工完的 CFG 桩将是一个良好的排水通道，孔隙水将沿着桩体向上排出，直到 CFG 桩体结硬为止。这种排水作用可减少因孔隙水压力消散缓慢引起的地面隆起，增加桩间土的密实度。

(4) 桩体强度和承载力的关系。CFG 桩桩体强度不宜太高，一般取桩顶应力的 3 倍即可。当桩体强度大于某一数值时，提高桩体强度等级对复合地基承载力没有影响。

(5) 复合地基变形小。复合地基模量大、建筑物沉降量小是 CFG 桩复合地基重要特点之一，大量工程实践表明，建筑物沉降量一般可控制在 2～4cm。对于上部和中间有软土层的地基，用 CFG 桩加固，桩端放在下面好的土层上，可以获得模量很高的复合地基，建筑物的沉降都不大。

4.CFG 桩的适用范围

水泥粉煤灰碎石桩（CFG 桩）法适用于处理黏性土、粉土、砂土和自重固结已完成的素填土地基。对淤泥质土应按地区经验或通过现场试验确定其适用性。CFG 桩应选择承载力较高的土层作为桩端持力层。

对于塑性指数较高的饱和软黏土，由于桩间土承载力太小，土的荷载分担比例太低，成桩质量也难以得到保证，应慎用。在含水丰富、砂层较厚的地区，施工时应防止砂层坍塌造成断桩，必要时应采取降水措施。

CFG 桩复合地基具有承载力提高幅度大，地基变形小的特点，适用范围广，即可用于条形基础、独立基础，也可用于箱型基础、筏板基础，适于加固建筑工程和高等级公路地基。

4.4.2　CFG 桩法加固机理

1.桩、土受力特性

（1）桩、土共同作用。在 CFG 桩复合地基中，基础通过一定厚度的褥垫层与桩和桩间土相联系。褥垫层一般由级配砂石组成。由基础传来的荷载，先传给褥垫层，再由褥垫层传递给桩和桩间土。由于桩间土的抗压强度远小于桩的抗压强度，上部传来的荷载主要集中在桩顶，当桩顶压力超过褥垫层局部抗压强度时，桩体向上刺入，褥垫层产生局部压缩。同时，在上部荷载作用下，基础和褥垫层整体向下位移，压缩桩间土，此时桩间土承载力开始发挥作用，并产生沉降，直至力的平衡。

（2）桩、土荷载分担。假定复合地基中，总荷载为 P，桩体承担的荷载为 P_p，桩间土承受的荷载为 P_s。则 CFG 桩承担的荷载占总荷载的百分比 δ_p 为

$$\delta_p = \frac{P_p}{P} \times 100\% \qquad\qquad (4.23)$$

桩间土承担的荷载占总荷载的百分比为 δ_s

$$\delta_s = \frac{P_s}{P} \times 100\% \qquad\qquad (4.24)$$

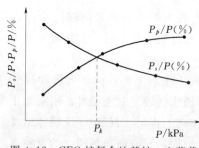

图 4.12　CFG 桩复合地基桩、土荷载分担比示意图

如图 4.12 所示，当荷载较小时，土承担的荷载大于桩承担的荷载，随着荷载的增加，桩间土承担的荷载占总荷载的百分比 δ_s 逐渐减小，桩承担的荷载占总荷载的百分比 δ_p 逐渐增大。当荷载 $P = P_k$ 时，桩、土承担的荷载各占 50%。$P > P_k$ 后，桩承担的荷载超过桩间土承担的荷载。

δ_p 和 δ_s 与荷载大小、土的性质、桩长、桩距、褥垫层的厚度有关。荷载一定，其他条件相同时，δ_p 随桩长的增加而增大，随桩距的减小而增大；土的强度越低，褥垫层越薄，δ_p 越大。

（3）桩传递轴向力的特征。在竖向荷载作用下，CFG 桩和桩间土均产生沉降，在某

一深度范围内，土的位移大于桩位移，土对桩产生负摩阻力。这样在复合地基中，桩间土在荷载作用下产生的压缩虽然增大了桩的轴向应力，降低了单桩承载力，但是桩间土被挤密，增大了复合地基模量，对提高桩间土的地基承载力和减小复合地基的沉降起着有益作用。

（4）桩间土应力分布。刚性基础下桩间土的应力分布情况是基础边缘应力较大，基础中间部分较小，内外区的平均应力比 1.25～1.45。

2.CFG 桩复合地基各组成要素的主要作用

（1）褥垫层作用。据有关试验资料表明，地基不设置褥垫层与设置一定厚度的褥垫层，其桩间土承担荷载的情况有明显区别。常用铺设一定厚度一定级配的砂石、碎石或粗砂、中砂形成厚度为 10～30cm 的褥垫层，使基础荷载向桩间土扩散，调整桩体和桩间土承担竖向荷载的比例，由此产生桩体与桩间土共同承担上部荷载的作用。因此，设置褥垫层的基本原理主要体现在保证桩与桩间土共同承担荷载和均匀地基应力，减小地基沉降变形两个方面。

（2）CFG 桩复合地基加固作用。CFG 桩加固地基的机理主要表现在桩体置换和桩间土挤密两方面：

1）桩体置换作用。水泥经水解和水化反应以及与粉煤灰的凝硬反应后生成稳定的结晶化合物，这些化合物填充了碎石和石屑的空隙，将这些骨料黏结在一起，因而提高了桩体的抗剪强度和变形模量，使 CFG 桩起到了桩体的作用，承担大部分上部荷载。

2）对桩间土挤密作用。CFG 桩在处理砂性土、粉土和塑性指数较低的黏性土地基时，采用振动沉管等排土、挤密施工工艺，提高了桩间土的强度，并通过提高桩侧法向应力增加了桩体侧壁摩阻力，使单桩承载力也提高了，从而提高复合地基承载力。

4.4.3　CFG 桩法设计计算

1.CFG 桩复合地基布桩基本要求

（1）平面布置。CFG 桩可只在基础范围内布置。可根据建筑物荷载分布、基础形式和地基土性状，合理确定布桩参数。

（2）CFG 桩参数设计。

1）桩径。桩径大小和施工工艺有关，长螺旋钻中心压灌、干成孔和振动沉管桩宜为 350～600mm；泥浆护壁钻孔成桩宜为 600～800mm；钢筋混凝土预制桩宜为 300～600mm。如果桩径过小，施工质量不容易控制，桩径过大，需要加大褥垫层厚度才能保证桩土共同承担上部结构传来的荷载。

2）桩距。桩间距根据基础形式、设计要求的复合地基承载力和变形、土性及施工工艺确定，采用非挤土成桩工艺和部分挤土成桩工艺，桩距宜取 3～5 倍桩径；采用挤土成桩工艺和墙下条形基础单排布桩的桩间距宜为 3～6 倍桩径；桩长范围内有饱和粉土、粉细砂、淤泥、淤泥质土层，采用长螺旋钻中心压灌成桩施工中可能发生窜孔时宜采用较大桩距。

3）桩长。水泥粉煤灰碎石桩具有较强的置换作用，其他参数相同的情况下，桩越长，桩的荷载分担比（桩承担的荷载占总荷载的百分比）越高。CFG 桩应选择承载力较高的土层作为桩端持力层，选择桩长时要考虑桩端持力层的土层埋深。在满足承载力和变形要求的前提下，可以通过调整桩长来调整桩距，桩越长，桩间距可以越大。

（3）褥垫层设计。桩顶和基础之间应设置褥垫层，褥垫层厚度宜为桩径的 40%～60%。褥垫层材料宜用中砂、粗砂、级配砂石或碎石等，最大粒径不宜大于 30mm。褥垫层的铺设厚度计算公式为

$$h = \frac{\Delta H}{v} \tag{4.25}$$

式中 h——褥垫层的虚铺厚度，cm；

v——夯填度，取 0.87～0.90；

ΔH——褥垫层压实厚度，一般取 15～30cm。

2. CFG 桩复合地基承载力计算

（1）复合地基承载力特征值。CFG 桩复合地基承载力特征值，应通过现场复合地基静载荷试验确定，初步设计时可根据公式（4.8）进行估算，公式中单桩承载力发挥系数 λ 和桩间土承载力发挥系数 β，宜按地区经验取值，如无经验时 λ 可取 0.8～0.9，β 取 0.9～1.0；处理后桩间土的承载力特征值 f_{sk}，对非挤土成桩工艺，可取天然地基承载力特征值；对挤土成桩工艺，一般黏性土可取天然地基承载力特征值；松散砂土、粉土可取天然地基承载力特征值的 1.2～1.5 倍，原土强度低的取大值。按公式（4.9）估算单桩承载力时，桩端阻力发挥系数 α_p 可取 1.0，桩身强度满足式（4.9）和式（4.10）的要求。

（2）软弱下卧层验算。当复合地基加固区下卧层为软弱土层时，尚需验算下卧层承载力。要求作用在下卧层顶面处的基底附加压力 p_0 和自重应力 σ_{cz} 之和不超过下卧层的允许承载力，即

$$p = p_0 + \sigma_{cz} \leqslant f_{az}$$

式中 p_0——相应于荷载效应标准组合时，软弱下卧层顶面处的附加压力，kPa，可采用压力扩散法计算；

σ_{cz}——软卧下卧层顶面处土的自重压力值，kPa；

f_{az}——软卧下卧层顶面经深度修正后的地基承载力特征值，kPa。

3. CFG 桩体强度和配合比设计

CFG 桩的材料是由水泥、粉煤灰、碎石、石屑加水拌和形成的混合料，其中各组成成分含量的多少对混凝土的强度、和易性都有很大的影响。CFG 桩中碎石粒径一般采用 20～50mm。石屑为中等粒径骨料，在水泥掺量不高的混合料中，可掺加石屑来填充碎石间的空隙。水泥一般采用 42.5 级普通硅酸盐水泥。

（1）桩体强度计算。桩身材料配比按照桩体强度控制，桩体试块抗压强度满足式（4.26）要求：

$$f_{cu} \geqslant 3\frac{R_a}{A_p} \tag{4.26}$$

式中 f_{cu}——桩体混合料试块（边长为 150mm 立方体）标准养护 28d 立方体抗压强度平均值，kPa；

R_a——单桩竖向承载力特征值，kN；

A_p——桩的截面积，m²。

（2）桩体材料中水泥掺量及其他材料的配合比计算。

1）以 28d 混合料试块的强度 f_{cu} 确定桩身混合料水灰比 W/C：

$$f_{cu} = 0.336 R_c \left(\frac{C}{W} - 0.071 \right) \tag{4.27}$$

式中　R_c——水泥强度等级，MPa，42.5 级普通硅酸盐水泥 $R_c = 42.5$MPa；

　　　C——水泥用量，kg；

　　　W——水的用量，kg；

　　　f_{cu}——桩体混合料试块（边长为 150mm 立方体）标准养护 28d 立方体抗压强度平均值，kPa。

2）混合料中粉灰比（F/C）的用量计算：

$$\frac{W}{C} = 0.187 + 0.791 \frac{F}{C} \tag{4.28}$$

式中　F——粉煤灰的用量，kg。

3）碎石与石屑用量的计算：

$$G = \rho - C - W - F \tag{4.29}$$

式中　G——碎石和石屑的用量，kg；

　　　ρ——混合料密度，一般情况下取 2200kg/m³。

4）石屑率的计算：

$$\lambda = \frac{G_1}{G_1 + G_2} \tag{4.30}$$

式中　G_1——单位体积（m³）石屑质量，kg；

　　　G_2——单位体积（m³）碎石质量，kg；

　　　λ——石屑率，一般取 0.25～0.33。

4.CFG 桩复合地基沉降计算

CFG 桩复合地基总沉降量 s 由 3 部分组成，即由复合地基加固区范围内土层压缩量 s_1、下卧层压缩量 s_2 和褥垫层压缩量 s_3 组成。

地基处理后的变形计算应按现行国家标准《建筑地基基础设计规范》（GB 50007—2011）的有关规定执行。变形计算参见 4.1.6 中的内容。

4.4.4　CFG 桩法施工技术

1.CFG 桩施工技术发展简介

目前 CFG 桩复合地基技术在国内许多地区应用，据不完全统计，应用这一技术的有：北京、天津、江苏、浙江、河北、河南、山西、山东、陕西、安徽、湖北、广西、广东、辽宁、黑龙江、云南等 23 个省、市、自治区。就工程类型而言，有工业与民用建筑，也有高耸构筑物；有多层建筑，也有高层建筑。基础形式有条形基础、独立基础，也有箱基和筏基；有滨海一带的软土，也有承载力在 200kPa 左右的较好的土。

大量工程实践表明，CFG 桩复合地基设计，就承载力而言不会有太大的问题，可能出问题的是 CFG 桩的施工。了解 CFG 桩施工技术的发展和不同工艺的特点，可使设计人员对 CFG 桩施工工艺有一个较全面的认识，便于在方案选择、设计参数的确定以及施工措施上考虑得更加全面。

CFG 桩复合地基于 1988 年提出并应用于工程实践，首先选用的是振动沉管 CFG 桩施工工艺。这是由于当时振动沉管打桩机在我国拥有量最多，分布的地区也最普遍。

　　振动沉管 CFG 桩施工工艺属于挤土成桩工艺，主要适用于黏性土、粉土、淤泥质土、人工填土及松散砂土等地质条件，尤其适用于松散的粉土、粉细砂的加固。它具有施工操作简便、施工费用低、对桩间土的挤密效应显著等优点。采用该工艺可以提高地基承载力、减少地基变形以及消除地基液化，到目前为止该工艺依然是 CFG 桩主要施工工艺之一，主要应用于挤密效果好的土和可液化土的地基加固工程，空旷地区或施工场地周围没有管线、精密设备以及不存在扰民的地基处理工程。

　　（1）工程实践表明，振动沉管 CFG 桩施工工艺也存在如下几个主要问题。

　　1）难以穿透厚的硬土层如砂层、卵石层等。当基础底面以下的土层中存在承载力较高的硬土层，不得不采用引孔等措施，或者采用其他成桩工艺。

　　2）振动及噪声污染严重。随着社会的进步，对文明施工的要求越来越高。振动和噪声污染会对施工现场周围居民正常生活产生不良影响，故不少地区规定不能在居民区采用振动沉管 CFG 桩施工工艺。

　　3）在靠近已有建筑物施工时，振动对已有建筑物可能产生不良影响。

　　4）振动沉管 CFG 桩施工工艺为挤土成桩工艺，在饱和黏性土中成桩，会造成地表隆起、挤断已打桩、桩间土强度的降低，容易出现缩颈、断桩等质量事故。

　　5）施工时，混合料从搅拌机到桩机进料口的水平运输一般为翻斗车或人工运输，效率相对较低。对于长桩，拔管时尚需空中投料，操作不便。

　　（2）鉴于以上问题，1997 年中国建筑科学研究院等单位申请了国家“九五”攻关项目——长螺旋钻管内泵压 CFG 桩施工工艺。经过几年的课题研究和大量的工程实践，使得长螺旋钻管内泵压 CFG 桩施工设备和施工工艺趋于完善。该工艺主要具有如下优点。

　　1）低噪声，无泥浆污染，成桩不产生振动，可避免对已打桩产生不良影响。

　　2）成孔穿透能力强，可穿透硬土层。

　　3）施工效率高。

　　（3）除了上述两种常见的 CFG 桩施工工艺外，CFG 桩施工还可根据土质情况、设备条件选用以下工艺。

　　1）长螺旋钻孔灌注成桩。适用于地下水位以上的黏性土、粉土和填土地基。

　　2）泥浆护壁钻孔灌注成桩。适用于黏性土、粉土、砂土、人工填土、砾（碎）石土及风化岩层分布的地基。

　　3）人工或机械洛阳铲成孔灌注成桩。适用于处理深度不大，地下水位以上的黏性土、粉土和填土地基。

　　在实际工程中，除采用单一的 CFG 桩施工工艺外，有时还需要根据地质条件或地基处理的目的采用两种施工工艺组合或两种桩型的组合。总之，施工选用何种施工工艺和设备，需要考虑场地土质、地下水位、施工现场周边环境以及当地施工设备等具体情况综合分析确定。

2. 振动沉管CFG桩施工工艺

国产振动沉管桩机使用得比较多的是浙江瑞安建筑机械厂和兰州建筑通用机械总厂生产的设备。振动沉管桩机示意图如图4.13所示，振动沉管灌注桩施工工艺流程图如图4.14所示。

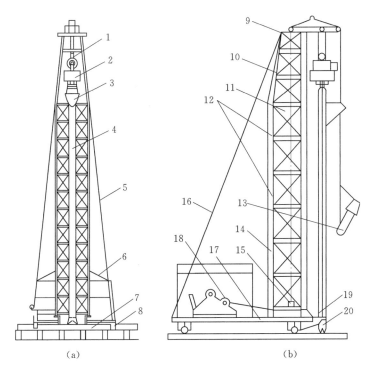

图4.13 振动沉管桩机示意图
(a) 正面；(b) 侧面
1—滑轮组；2—振动锤；3—漏斗口；4—桩管；5—前拉索；6—遮栅；7—滚筒；8—枕木；
9—架顶；10—架身顶段；11—钢丝绳；12—架身中段；13—吊斗；14—架身下段；
15—导向滑轮；16—后拉索；17—架底；18—卷扬机；
19—加压滑轮；20—活瓣桩尖

（1）振动沉管CFG桩施工准备。施工前应准备下列资料：建筑物场地工程地质报告书；CFG桩布桩图，图应标明桩位编号、设计说明和施工说明；建筑场地邻近的高压电缆、电话线、地下管线、地下构筑物及障碍物等调查资料；建筑物场地的水准控制点和建筑物位置控制坐标等资料；同时具备"三通一平"条件。

（2）振动沉管CFG桩施工步骤。

1）桩机进入现场，根据设计桩长、沉管入土深度确定机架高度和沉管长度，并进行设备组装。

2）桩机就位，调整沉管与地面垂直，确保垂直度偏差不大于1%。

3）启动马达沉管到预定标高，停机。

4）沉管过程中做好记录，每沉1m记录电流表电流一次。并对土层变化处予以说明。

5）停机后立即向管内投料，直到混合料与进料口齐平。混合料按设计配比经搅拌机

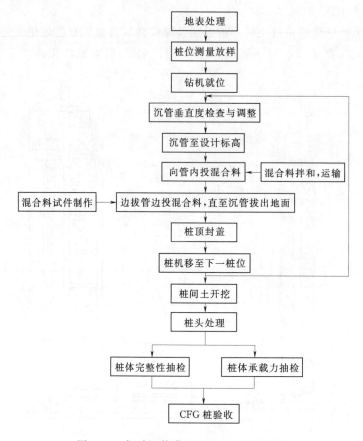

图 4.14 振动沉管灌注桩施工工艺流程图

加水拌和，拌和时间不少于 1min，如粉煤灰用量较多，搅拌时间还要适当放长。加水量按坍落度 3～5cm 控制，成桩后浮浆厚度以不超过 20cm 为宜。

6）启动马达，留振 5～10s，开始拔管，拔管速率一般为 1.2～1.5m/min，如遇淤泥或淤泥质土，拔管速率还可放慢。拔管过程中不允许反插。如上料不足，须在拔管过程中空中投料，以保证成桩后桩顶标高达到设计要求。成桩后桩顶标高应考虑计入保护桩长。

7）沉管拔出地面，确认成桩符合设计要求后，用粒状材料或湿黏土封顶。然后移机进行下一根桩的施工。

8）施工过程中，抽样做混合料试块，一般一个台班做一组，试块尺寸为 15cm×15cm×15cm，并测定 28d 的抗压强度。

（3）振动沉管 CFG 桩施工中常见的几个问题。

1）施工对土的强度影响。就土的挤密性而言，可将地基土分为三大类：其一为挤密性好的土，如松散填土、粉土、砂土等；其二为可挤密性土，如塑性指数不大的松散的粉质黏土和非饱和黏性土；其三为不可挤密土，如塑性指数高的饱和软黏土和淤泥质土，振动使其结构破坏，强度反而降低。

2）缩颈和断桩。在饱和软土中成桩，桩机的振动力较小，当采用连打作业时，新打桩对已打桩的作用主要表现为挤压，使得已打桩被挤扁成椭圆形或不规则形，严重的产生缩颈和断桩。

在上部有较硬的土层或中间夹有硬土层中成桩，桩机的振动力较大，对已打桩的影响主要为振动破坏。采用隔桩跳打工艺，若已打桩结硬强度又不太高，在中间补打新桩时，已打桩有时会被震裂。提升沉管速度太快也可能导致缩颈和断桩。

3）桩体强度不均匀。拔管太慢或留振时间过长，使得桩端水泥含量较少，桩顶浮浆过多，而且混合料也容易产生离析，造成桩身强度不均匀。

4）土、料混合。当采用活瓣桩靴成桩时，可能出现的问题是桩靴开口打开的宽度不够，混合料下落不充分，造成桩端与土接触不密实或桩端附近桩段桩径较小。

若采用反插办法，由于桩管垂直度很难保证，反插容易使土与桩体材料混合，导致桩身掺土等缺陷。

（4）振动沉管 CFG 桩法施工工艺研究成果。

1）拔管速度。试验表明，拔管速率太快将造成桩径偏小或缩颈断桩。拔管速率太慢则桩端水泥含量较少，桩顶浮浆过多。大量工程实践表明，1.2～1.5m/min 的拔管速率是适宜的。

2）合理桩距。试验表明，其他条件相同时，桩距越小，复合地基承载力越高，当桩距小于 4 倍桩径以后，随着桩距的减小，复合地基承载力的增长率明显下降，从桩、土作用共同发挥的角度考虑，桩距大于 4 倍桩径是适宜的。

3）施打顺序。在确定施打顺序时，主要考虑新打桩对已打桩的影响。

施工顺序与土性和桩距有关，在软土中，桩距较大可采用隔桩跳打；在饱和的松散粉土中施工，如果桩距较小不宜采用隔桩跳打方案。

对满堂布桩，无论桩距大小，均不宜从四周转圈向内推进施工，因为这样限制了桩间土向外的侧向变形，容易造成大面积土体隆起，断桩的可能性增大。可采用从中心向外推进的方案，或从一边向另一边推进的方案。

4）混合料坍落度。大量工程实践表明，混合料坍落度控制在 3～5cm 时，和易性较好，当拔管速率为 1.2～1.5m/min 时，一般桩顶浮浆可控制在 10cm 左右，成桩质量容易控制。

5）保护桩长。设计桩顶标高离地表的距离不大时（小于 1.5m），保护桩长可取 50～70cm，上部再用土封顶。桩顶标高离地表的距离较大时，可设置 70～100cm 的保护桩长，上部再用粒状材料封顶直至接近地表。

6）开槽及桩头处理。CFG 桩施工完毕 3～7d 后，即可进行开槽。开挖基坑较浅，可采用人工开挖；基坑较深时，宜采用机械开挖后，留置不小于 70cm 厚土体采用人工开挖。剔除桩头时，应尽量减小对桩体的扰动。

（5）施工质量控制。

1）施工前的工艺试验。施工前的工艺试验，主要是考察设计的施打顺序和桩距能否保证桩身质量。需作如下观测：新打桩对未结硬的已打桩的影响，新打桩对结硬的已打桩的影响。

2）施工监测。施工监测能及时发现施工过程中的问题，可以使施工管理人员有根据把握施工工艺的决策，对保证施工质量是至关重要的。

施工过程中需作如下观测：施工场地标高观测；桩顶标高的观测；对桩顶上升量较大的桩或怀疑发生质量事故的桩开挖查看。

3）逐桩静压。对重要工程，或通过施工监测发现桩顶上升量较大并且桩的数量较多的工程，可逐个对桩进行快速静压，以消除可能出现的断桩对复合地基承载力造成的不良影响。

对桩进行静压的目的在于将可能脱开的断桩接起来，使之能正常传递竖向荷载。这一技术对保证复合地基中的桩能正常工作和发现桩的施工质量问题是很有意义的。

4）静压振拔技术。所谓静压振拔即沉管时不启动马达，借助桩机自身的重量，将沉管沉至预定标高。填满料后再启动马达振动拔管。

对饱和软土，特别是塑性指数较高的软土，扰动将引起土体孔隙水压力上升，土的强度降低。振动历时越长，对土已打桩的不利影响越严重。在软土地区施工时，采用静压振拔技术对保证施工质量是有益的。

3. 长螺旋钻管内泵压CFG桩施工工艺

长螺旋钻管内泵压CFG桩施工工艺是由长螺旋钻机、混凝土泵和强制式混凝土搅拌机组成的完整的施工体系，如图4.15所示。其中长螺旋钻机是该工艺设备的核心部分。目前长螺旋钻机根据其成孔深度分为12m、16m、18m、24m和30m等机型，施工前应根据设计桩长确定施工所采用的设备。长螺旋钻孔内泵压施工设备示意如图4.15所示。长螺旋钻管内泵压混合料灌注成桩工艺流程如图4.16所示。

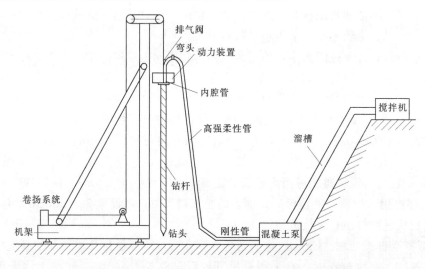

图4.15 长螺旋钻管内泵压CFG桩施工设备示意图

（1）长螺旋钻管内泵压CFG桩施工。

1）钻机就位。CFG桩施工时，钻机就位后，应用钻机塔身的前后和左右的垂直标杆检查塔身导杆，校正位置，使钻杆垂直对准桩位中心，确保CFG桩垂直度容许偏差不大于1%。

2）混合料搅拌。混合料搅拌要求按配合比进行配料，计量要求准确，上料顺序为：先装碎石或卵石，再加水泥、粉煤灰和外加剂，最后加砂，使水泥、粉煤灰和外加剂夹在

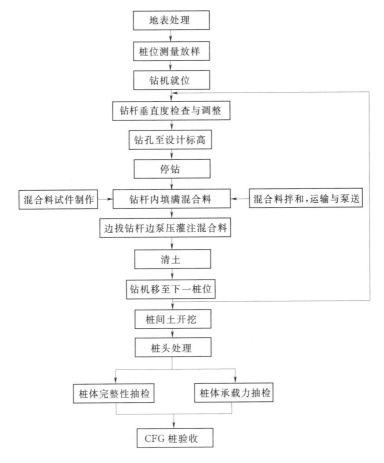

图 4.16　长螺旋钻孔、管内泵压混合料灌注成桩工艺流程图

砂、石之间，不易飞扬和黏附在筒壁上，也易于搅拌均匀。每盘混合料搅拌时间不应小于1min。混合料坍落度控制在 16～20cm。在泵送前，混凝土泵料斗、搅拌机搅拌筒应备好熟料。

3）钻进成孔。钻孔开始时，关闭钻头阀门，向下移动钻杆至钻头触及地面时，启动马达钻进。一般应先慢后快，这样既能减少钻杆摇晃，又容易检查钻孔的偏差，以便及时纠正。在成孔过程中，如发现钻杆摇晃或难以钻进时，应放慢进尺，否则较易导致桩孔偏斜、位移，甚至使钻杆、钻具损坏。钻进的深度取决于设计桩长，当钻头到达设计桩长预定标高时，应在与动力头底面停留位置相应的钻机塔身处作醒目标记，作为施工时控制桩长的依据。正式施工时，当动力头底面到达标记处，桩长即满足设计要求。施工时还应该考虑施工工作面的标高差异，作相应增减。

在钻进过程中，当遇到圆砾层或卵石层时，会发现进尺明显变慢，机架出现轻微晃动。在有些工程中，可根据这些特征来判定钻杆进入圆砾层或卵石层的深度。

4）灌注及拔管。CFG 桩成孔到设计标高后，停止钻进，开始泵送混合料，当钻杆芯管充满混合料后开始拔管，严禁先提管后泵料。成桩的提拔速度宜控制在 2～3m/min，成桩过程宜连续进行，应避免因后台供料缓慢而导致停机待料。若施工中因其他原因不能连续灌注，必须根据勘察报告和已掌握的施工场地的地质情况，避开饱和砂土和粉土层，不得在这些土层内停机。灌注成桩后，用水泥袋盖好桩头，进行保护。施工中每根桩的投料量不得少于设计灌注量。

5）移机。当上一根桩施工完毕后，钻机移位，进行下一根桩的施工。施工时由于CFG桩排出的土较多，经常将邻近的桩位覆盖，有时还会因钻机支撑脚压在桩位旁使原标定的桩位发生移动。因此，下一根桩施工时，还应根据轴线或周围桩的位置对需施工的桩的位置进行复核，保证桩位准确。

（2）CFG桩施工中常见的问题及质量控制。

1）堵管。堵管是长螺旋钻管内泵压CFG桩施工工艺常遇到的主要问题之一。它直接影响CFG桩的施工效率，增加工人劳动强度，还会造成材料浪费。特别是故障排除不畅时，使已搅拌的CFG桩混合料失水或结硬，增加了再次堵管的几率，给施工带来很多困难。主要有如下几种堵管原因。

a.混合料配合比不合理。主要是混合料中的细骨料和粉煤灰用量较少，混合料的和易性不好，故常发生堵管。

b.混合料搅拌质量有缺陷。坍落度太大的混合料易产生泌水、离析。在管道内，水浮到上面，骨料下沉。在泵压作用下，水先流动，骨料与砂浆分离，摩擦力剧增，从而导致堵管。坍落度太小，混合料在管道内流动性差，也容易堵管。

施工时合适的坍落度宜控制在16～20cm，若混合料可泵性差，可适量掺入泵送剂。

c.设备缺陷。弯头是连接钻杆与高强柔性管的重要部件。若弯头的曲率半径不合理，会发生堵管；弯头与钻杆垂直连接，也将发生堵管。

此外，管接头不牢固，垫圈破损，也会导致水泥砂浆的流失，造成堵管。

有些生产厂家的钻机钻头设计不合理，密封不严，在具有承压水的粉细砂中成桩时，承压水带着砂通过钻头孔隙进入钻杆芯管，有时形成长达50cm的砂塞，当泵入混合料后，砂塞堵住钻头阀门，混合料无法落下，造成堵管。

d.冬季施工措施不当。冬季施工时，混合料输送管及弯头处均需作防冻保护，一旦保温效果不好，常在输送管和弯头处造成混合料结冻，造成堵管。

e.施工操作不当。钻杆进入土层预定标高后，开始泵送混合料，管内空气从排气阀排出，待钻杆芯管及输送管充满混合料、管内介质是连续体后，应及时提钻，保证混合料在一定压力下灌注成桩。若注满混合料后不及时提钻，混凝土泵一直泵送，在泵送压力下会使钻头处的水泥浆液挤出，同样可使钻头阀门处产生无水泥浆的干硬混合料塞体，使管道堵塞。

2）窜孔。在饱和粉土和粉细砂层中常遇到这种情况，施工完1号桩后，接着施工相邻的2号桩时，随着钻杆的钻进，发现已施工完且尚未结硬的1号桩桩顶突然下落，有时甚至达2cm以上，当2号桩泵入混合料时，能使1号桩下降的桩顶开始回升，泵入2号桩的混合料足够多时，1号桩桩顶恢复到原标高。工程中称这种现象叫窜孔。

a.实践表明，窜孔发生的条件如下：

（a）被加固土层中有松散饱和粉土或粉细砂。

（b）钻杆钻进过程中叶片剪切作用对土体产生扰动。

(c) 土体受剪切扰动能量的积累，足以使土体发生液化。

大量工程实践证实，当被加固土层中有松散粉土或粉细砂，但没有地下水时，施工未发现有窜孔现象；被加固土层中有松散粉土或粉细砂且有地下水，但桩距很大且每根桩成桩时间很短时，也很少发生窜孔现象；只是在桩距较小，桩的长度较大，成桩时间较长，且成桩时一次移机施打周围桩数量过多时才发生窜孔。

b. 工程中常用的防止窜孔的方法如下：

（a）对有窜孔可能的被加固地基尽量采用大桩距的设计方案。增大桩距的目的在于减少新打桩对已打桩的剪切扰动，避免不良影响。

（b）改进钻头，提高钻进速度。

（c）减少在窜孔区域打桩推进排数，如将一次打 4 排改为 2 排或 1 排。尽快离开已打桩，减少对已打桩扰动能量的积累。

（d）必要时采用隔桩、隔排跳打方案，但跳打要求及时清除成桩时排出的弃土，否则会影响施工进度。

发生窜孔后一般采用如下方法处理：

当提钻灌注混合料到发生窜孔土层时，停止提钻，连续泵送混合料直到窜孔桩混合料液面上升至原位为止。

对采用上述方法处理的窜孔桩，需通过低应变检测或静载试验进一步确定其桩身完整性和承载力是否受到影响。

3）钻头阀门打不开。施工过程中，发现有时钻孔到预定标高后，泵送混合料提钻时钻头阀门打不开，无法灌注成桩。

阀门打不开一般有两个原因：①钻头构造缺陷，如当钻头阀门盖板采用内嵌式时，有可能有砂粒、小卵石等卡住，导致阀门无法开启；②当桩端落在透水性好、水头高的砂土或卵石层中时，阀门外侧除了土侧向压力外，主要是水的侧压力（水侧压力系数为 1）很大。阀门内侧的混合料侧压力小于阀门外的侧压力，致使阀门打不开。当钻杆提升到某一高度后，侧压力逐渐减小，管内混合料侧压力不变，当管内侧压力大于管外侧压力时，阀门打开，混合料突然下落。这种情况在施工中经常发生。阀门打不开多为此种情况。

对这一问题，可采用改进阀门的结构型式或调整桩长使桩端穿过砂土而进入黏性土层的措施来解决。

4）桩体上部存气。截桩头时，发现个别桩桩顶部存有空间不大的空心。主要是施工过程中，排气阀不能正常工作所致。

众所周知，空气无孔不入，钻杆成孔钻进时，管内充满空气，钻孔到预定标高开始泵送混合料，此时要求排气阀工作正常，能将管内空气排出。若排气阀被混合料浆液堵塞，不能正常工作，钻杆管内空气无法排出，就会导致桩体存气并形成空洞。

为杜绝桩体存气，必须保证排气阀正常工作。施工时要经常检查排气阀是否发生堵塞，若发生堵塞必须及时采取措施加以清洗。

5）先提钻后泵料。有些施工单位施工时，当桩端达到设计标高后，为了便于打阀门，泵送混合料前将钻杆提拔 30cm，这样操作存在下列问题：

a. 有可能使钻头上的土掉进桩孔。

b. 当桩端为饱和的砂卵石层时，提拔 30cm 易使水迅速填充该空间，泵送混合料后，混合料不足以使水立即全部排走，这样桩端的混合料可能存在浆液与骨料分离现象。

这两种情况均会影响 CFG 桩的桩端承载力的发挥。

4.4.5 CFG 桩法质量检验

1. 施工质量检验

施工期质量检验主要检查施工记录、混合料坍落度、桩位偏差、褥垫层厚度、夯填度和桩体试块抗压强度等。

CFG 桩施工前应对水泥、粉煤灰、砂及碎石等原材料进行检验。施工中应对桩身混合材料的配合比、混凝土坍落度、提拔钻管速度、成孔深度、混合料灌入量等进行控制。打桩过程中随时监测地面是否发生隆起，新打桩时对已打但未固结桩的桩顶进行位移测量，以估算桩径的缩小量，对已打并硬结桩的桩顶进行桩顶位移量测，以判断是否断桩。一般桩顶位移超过 10mm，需开挖进行检查。

2. 竣工质量检测

CFG 桩地基竣工验收时，承载力检验应采用复合地基载荷试验。复合地基载荷试验是确定复合地基承载力和评价加固效果的重要依据。进行单桩载荷试验时为防止试验时桩头被压碎，宜对桩头进行加固。在确定试验日期时，还要考虑到施工过程中对桩间土的扰动，桩间土的承载力和桩的侧阻和端阻的恢复都需要一定的时间，一般在冬季检测时桩和桩间土强度的增长较慢。

水泥粉煤灰碎石桩地基检验应在桩身强度满足试验荷载条件时，并宜在施工结束 28d 后进行。试验数量宜为总桩数的 0.5%～1%，且每个单体工程的试验数量不应少于 3 点。应抽取不少于总桩数的 10% 的桩进行低应变动力试验，检测桩身完整性。

(1) CFG 桩的检测。CFG 桩单桩静载荷试验按《建筑桩基技术规范》(JGJ 94—2008) 附录 C "单桩竖向抗压静载试验" 执行。

CFG 桩低应变检测桩身质量评价分为 4 类：

Ⅰ类桩：完好桩。

Ⅱ类桩：有轻微缺陷，但不影响原设计桩身结构强度的桩。

Ⅲ类桩：有明显缺陷，但应采用其他方法进一步确认可用性的桩。

Ⅳ类桩：有严重缺陷或断桩。

(2) CFG 桩复合地基检测。CFG 桩复合地基属于高黏结强度桩复合地基，载荷试验具有其特殊性，试验方法直接影响对复合地基承载力评价。对此，试验时按《建筑地基处理技术规范》"复合地基试验要点" 执行的同时，还需注意以下两点：

1) 褥垫层的厚度与铺设方法。试验时褥垫层的底标高与桩顶设计标高相同，褥垫层底面要求平整，褥垫层铺设厚度为 6～10cm，铺设面积与载荷板面积相同，褥垫层周围有原状土约束。

2) 当 p-s 曲线不存在极限荷载时，按相应变形值确定复合地基承载力，取 $s/b=0.01$ 对应的荷载作为 CFG 桩复合地基承载力标准值。

(3) 桩间土检验。桩间土质量检验可用标准贯入、静力触探和钻孔取样等对桩间土处理后的对比试验。对砂性土地基可采用动力触探等方法检测其挤密程度。

案 例 分 析

CFG 桩案例分析：成都地区某住宅小区 CFG 桩方案。

1. 工程概况

成都地区大邑县某住宅小区，1 号、2 号、3 号楼拟建 18F，高 54.90m，剪力墙结构，筏板基础。1 号楼 ±0.00 标高为 531.88m，2 号、3 号楼 ±0.00 标高为 531.78m。本工程 2 号、3 号楼设 1F 地下室，1 号楼不设地下室。1 号楼基础底面埋深 4.15m，2 号、3 号楼基础底面埋深 −6.25m。根据该项目岩土工程勘察报告以及拟建物结构型式，要求对 1～3 号楼基础底面以下的含粉质黏土卵石、粉质黏土、中砂及松散卵石进行地基加固处理，根据场地工程地质条件，选用 CFG 桩地基加固方式，以稍密卵石为 CFG 桩桩端持力层，形成复合地基，其复合地基承载力特征值 $f_{spk} \geqslant 380kPa$，E_s 不少于 15MPa。

2. 工程地质条件

该场地地形较平坦，地貌单元属岷江水系一级阶地，场地地层为第四系全新统人工填土层和第四系全新统冲积层。地层简述如下：

（1）第四系全新统人工填土层（Q_4^{ml}）。

1）杂填土。杂色。主要由砖瓦块、卵石土混少量黏性土等组成。结构紊乱。松散。湿。

2）素填土。灰黄色。主要由黏性土组成，混少量砖瓦块碎片等。硬塑为主。湿。人工填土全场地分布，层厚 0.6～1.6m。

（2）第四系全新统上段冲洪积层（Q_{4-2}^{al+pl}）。

1）粉质黏土。灰黄色。含铁、锰质氧化物及其结核，局部夹少量砾石。可塑为主。分布基本连续，厚度为 2.5～3.6m。

2）含粉质黏土卵石。黄灰色，属粗粒混合土。卵石成分以沉积岩为主，岩浆岩、变质岩及沉积岩类岩石组成。多呈圆形—次圆形。一般粒径 2～7cm。部分粒径大于 9cm。卵石含量约 55％～65％，砾石含量约 10％～15％，粉粒含量约 25％～35％。卵石以弱—中风化为主。湿。饱和。N_{120} 平均击数为 2.14 击/dm。$N_{63.5}$ 平均击数为 3.61 击/dm。

（3）第四系全新统下段冲积层（Q_{4-1}^{al}）。

1）粉质黏土。灰黄色。含铁、锰质氧化物及其结核，局部夹少量砾石。可塑为主。

2）中砂。灰黄色。由石英、长石、云母细片及暗色矿物等颗粒组成，偶夹卵砾石。松散，饱和。仅 14 号钻孔分布，呈透镜体状分布于卵石层中。厚度为 0.8m。

3）卵石。黄灰色。以岩浆岩、沉积岩为主，变质岩次之。多呈亚圆形，以弱风化为主。卵石一般粒径 3～9cm，最大粒径大于 15cm。局部含漂石。充填物以中砂和砾石为主，混少量黏性土。局部有黏性土透镜体。含量 25％～45％左右。湿—饱和。根据其密实程度、N_{120} 动探击数及充填物含量等的差异，根据《成都地区建筑地基基础设计规范》可将其分为松散卵石、稍密卵石、中密卵石三个亚层。

根据设计提供的±0.00 标高及基础埋深，本工程基底土层为含粉质黏土卵石、下卧层分布有粉质黏土、中砂及松散卵石。

勘察期间测得孔隙潜水稳定水位埋深 5.0～5.2m，对应标高 524.93～525.23m。

场地主要地基土物理力学设计指标见表 4.11。

表 4.11 地基土主要物理力学指标建议值

土层成因时代	土 名	重度 γ/ (kN/m^3)	承载力特征值 f_{ak}/kPa	压缩模量 E_s /MPa	黏聚力标准值 C_k/kPa	内摩擦角标准值 Φ_k/(°)	CFG	
							侧阻力特征值 q_{si}/kPa	桩端阻力特征值 q_p/kPa
Q_4^{ml}	杂填土	18.5						
	素填土	19.0	90	4.0	10	10	20	
Q_{4-2}^{al+pl}	粉质黏土	19.0	130	4.0	15	7	25	
	含粉质黏土卵石	19.0	160	15.0			30	
Q_{4-1}^{al}	粉质黏土	19.0	140	4.0	12	7	25	
	中砂	19.5	100	12.0		25	25	
	松散卵石	20.0	160			30	45	
	稍密卵石	21.0	300			35	55	1200
	中密卵石	22.0	550			40	75	1800

3. 方案设计

根据设计要求及成都地区广泛的施工经验并结合拟建物性状，确定如下地基加固技术参数。

（1）加固范围。本次地基处理范围为 1 号、2 号、3 号楼，对筏板基础范围内的含粉质黏土卵石、粉质黏土、中砂及松散卵石采用 CFG 桩进行加固处理。以稍密卵石为桩端持力层。

（2）桩位布置。桩位布置的计算依据为：

1）单桩竖向承载力特征值。

$$R_a = u_p \sum_{i=1}^{n} q_{si} l_{pi} + \alpha_p q_p A_p$$

式中 u_p——桩的周长，m；

n——桩长范围内所划分的土层数；

q_{si}——桩周第 i 层土的侧阻力特征值，kPa，可按地区经验确定；粉质黏土 $q_{si}=$ 25kPa、中砂 $q_{si}=25$kPa、含粉质黏土卵石 $q_{si}=30$kPa、松散卵石取 $q_{si}=$ 45kPa、稍密卵石取 $q_{si}=55$kPa、中密卵石取 $q_{si}=75$kPa；

q_p——桩端端阻力特征值，kPa，可按地区经验确定，取 $q_p=1200$kPa；

l_{pi}——桩长范围内第 i 层土的厚度，m，取值按照地勘报告中某一钻孔为计算模型，取粉质黏土 $l_i=2.1$m、含粉质黏土卵石 $l_i=3.1$m、中砂 $l_i=0.8$m、松

散卵石 $l_i=0.6\text{m}$，稍密卵石 $l_i=0.5\text{m}$；

α_p——桩端端阻力发挥系数，应按地区经验取 $\alpha_p=1$；

d——桩直径，$d=500\text{mm}$；

A_p——桩截面积，$A_p=3.14d^2/4=0.19625\text{m}^2$。

代入计算公式后得 $R_a=580.9\text{kN}$。

2）面积置换率。桩位布置的计算公式为

$$f_{spk}=\lambda m \frac{R_a}{A_p}+\beta(1-m)f_{sk}$$

式中　f_{spk}——复合地基承载力特征值，取 400kPa；

f_{sk}——处理后桩间土承载力特征值可按地区经验确定，取 140kPa；

m——面积置换率；

β——桩间土承载力发挥系数，可按地区经验取值，$\beta=0.95$；

λ——单桩承载力发挥系数，可按地区经验取值，$\lambda=0.85$。

代入公式计算得 $m=0.112$。

3）桩间距。采用等边三角形布桩，由公式 $m=d^2/d_e^2$，$d_e=1.05s$，得计算间距 $s=1.42m$，取布桩间距 $s=1.50m$。其中 d_e 为一根桩分担的处理地基面积的等效圆直径。

经反算，复合地基承载力柱基 $f_{spk}=399.9\text{kPa}\geqslant380\text{kPa}$，满足设计要求。

（3）桩体试块抗压强度计算公式。

$$f_{cu}\geqslant4\frac{\lambda R_a}{A_p}$$

经计算，$4\dfrac{\lambda R_a}{A_p}=4\times0.85\times551.86/0.19625=9560\text{kPa}<f_{cu}=15$（MPa）。

（4）压缩模量。设计的复合地基压缩模量提高系数 $\zeta=\dfrac{f_{spk}}{f_{ak}}$。

经计算，对粉质黏土 $\xi=399.9/140=2.85$，对中砂 $\xi=399.9/100=4.00$，对含粉质黏土卵石和松散卵石 $\xi=399.9/160=2.50$。

（5）变形计算。根据《建筑地基基础设计规范》（GB 50007—2011）式（5.3.5）对 2 号楼处理后的地基进行地基变形计算。估算结果表明，地基沉降变形满足《高层建筑岩土工程勘察规程》（JGJ 72—2004）和《建筑地基基础设计规范》（GB 50007—2011）表 5.3.4 高层建筑整体沉降差的要求。

（6）各基础型式布桩数见表 4.12。按经验公式，结合实际的基础型式布桩，则

$$n=\frac{A}{\dfrac{A_p}{m}}$$

式中　n——计算桩数；

A——筏板基础面积。

表 4.12 各拟建物实布桩数

楼 号	基础面积/m²	计算桩数	基础实际布桩数/个
1	922.5	414	505
2	471.1	212	258
3	478.3	214	263

（7）基坑开挖。设计提供 1 号楼±0.00 相当于绝对标高 531.88m，基础埋深为 −4.15m，对应绝对标高为 527.73m，2 号、3 号楼±0.00 相当于绝对标高 531.78m，基础埋深为 −6.25m，对应绝对标高为 525.53m。基坑开挖要求至基底标高。

（8）地基表面（桩顶部位）处理。地基加固施工时，地表面因冲击作用局部变形，待地基施工、检测完毕后，土建施工部门可进行清理，整平至基底标高以下 30cm。褥垫层材料宜采用人工级配为 2~5cm 的砂碎石土，铺设厚度 30cm，压实，夯填度不得大于 0.9。褥垫层宽度为基础底面宽度。

（9）加固材料。复合硅酸盐水泥 PC 32.5R，骨料成分——砂（中砂）、石（20~50mm）。桩体强度配合比按试配报告进行、桩体材料试块作抗压试验，报告达到 C15 强度等级。

（10）平均成桩桩径 $\Phi\geqslant500$mm。桩长、桩位允许误差为：桩长 100mm，桩位 0.4d。垂直度小于等于 1%。

（11）工程施工中应注意的问题。

1）含粉质黏土卵石之下分布的粉质黏土层厚度不均，该层分布厚度较大的地段，成孔时应注意防止孔壁坍塌、掉块及缩径等对工程的影响。

2）稍密卵石之上部分分布的松散卵石层较厚，应严格控制成孔深度，保证桩端进入稍密卵石。同时，应注意松散卵石层段孔壁坍塌、掉块等对工程地质的影响。

3）对上述问题，在工程施工前，必要时可先进行成孔、成桩试验，以进一步完善施工工艺，确保施工质量。

（12）施工降水。场地的施工降水应满足地基处理要求，若施工过程中遇地下水，应采取相应措施，如水泥中加入早强剂等。

（13）质量检测。根据《四川省建筑地基基础质量检测若干规定》（修订本，川建发 [2004] 66 号），由建设单位委托具有法定资格的地基检测单位进行复合地基检测，检测项目宜采用单桩复合地基载荷试验，抽取总桩数的 0.5% 且每个单体工程不应少于 3 点进行检测。检测时间应在 CFG 桩施工完成 28d 后进行。其桩位由建设单位、设计单位、地勘单位和检测单位共同确定。

任务 4.5　高压喷射注浆法设计、施工及质量检验

4.5.1　概述

1. 高压喷射注浆法的概念

高压喷射注浆就是利用钻机钻孔，把带有喷嘴的注浆管插至土层的预定位置后，以高

压设备使浆液成为 20MPa 以上的高压射流，从喷嘴中喷射出来冲击破坏土体。部分细小的土料随着浆液冒出水面，其余土粒在喷射流的冲击力、离心力和重力等作用下，与浆液搅拌混合，并按一定的浆土比例有规律地重新排列。浆液凝固后，便在土中形成一个固结体与桩间土一起构成复合地基，从而提高地基承载力，减少地基的变形，达到地基加固的目的。高压喷射注浆法也简称旋喷法。

高压喷射注浆法所形成的固结体形状与喷射流移动方向有关，一般分为旋转喷射（简称旋喷）、定向喷射（简称定喷）和摆动喷射（简称摆喷）三种形式，如图 4.17 所示。

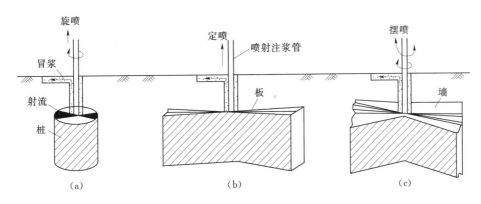

图 4.17　高压喷射注浆法的三种形式
(a) 旋转喷射；(b) 定向喷射；(c) 摆动喷射

旋喷法施工时，喷嘴一面喷射一面旋转并提升，固结体呈圆柱状。主要用于加固地基，提高地基的抗剪强度，改善土的变形性质，也可组成闭合的帷幕，用于阻挡地下水流和治理流沙。旋喷法施工后，在地基中形成的圆柱体称为旋喷桩。

定喷法施工时，喷嘴一面喷射一面提升，喷射方向固定不变，固结体形如板状或壁状。摆喷法施工时，喷嘴一面喷射一面提升，喷射的方向呈较小角度来回摆动，固结体形如较厚墙状。定喷及摆喷两种方法通常用于基坑防渗，改善地基土的水流性质和稳定边坡等工程。

2. 高压喷射注浆法的发展概况

20 世纪 70 年代，日本最先把高压喷射技术用于地基加固和防水帷幕，形成一种特殊的地基加固技术，即所谓的 CCP 工法 (chemical churing pile)。此后，70 年代中期又开发了同时喷射高压浆液和压缩空气的二重管法和三重管法。这些方法经过不断的改进，在世界各国得到推广应用，应用领域包括深基坑开挖中的挡土和隔水，盾构工程起始和终端部位的土体加固，既有房屋、桥梁地基补强或深基坑临近既有建筑的加固等。

我国自 1975 年起铁道部门首先进行了单管法的试验和应用，冶金部建筑研究总院自 1977 年起也开展了对三重喷射注浆法的研究，并首先在宝钢工程上获得成功应用。目前我国冶金、煤炭、水利、城市建设各个部门已分别在深基坑开挖、桥墩加固、水坝坝基防渗、既有建筑物地基补强等方面广泛应用高压喷射注浆技术。目前单管法的加固直径 40

~60cm，三重管法加固直径为 80~120cm，加固深度达 20~40m。

3．高压喷射注浆法工艺类型

高压喷射注浆法的基本工艺类型有：单管法、二重管法、三重管法和多重管法等四种方法。

（1）单管法。单管旋喷注浆法利用钻机把安装在注浆管底部侧面的特殊喷嘴置入土层的预定深度后，用高压泥浆泵以 20MPa 左右的压力，将浆液从喷嘴中喷射出去冲击破坏土体，并使浆液和破坏土体搅拌混合，同时借助注浆管的旋转和提升，在土中形成圆柱状固结体，如图 4.18（a）所示。

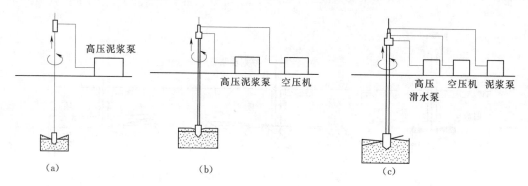

图 4.18　高压喷射注浆示意图
（a）单管法；（b）二重管法；（c）多重管法

（2）二重管法。使用双通道的二重注浆管输送气和浆液，如 4.18（b）所示。当把二重注浆管置入到土层的预定深度后，通过在管底部侧面的一个同轴双重喷嘴，用高压泥浆泵从内喷嘴中喷射出压力为大于 20MPa 的浆液，同时用空压机以 0.7MPa 的压力把压缩空气从外喷嘴喷出。在高压浆液流和它的外圈环绕气流的共同作用下，破坏土体的能量显著增大。注浆管喷嘴一边喷射一边旋转一边提升，在土中形成圆柱状固结体。

（3）三重管法。分别用输送水、气、浆液三种介质的三重注浆管，如图 4.18（c）所示。在以高压水泵产生压力大于 20MPa 的高压水喷射流的周围，环绕压力为 0.7MPa 左右的圆筒状气流，进行高压水、气同轴喷射冲击土体，冲成较大的空隙；另再由泥浆泵通过喷浆孔注入压力为 2~5MPa 的浆液填充。注浆管作旋转和提升运动，最后便在土中形成直径较大的圆柱状固结体。

（4）多重管法。这种方法首先需要在地面钻一个导孔，然后置入多重管，用逐渐向下运动的旋转超高压力水射流（压力约 40MPa）切削破坏四周的土体，经高压水冲击下来的土和石成为泥浆后，立即用真空泵从多重管中抽出。如此反复地冲和抽，便在地层中形成一个较大的空间。装在喷嘴附近的超声波传感器及时测出空间的直径和形状，最后根据工程要求选用浆液、砂浆、砾石等材料进行填充。于是在地层中形成一个大直径的柱状固结体，在砂性土中最大可达 4m。

常用的单管法、二重管法和三重管法喷射技术参数见表 4.13。

表 4.13　　　　　　　　　高压喷射注浆固结体特性指标

固结体性质			喷注种类		
			单管法	二重管法	三重管法
旋喷有效直径/m	黏性土	0<N<5	1.2±0.2	1.6±0.3	2.5±0.3
		10<N<20	0.8±0.2	1.2±0.3	1.8±0.3
		20<N<30	0.6±0.2	0.8±0.3	1.2±0.3
	砂土	0<N<10	1.0±0.2	1.4±0.3	2.0±0.3
		10<N<20	0.8±0.2	1.2±0.3	1.5±0.3
		20<N<30	0.6±0.2	1.0±0.3	1.2±0.3
	砂砾	20<N<30	0.6±0.2	1.0±0.3	1.2±0.3
单项定喷有效长度/m			1.0～2.5		
单桩垂直极限荷载/kN			500～600	1000～1200	2000
单桩水平极限荷载/kN			30～40		
最大抗压强度/MPa			砂土 10～20，黏性土 5～10，黄土 5～10，砂砾 8～20		
平均抗折强度/平均抗压强度			1/5～1/10		
干重度/(kN/m³)			砂土 16～20，黏性土 14～15，黄土 13～15		
渗透系数/(cm/s)			砂土 10^{-5}～10^{-7}，黏性土 10^{-5}～10^{-7}，砂砾 10^{-5}～10^{-7}		
黏聚力 C/MPa			砂土 0.4～0.5，黏性土 0.7～1.0		
内摩擦角 φ/(°)			砂土 30～40，黏性土 20～30		
标准贯入击数 N			砂土 30～50，黏性土 20～30		
弹性波速/(km/s)	P 波		砂土 2～3，黏性土 1.5～2.0		
	S 波		砂土 1.0～1.5，黏性土 0.8～1.0		
化学稳定性能			较好		

注　表中 N 为标准贯入击数。

4. 浆液类型

水泥是最便宜的浆液材料，也是喷射注浆主要采用的浆液，按其性质及注浆目的分成以下几种类型。

(1) 普通型。普通型浆液是采用 325 号和 425 号硅酸盐水泥，不加任何外掺剂，水灰比为 1:1～1.5:1，固结 28d 后抗压强度可达 1～20MPa。一般工程宜采用普通型浆液。

(2) 速凝-早强型。对地下水发达或要求早期承重的工程，宜用速凝-早强型浆液。就是在水泥中掺入氯化钙、水玻璃及三乙醇胺等速凝早强剂，其掺入量为水泥用量的 2%～4%。纯水泥与土混合后，一天时间固结体抗压强度可达 1MPa，而掺入 2%氯化钙时可达 1.6MPa，掺入 4%氯化钙时可达 2.4MPa。

(3) 高强型。凡喷射固结体的平均抗压强度在 20MPa 以上的浆液称为高强型。可选用高标号水泥，或选择高效能的外掺剂。

(4) 抗渗型。在水泥中掺入 2%～4%的水玻璃，可以提高固结体的抗渗性能。对有抗渗要求的工程，在水泥中掺入 10%～50%的膨润土，效果也较好。

5. 高压喷射注浆法的特点及适用范围

(1) 高压喷射注浆法的特点。

1) 适用范围较广。由于固结体的质量明显提高，它既可用于新建工程也可用于竣工后的托换工程。

2) 施工简便。只需在土层中钻一个孔径为 50mm 或 300mm 的小孔，便可在土中喷射成直径为 0.4~4.0m 的固结体，因而在施工时能贴近已有建筑物，成型灵活。

3) 可控制固结体形状。在施工中可调整旋喷速度和提升速度、增减喷射压力或更换喷嘴孔径改变流量，使固结体形成工程设计所需要的形状。

4) 可垂直、倾斜和水平喷射。通常在地面上进行垂直喷射注浆，但在隧道、矿山井巷工程、地下铁道等建设中，亦可采用倾斜和水平喷射注浆。

5) 耐久性较好。

6) 料源广阔。浆液以水泥为主体。在地下水流速快或含有腐蚀性元素、土的含水量大或固结体强度要求高的情况下，则可在水泥中掺入适量的外加剂，以达到速凝、高强、抗冻、耐蚀和浆液不沉淀等效果。

7) 设备简单。高压喷射注浆全套设备结构紧凑、体积小、机动性强、占地少、能在狭窄和低矮的空间施工。

(2) 高压喷射注浆法的适用范围。

1) 土质条件适用范围。高压喷射注浆法适用于处理淤泥、淤泥质土、流塑、软塑或可塑黏性土、粉土、砂土、黄土、素填土和碎石土等地基。但对于含有较多的大粒径块石或有大量植物根茎的地基，因喷射流可能受到阻挡或削弱，冲击破碎力急剧下降，影响处理效果。而对于含有过多有机质的土层，则其处理效果取决于固结体的化学稳定性。鉴于上述几种土的组成复杂、差异悬殊，高压喷射注浆处理的效果差别较大，不能一概而论，故应根据现场试验结果确定其适应程度。对于湿陷性黄土地基，因当前试验资料和施工实例较少，亦应预先进行现场试验。

高压喷射注浆处理深度较大，我国建筑地基高压喷射注浆处理深度目前已达到 30m 以上。

2) 工程应用范围。高压喷射注浆法有强化地基和防渗的作用，可有效地用于既有建筑和新建工程的地基处理、地下工程及堤坝的截水（防渗帷幕）、基坑封底、被动区加固、基坑侧壁防止漏水或减小基坑位移等。

4.5.2 高压喷射注浆法加固机理

1. 高压喷射流对土体破坏作用

破坏土体的结构强度的最主要因素是喷射动压。在一定的喷嘴面积的条件下，为了获得更大的破坏力，需要增加平均流速，也就是需要增加旋喷压力。一般要求高压脉冲泵的工作压力在 20MPa 以上，这样就使射流像刚体一样冲击破坏土体，使土与浆液搅拌混合，凝固成圆柱状的固结体。

喷射流在终期区域，能量衰减很大，不能直接冲击土体使土颗粒剥落。但能对有效射程的边界土产生挤压力，对四周土有压密作用，并使部分浆液进入土粒之间的空隙里，使固结体与四周土紧密相依，不产生脱离现象。

2. 高压喷射成桩机理

（1）旋喷成桩机理。旋喷时，高压射流边旋转边缓慢提升，对周围土体进行切削破坏。被切削下来的一部分细小的土颗粒被喷射浆液置换，被液流携带到地表（冒浆），其余的土颗粒在喷射动压、离心力和重力的共同作用下，在横断面按质量大小重新分布，形成一种新的水泥-土网络结构。土质条件不同，其固结体结构组分也是有差别的。

（2）定（摆）喷成壁机理。定（摆）喷施工时，喷嘴在逐渐提升的同时，不旋转或按一定角度摆动，在土体中形成一条沟槽。被冲下的土粒一部分被携带流出底面，其余土粒与浆液搅拌混合，最后形成一个板（墙）状固结体。固结体在砂土中有一部分渗透层，而黏性土则没有渗透层。

3. 水泥与土的固化机理

高压喷射所采用的固化剂主要是水泥，并增加防止沉淀或加速凝固的外加剂。旋喷固结体是一种特殊的水泥-土网络结构，水泥土的水化反应要比纯水泥浆复杂得多。

由于水泥土是一种不均匀材料，在高压喷射搅拌过程中，水泥和土被混合在一起，土颗粒间被水泥浆所填满。水泥水化后在土颗粒的周围形成了各种水化物的结晶。它们不断地生长，特别是钙矾石的针状结晶，很快地生长交织在一起，形成空间网络结构，土体被分割包围在这些水泥的骨架中，随着土体不断被挤密，自由水也不断地减少、消失，形成一种特殊的水泥土骨架结构。

水泥的各种成分所生成的胶质膜逐渐发展连接为胶质体，即表现为水泥的初凝状态。随着水化过程的不断发展，凝胶体吸收水分并不断扩大，产生结晶体。结晶体与胶质体相互包围渗透，并达到一种稳定状态，这就是硬化的开始。水泥的水化过程是一个长久的过程，水化作用不断的深入到水泥的微粒中，直到水分完全被吸收，胶质凝固结晶充满为止。在这个过程中，固结体的强度将不断提高。

4.5.3　旋喷桩加固地基的设计

1. 室内配方与现场喷射试验

为了解喷射注浆固结体的性质和浆液的合理配方，必须取现场各层土样，在室内按不同的含水量和配合比进行试验，优选出最合理的浆液配方。

对规模较大及较重要的工程，设计完成之后，要在现场进行试验，查明喷射固结体的直径和强度，验证设计的可靠性和安全度。

2. 旋喷桩直径的确定

采用单管、二重管、三重管的不同喷射注浆工艺，所形成的固结体直径是不同的。单管法是以水泥浆作为喷射流的载能介质，它的稠度和黏滞阻力较大，形成的旋喷直径较小。而三重管法是以水作为载能介质，水在流动中的阻力比较小，所以在相同的压力下，以水作为喷射流介质者，所形成的旋喷直径较大。

旋喷固结体的直径大小还与土的种类和密实程度有密切的关系。对黏性土地基加固，单管旋喷注浆加固体直径一般为 0.3～0.8m，多重管旋喷注浆加固直径为 2～4m。定喷和摆喷的有效长度为旋喷桩直径的 1.1～1.5 倍。一般来说，喷嘴直径越大、喷射射流越大，喷射流所携带的能量越大，所形成的加固体尺寸越大。各类旋喷桩的设计直径见表 4.14。

表 4.14 旋喷桩的设计直径

土　质		方　　法		
		单管法/m	二重管法/m	三重管法/m
黏性土	$0 < N < 5$	0.5～0.8	0.8～1.2	1.2～1.8
	$6 < N < 10$	0.4～0.7	0.7～1.1	1.0～1.6
砂　土	$0 < N < 10$	0.6～1.0	1.0～1.4	1.5～2.0
	$11 < N < 20$	0.5～0.9	0.9～1.3	1.2～1.8
	$21 < N < 30$	0.4～0.8	0.8～1.2	0.9～1.5

注　N 值为标准贯入击数。

3. 固结体强度

固结体强度主要取决于下列因素：土质、喷射材料及水灰比、注浆管的类型和提升速度和单位时间的注浆量。

固结体强度设计规定按 28d 强度计算。试验证明，在黏性土中，由于水泥水化物与黏土矿物继续发生作用，故 28d 后的强度将会继续增长，这种强度的增长可作为安全储备。

注浆材料为水泥时，一般情况下固结体强度为 1.5～5MPa，砂类土的固结体强度（单管法为 3～7MPa，二重管法为 4～10MPa，三重管法 1.5～5MPa）。通过选用高标号的硅酸盐水泥和适当的外加剂，可提高固结体的强度。

对于大型的重要的工程，应通过现场喷射试验后采样测试来确定固结体的强度和渗透性等性质。

4. 旋喷桩复合地基承载力的计算

用旋喷桩处理的地基应按复合地基设计。旋喷桩复合地基承载力特征值和单桩竖向承载力特征值应通过现场静载荷试验确定。初步设计时，可按照式（4.8）和式（4.9）进行估算，其桩身强度尚应满足式（4.10）和式（4.11）的要求。

通过公式计算时，在确定桩间土发挥系数 β 和单桩承载力方面均有可能有较大的变化幅度，因为只能用作估算。对于承载力较低时 β 取低值，是出于减少变形的考虑。

采用复合地基的模式进行承载力计算的出发点是考虑到旋喷桩的强度较低（与混凝土桩相比）和经济性两方面。如果桩的强度较高，并接近于混凝土桩身强度，以及当建筑物对沉降要求很严格时，则可以不计桩间土的承载力，全部外荷载由旋喷桩承受，即 $\beta = 0$。在这种状态下，则与混凝土桩计算相同。

竖向承载旋喷桩的平面布置可根据上部结构和基础特点确定。独立基础下的桩数不应少于 4 根。当旋喷桩处理范围以下存在软弱下卧层时，应按照国家标准《建筑地基基础设计规范》（GB 50007—2011）相关规定进行软弱下卧层承载力验算。

5. 旋喷桩复合地基变形的计算

变形计算参见本书 4.1.6 中的内容。

6. 防渗堵水设计

防渗堵水工程设计最好按双排或三排布孔形成帷幕，如图 4.19 所示。防渗帷幕应尽量插入不透水层，以保证不发生管涌。孔距为 $1.73R_0$（R_0 为旋喷桩设计半径），排距为

$1.5R_0$ 时最经济。

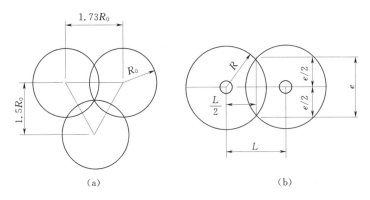

图 4.19　布孔孔距和旋喷注浆固结体交联图

（a）三排布孔；（b）双排布孔

若想增加每一排旋喷桩的交圈厚度，可适当缩小孔距，按式（4.31）计算孔距：

$$e = 2\sqrt{R_0{}^2 - \left(\frac{L}{2}\right)^2}\qquad(4.31)$$

式中　　e——旋喷桩的交圈厚度，m；

　　　　R_0——旋喷桩的半径，m；

　　　　L——旋喷桩孔位的间距，m。

对于提高地基承载力的加固工程，旋喷桩之间的距离可适当加大，不必交圈，其孔距以旋喷桩直径的 2～3 倍为宜，这样可以充分发挥土的作用。布孔形式按工程需要而定。

4.5.4　旋喷法施工

1. 高压喷射注浆法工艺参数的选定

高压喷射灌浆质量的好坏、工效和造价的高低，不仅受工程类型、喷射地形及地质地层条件的影响，更重要的是取决于施工工艺技术参数的合理选用。以三管法为例，主要是选好水、气、浆的压力及其流量，喷嘴大小及数量；喷嘴旋转、摆动和提升的速度；浆液配比、相对密度等。

上述技术参数的确定与被处理地层的工程和水文地质情况是密切相关的，尽管已积累了不少经验，但要全面地提出不同地层的最佳参数配合，还需做很多的资料积累和试验研究工作。一般情况下，重要工程在开工前，视工程复杂程度与地质情况，都应进行现场试验，以取得较为适宜的符合该工程实际情况的施工工艺技术参数。下面根据实践经验的总结简述几个主要参数的选用。

高压射流压力如前所述，是使喷射流产生高速运动，从而有强大的破坏力。而喷射的流量是产生强大动能的重要条件，所以一般都采用加大泵压和浆量来增大其冲切效果，以获得较大的防渗加固体，限于目前国内机械设备的水平，常用的喷射压力为 20～40MPa，最大可达 60MPa，视地层结构的强弱而定。

提升速度和旋转是喷射流相对性移动的速度，它是决定喷射流冲击切割土层时间长短的两个主要因素。实践证明，土体受到高压射流的冲切后，很快被切割穿透。切割穿透的程度是随射流持续喷射时间的增加而增大的。一定的喷射时间，产生一定的喷射切割量，便可将土体冲切一定的深（长）度。提升速度和旋转速度的相互配合是至关重要的。旋喷或摆喷时，提升速度过慢影响工效，增加耗浆量；旋转速度过快桩径太小，影响施工质量。它们之间均有较佳的相互配合。一般控制在每旋转一转，提升 0.5～1.25cm，这样可使土体破坏，并使土颗粒破坏得较为细而均匀。当为定喷时，只是提升速度与切割沟槽长短及冲切颗粒粗细之间的关系，因而也较好选取。

据目前的国内有关资料，综合实践经验，不同喷射类型的高压喷射灌浆施工工艺技术参数的配合见表 4.15。

表 4.15 高压喷射灌浆主要工艺技术参数表

项 目 / 喷射类型		单管法	二重管法	三重管法 国 内	三重管法 日 本
高压水	水压/MPa			30～60	20～70
	水量/(L/min)			50～70	50～80
压缩气	气压/MPa		0.7	0.7	0.7
	气量/(m³/min)		1～3	1～3	＞1
水泥浆	浆压/MPa	30	30	0.1～1.0	0.3～4.5
	浆量/(L/min)	25～100	50～200	50～80	120～200
提升速度/(cm/min)			20～25	5～10	5～40
旋转速度/(r/min)			20	20	5～10
摆动角度/[(°)/s]					5～30
喷嘴直径/mm			2.0～3.2	2.0～3.2	1.8～3.0

2. 高压喷射注浆法施工程序

施工程序大体分为钻孔、下注浆管、喷射、提升等，如图 4.20 所示。

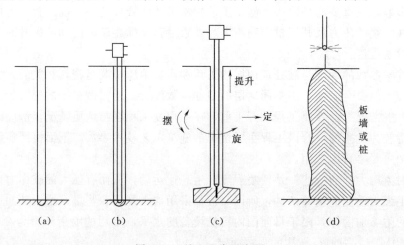

图 4.20 施工程序示意图
(a) 钻孔；(b) 下注浆管；(c) 喷射、提升；(d) 成桩或成墙

（1）钻孔。首先把钻机对准孔位，用水平尺掌握机身水平，垫稳、垫牢、垫平机架。控制孔位偏差不大于 1～2cm。钻孔要深入基岩 0.5～1.0m。钻进过程要记录完整，终孔要经值班技术员签字认可，不得擅自终孔。

严格控制孔斜，孔斜率可根据孔深经计算确定，以两孔间所形成的防渗凝结体保证结合不留孔隙为准则。孔深大于 15m 的，以用磨盘钻造孔为好，每钻进 3～5m，用测斜仪量测一次，发现孔斜率超过规定应随时纠正。

（2）下注浆管。将喷射管下放到设计深度，将喷嘴对准喷射方向不准偏斜是关键。用振动钻时，下管与钻孔合为一体进行。为防止喷嘴堵塞，可采用边低压送水、气、浆，边下管的方法，或临时加防护措施，如包扎塑料布或胶布等。

（3）喷射灌浆。当喷射管下到设计深度后，送入合乎要求的水、气、浆，喷射 1～3min；待注入的浆液冒出后，按预定的提升、旋转、摆动速度自下而上边喷射边转动、摆动，边提升直到设计高度，停送水、气、浆，提出喷射管。

喷射灌浆开始后，值班技术人员必须时刻注意检查注浆的流量、气量、压力以及旋、摆、提升速度等参数是否符合设计要求，并且随时做好记录。

（4）清洗。当喷射到设计高度后，喷射完毕，应及时将各管路冲洗干净，不得留有残渣，以防堵塞，尤其是浆液系统更为重要。清洗通常是指浆液换成水进行连续冲洗，直到管路中出现清水为止。

（5）充填。为解决凝结体顶部因浆液析水而出现的凹陷现象，每当喷射结束后，随即在喷射孔内进行静压充填灌浆，直至孔口液面不再下沉为止。

3. 高压喷射灌浆法施工工艺流程

高压喷射灌浆施工流程如图 4.21 所示。

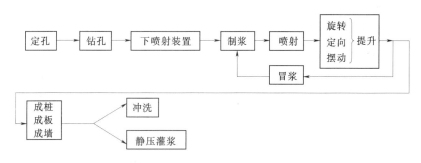

图 4.21　高压喷射灌浆施工流程图

地层的种类和密实度、地下水质、土颗粒的物理化学性质对高压喷射灌浆凝结体均有不同程度的影响，也可以说，高压喷射灌浆凝结体的形状和性能取决于被处理的地层类别。在施工中，各项工艺参数的配合、选用已由表 4.15 给出，但在实际工程中是比较复杂的。因此要因地制宜，采取恰当的工艺措施。

4. 高压喷射注浆法施工注意事项

（1）施工前，应对照设计图纸核实设计孔位处有无妨碍施工和影响安全的障碍物。如遇有上水管、下水道、电缆线、煤气管、人防工程、旧建筑基础和其他地下埋设物等障碍物影响施工时，则应与有关单位协商搬移障碍物或更改设计孔位。

（2）高压喷射注浆法施工参数应根据土质条件、加固要求通过试验或根据工程经验确定，并在施工中严格加以控制。由于高压喷射注浆的压力越大，处理地基的效果越好，因此单管法、二重管法及三重管法的高压水泥浆液流或高压射水流的压力宜大于 20MPa，气流的压力以空气压缩机的最大压力为限，通常在 0.7MPa 左右，低压水泥浆的灌注压力，宜在 1.0～2.0MPa 左右，提升速度为 0.05～0.25m/min，旋转速度可取 10～20r/min。

（3）喷射注浆的主要材料为水泥，对于无特殊要求的工程宜采用 32.5 级及以上的普通硅酸盐水泥。根据需要，可在水泥浆中分别加入适量的外加剂和掺合料，以改善水泥浆液的性能。所用外加剂或掺合剂的数量，应通过室内配比试验或现场试验确定。当有足够实践经验时，亦可按经验确定。喷射注浆的材料还可以选用化学浆液，因费用昂贵，我国只有少数工程使用。

（4）水泥浆液的水灰比越小，高压喷射注浆处理地基的强度越高。在生产中因注浆设备的原因，水灰太小时，喷射有困难，故水灰比取 0.8～1.5，生产实践中常用 1.0。

由于生产、运输和保存等原因，有些水泥厂的水泥成分不够稳定，质量波动较大，可导致高压喷射水泥浆液凝固时间过长，固结强度降低。因此事先应对各批水泥进行检验，鉴定合格后才能使用。对拌制水泥浆的用水，只要符合混凝土拌和标准即可使用。

（5）高压泵通过高压橡胶软管输送高压浆液至钻机上的注浆管，进行喷射注浆。若钻机和高压水泵的距离过远，势必要增加高压橡胶软管的长度，使高压喷射流的沿程损失增大，造成实际喷射压力降低的后果，因此钻机与高压水泵的距离不宜过远。在大面积场地施工时，如不能减少沿程损失，则应搬动高压泵保持与钻机的距离。

（6）实际施工孔位与设计孔位偏差过大时，会影响加固效果。故规定孔位偏差值应小于 50mm。

（7）各种形式的高压喷射注浆，均自下而上进行。当注浆管不能一次提升完成而需分数次卸管时，卸管后喷射的搭接长度不得小于 100mm，以保证固结体的整体性。

（8）在不改变喷射参数的条件下，对同一标高的土层作重复喷射时，能使土体破碎性增加，从而加大有效加固长度和提高固结体强度，这是一种获得较大旋喷直径或定喷、摆喷长度的简易有效方法。复喷时可先喷水或喷浆。复喷的次数根据工程要求决定。在实际工作中，通常在底部和顶部进行复喷，以增大承载力和确保处理质量。

（9）当喷射注浆过程中出现下列异常现象时，需查明原因采取相应措施：

1）流量不变而压力突然下降时，应检查各部位的泄漏情况，必要时拔出注浆管，检查密封性能。

2）出现不冒浆或断续冒浆时，若系土质松软则视为正常现象，可适当进行复喷；若系附近有空洞、通道，则应不提升注浆管继续注浆直至冒浆为止或拔出注浆管待浆液凝固后重新注浆。

3）在大量冒浆压力稍有下降时，可能系注浆管被击穿或有孔洞，使喷射能力降低。此时应拔出注浆管进行检查。

4）压力陡增超过最高限值，流量为零，停机后压力仍不变动时，则可能系喷嘴堵塞。

应拔管疏通喷嘴。

（10）当高压喷射注浆完毕后，或在喷射注浆过程中因故中断，短时间（小于或等于浆液初凝时间）内不能继续喷浆时，均应立即拔出注浆管清洗备用，以防浆液凝固后拔不出管来。每孔喷射注浆完毕后可进行封孔。

为防止因浆液凝固收缩产生加固地基与建筑基础不密贴或脱空现象，采取超高旋喷（旋喷处理地基的顶面超过建筑基础底面，其超高量大于收缩高度）、回灌冒浆捣实或第二次注浆等措施。

（11）高压喷射注浆处理地基时，在浆液未硬化前，有效喷射范围内的地基因受到扰动而强度降低，容易产生附加变形。因此在处理既有建筑物地基或在邻近既有建筑旁施工时，应防止施工过程中，在浆液凝固硬化前导致建筑物的附加下沉。通常采用控制施工速度、顺序和加快浆液凝固时间等方法防止或减小附加变形。

（12）应在专门的记录表格上，如实记录下施工的各项参数和详细描述喷射注浆时的各种现象，以便判断加固效果并为质量检验提供资料。

4.5.5　高压喷射注浆法质量检验

高压喷射注浆可根据工程要求和当地经验采用开挖检查、取芯（常规取芯和软取芯）、标准贯入试验、载荷试验或围井注水试验等方法进行检验，并结合工程测试、观测资料及实际效果综合评价加固效果。

（1）质量检验主要内容。

1）固结体的物理特性，包括整体性和均匀性。

2）固结体的几何特征，包括有效直径、深度范围和垂直度等。

3）固结体的强度特性和抗渗性能，包括水平、垂直承载力，变形模量、抗渗系数、抗冻性和抗酸碱腐蚀性。

4）固结体的溶蚀和耐久性等。

（2）检验点布置及数量。检验点应布置在下列部位。

1）有代表性的部位，如承重大、帷幕中心线等部位。

2）施工中出现异常情况的部位。

3）地基情况复杂，可能对高压喷射注浆质量产生影响的部位。

检验点的数量为施工孔数的1%，并不应少于3点。质量检验宜在高压喷射注浆结束28d后进行。

（3）检验方法。

1）开挖检查。待浆液凝固到一定强度后，即可开挖检查浅层固结体垂直度和固结形状。

2）钻孔取芯。钻孔取芯是检验单孔固结体质量的常用方法，选用时需以不破坏固结体为前提。可在已喷好的固结体上28d后钻孔取芯或在未凝以前软取芯（软弱黏性土地基），进行室内物理力学性能试验。根据工程要求亦可在现场进行钻孔进行压水和抽水两种渗透试验。

3）标准贯入试验和静力触探。在有经验的情况下也可以采用这两种方法。

4）载荷试验。载荷试验是检验建筑地基处理质量的良好方法。竖向承载旋喷桩地基竣工验收时，承载力检验应采用复合地基载荷试验和单桩载荷试验。载荷试验必须在桩身强度满足试验条件时，并宜在成桩 28d 后进行。检验数量为桩总数的 0.5％～1％，且每项单体工程不宜少于 3 点。静载荷试验分为垂直和水平载荷试验两种。作垂直载荷试验时，需要在顶部 0.5～1m 范围内浇筑 0.2～0.3m 厚的钢筋混凝土桩帽；作水平载荷试验时，在固结体的加载受力部位，应浇筑 0.2～0.3m 厚的钢筋混凝土加载垫块。混凝土强度等级不低于 C20。

案 例 分 析

旋喷桩案例分析：

【案例 1】 旋喷桩用于泵房软弱地基加固。

1. 工程概况

珠海电厂循环水泵房位于电厂码头东侧，紧靠南海边，共三台水泵，每座泵房井的外围尺寸为 38m×38.75m×17.21m（长×宽×高），1998 年夏季动工兴建。其软弱地基用高压旋喷桩加固，该加固工程施工历时 70d，累计钻孔进尺 4174m，完成旋喷加固桩 294 根，设计总桩长 2616m。

2. 工程地质情况

珠海电厂循环水泵房所在位置，表层为填海造地时抛投的块石渣料，其下分别为海砂、淤泥、粉质黏土。高压旋喷桩处理部位钻孔实际情况表明，表层大块石含量较多，且厚度较大，一般为 3～7m，1 号泵房井块石直径为 0.5m 以上者，含量达 50％，3 号泵房井碎石层分布含量 50％～80％（各土层物理力学性能详见表 4.16）。

表 4.16   土层主要物理力学性质

土　名	天然含水量/%	天然重度/(kN/m³)	液性指数	压缩模量/MPa	标贯值 $N_{63.5}$	土工试验承载力 f_k/kPa	承载力推荐值 f_k/kPa
填土					90.0	300	
淤泥	50.03	17.17	1.41	2.20	0.71	70	50
淤泥质黏土	47.79	17.35	1.54	2.40	1.04	69	60
黏土	33.30	20.54	0.83	2.38	5.11	160	150
粉质黏土	22.65	20.30	0.40	6.75	17.09	260	250

3. 方案选择及加固设计

原计划泵房地下连续墙完成后，挖至 5.5m 做深层搅拌桩加固软土地基，但实际上，在泵房临海侧块石渣料层埋藏较深，当基坑挖至 −5.5m 时，仍有 3～7m 厚的块石渣料层，深层搅拌无法施工。因此，设计时在泵房的临海侧块石渣料层较厚处，布置 5 排旋喷桩，排距 1.8m，孔距 1.8m，要求旋喷桩直径为 1.20m，有效桩长 8m，复合地基承载力 170kPa。根据实际开挖情况，最终确定在 1 号、2 号、3 号泵房井分别实施旋喷桩 138 根、29 根和 127 根（图 4.22、图 4.23）。为确保施工质量及加固后的复合地基承载力达到设计标准，通过对高喷、灌浆各类型的比较分析，确定采用双管法进行高压旋喷施工。

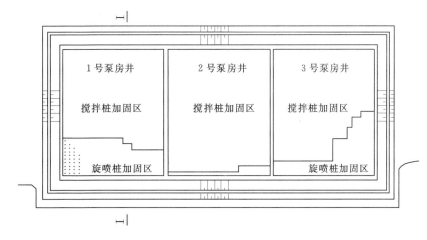

图 4.22 珠海电厂循环水泵房基础加固平面图

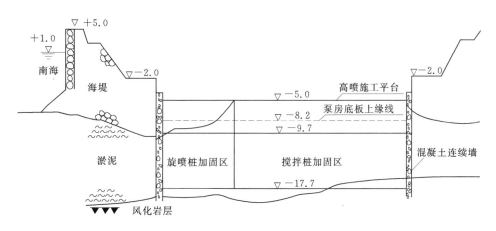

图 4.23 珠海电厂循环水泵房基础加固横剖图

4. 施工工艺

国内应用的以加固软基为主的二重管法的浆压,一般为 20MPa,而本案例应用的高压浆泵,它具有超高压力和大流量,以防渗、加固为主,应用领域更为广泛。其射浆压力可达到 50MPa,且压力、流量可根据不同地层的需要任意调节。另外,由于直接喷射水泥浆液,较三管法而言,不用高压水,返浆量小,桩体质量有保证。

5. 施工技术参数

浆压 30MPa,浆量 120L/min,浆液相对密度 1.52～1.60,气压 0.7～0.8MPa,气量 60～80m³/h,提速 10～20cm/min。

6. 施工中出现的问题及处理措施

因该工程施工地层是由大量块石及山坡土回填而成,且地下水、地表水均很丰富,故虽然采用 300 型油压钻机造孔,但进尺仍然缓慢,经常出现塌孔卡钻及掉钻头现象。针对钻孔难度大的特点采用及时抽排地表水,遇到块石及时更换潜孔钻,下护壁管防止塌孔等一系列措施。另外,施工期间,暴雨连绵,施工现场稀泥遍地,工地负责人及时采取了增

111

加排浆量等措施。

7. 效果检查

为保证旋喷质量，在施工期间及施工结束后，对旋喷桩进行了开挖及静载压板试验。

（1）开挖检查。1998年7月9日分别对7-A、7-E两根旋喷桩进行桩头开挖检查，开挖桩头直径分别为1.4m和1.7m，桩体水泥含量均匀无夹块现象。

（2）静载压板试验。在2号、3号泵房旋喷区各布置一个静载压板试验点，均为4桩复合地基，承压板是现浇的钢筋混凝土刚性板，承压板面积：2号泵房区WX-5-6试验点为$2.2 \times 2.2 = 4.84 m^2$，2号、3号泵房区YZ-5-6试验点为$2.15 \times 2.25 = 4.84 m^2$，要求加载值为$2 \times 170 = 340 kPa$，具体试验结果见表4.17，由此可以看出，这两个试验点的承载力基本值均满足设计要求。

表 4.17　　　　　　　　旋喷桩复合地基承载力试验结果

| 区域 | 试验点号 | 压板面积/m² | 加载值/kN | 沉降量/mm | 回弹量/mm | 回弹率/% | 承载力基本值及相应沉降 | | 备 注 |
							承载力/kPa	沉降/mm	
2号泵房	WX-5-6	2.20×2.20	1600	44.35	11.07	24.96	211	11.00	S/b=0.005
3号泵房	YZ-5-6	2.25×2.15	1650	30.61	6.75	22.05	231	11.00	S/b=0.005

【案例2】 成都某住宅项目旋喷桩设计方案。

1. 工程概况

成都城区静安路拟建某住宅项目，该工程场地规划建筑净用地面积约为$10361.17 m^2$。规划总建筑面积约为$29639.8 m^2$，其中地上建筑面积约为$15292.3 m^2$，地下建筑面积约为$8857.5 m^2$。其拟建物性质见表4.18。

表 4.18　　　　　　　　拟 建 物 性 质 一 览 表

楼　　号	层数/层	高度/m	标高/m	地下室层数/层	地下室底标高/m
农贸市场	3F	12.0		无	无
2栋商住楼	13+1F	39.19～43.55	493.55	−1F	−5.55m（488.00m）
3栋公共服务楼	3F	10.8	493.55	−2F	−9.35m（484.20m）
4栋住宅楼	13+1F	39.19～43.55	493.55	−1F	−5.55m（488.00m）
5栋住宅楼	13+1F	39.19～43.55	493.55	−1F	−5.55m（488.00m）

根据提供的岩土工程勘察报告以及拟建物结构型式，要求对2～5栋拟建物筏板基础及独立柱基下存在的松散卵石及砂层地基土进行高压旋喷加固处理，以稍密卵石作为旋喷桩桩端持力层，形成复合地基，其复合地基承载力特征值筏板基础$f_{spk} \geq 320 kPa$，$E_s \geq 20 MPa$。

2. 工程地质条件

该场地主要地基土物理力学设计指标见表4.19。

表 4.19 　　　　　　　　　地基土物理力学设计指标建议值

土　名	天然重度 $\gamma/(\text{kN/m}^3)$	承载力特征值 f_{ak}/kPa	压缩模量 E_S/MPa	变形模量 E_0/MPa	岩石单轴天然抗压强度 f_{rk}/MPa
素填土	18.0	100	4.0		
粉土	18.0	90	5.0		
细砂	18.0	90	7.0		
中砂	19.0	100			
松散卵石	20.0	170		16.0	
稍密卵石	21.0	320		20.0	
中密卵石	22.0	570		25.0	
密实卵石	23.0	750		38.0	
强风化泥岩	22.0	350			0.6
中风化泥岩	24.0	650			3.0

3. 方案设计

根据设计要求及成都地区的施工经验并结合拟建物性状，确定如下地基加固技术参数：

（1）加固范围。根据岩土工程勘察报告，2 栋、5 栋楼筏板基底下主要以松散卵石分布为主，3 栋局部地段和 4 栋筏板及局部独立柱基下分布有厚度较大的砂层。因此，本案例主要对 2～5 栋楼筏板基础或独立柱基下存在的松散卵石及中砂层地基土进行高压旋喷加固处理。

（2）旋喷桩承载力设计计算。

1）单桩竖向承载力特征值计算

$$R_a = u_p \sum_{i=1}^{n} q_{si} l_{pi} + q_p A_p$$
$$A_p = 3.14 d^2 / 4$$

式中　　R_a——单桩竖向承载力特征值；

$\quad\quad q_p$——桩端端阻力特征值，$q_{pk} = 1400\text{kPa}$；

$\quad\quad q_{si}$——桩侧侧阻力特征值，松散卵石取 $q_{si} = 50\text{kPa}$，砂层取 $q_{si} = 30\text{kPa}$；

$\quad\quad l_{pi}$——第 i 层土的厚度。对于 2 栋、5 栋基底下主要分布为松散卵石层，l_1 取 2.5m；对于 3 栋、4 栋基底下主要分布为砂层，取松散卵石层 $l_1 = 1.0\text{m}$，取砂层 $l_2 = 1.2\text{m}$；

$\quad\quad d$——桩直径，$d = 500\text{mm}$；

$\quad\quad A_p$——桩截面积，$A_p = 0.1963\text{m}^2$。

代入计算公式后为：2 栋、5 栋楼 $R_a = 471.195\text{kN}$，3 栋、4 栋楼 $R_a = 409.926\text{kN}$。

2）面积置换率。桩位布置的计算公式为

$$f_{spk} = \lambda m \frac{R_a}{A_p} + \beta (1-m) f_{sk}$$

式中　f_{spk}——复合地基承载力特征值，按设计要求取 320kPa；

　　　　f_{sk}——桩间土承载力特征值，2 栋、5 栋楼取平均值 140kPa，3 栋、4 栋楼取 100kPa；

　　　　m——面积置换率；

　　　　β——桩间土承载力折减系数，取 $\beta=0.80$；

　　　　λ——单桩承载力发挥系数，可按地区经验取值，$\lambda=1.0$。

代入公式计算得

2 栋、5 栋楼：$m=0.0908$，3 栋、4 栋 $m=0.1195$。

（3）桩位布置。

1）桩间距。

$$m=\frac{d^2}{d_e{}^2}$$

式中　d_e——1 根桩分担的处理地基面积的等效圆直径。

布桩间距见表 4.20。

表 4.20　　　　　　　　　　　　　　　布 桩 一 览 表

拟建物	布桩型式	公　式	计算间距 s	布桩间距
2 栋、5 栋楼	等边三角形布桩	$d_e=1.05s$	1.46	$s=1.40$
3 栋、4 栋楼	等边三角形布桩	$d_e=1.05s$	1.31	$s=1.30$
	正方形布桩	$d_e=1.13s$	1.22	$s=1.20$
	矩形布桩	$d_e=1.13\sqrt{s_1 s_2}$	1.47	$s_1 s_2=1.40$

注　s、s_1、s_2 分别为桩间距、纵向间距和横向间距。

2）按经验公式，结合实际的基础型式布桩，则

$$n=\frac{A}{\dfrac{A_p}{m}}$$

式中　n——计算桩数；

　　　A——独立柱基面积。

各基础型式布桩桩数见表 4.21。

表 4.21　　　　　　　　　　　　　　各基础型式布桩桩数

拟建物	基础型式	计算桩数/个
2 栋楼	筏板基础	382.8
3 栋楼	J-3 柱基	1.5
	J-5 柱基	3.6
	J-11 柱基	2.4
4 栋楼	筏板基础	356.9
	J-1 柱基	4.2
	J-2 柱基	6.5
5 栋楼	筏板基础	278.1

3）综合以上两种布桩方式，各独立柱基布桩数见表4.22。

表 4.22 各基础型式实布桩数

拟建物	基础型式	实际布桩数/个	柱基数/个	各柱基总桩数/个	总桩数/个
2栋楼	筏板基础	448	1	448	
3栋楼	J-3柱基	4	8	32	
	J-5柱基	5	6	30	
	J-11柱基	4	1	4	
4栋楼	筏板基础	374	1	374	1275
	J-1柱基	5	6	30	
	J-2柱基	7	1	7	
	其他条基	21	1	21	
5栋楼	筏板基础	329	1	329	

4. 基坑开挖

基坑开挖时应在各独立柱基设计基底标高以上预留0.3m的保护层，各承台实际开挖标高建议值见表4.23。

表 4.23 基坑开挖标高建议值

拟建物	基础底标高/m	基坑开挖标高建议值/m	备注
2栋楼	488.00	488.30	
3栋楼	484.20	484.50	±0.00相当于
4栋楼	488.00	488.30	绝对标高493.55m
5栋楼	488.00	488.30	

5. 处理深度

根据岩土工程勘察报告及计算结果，高压旋喷桩桩端进入持力层不少于0.50m。各独立柱基下旋喷桩处理深度参考值见表4.24。

表 4.24 旋喷桩处理深度建议值

拟建物	基础型式	处理深度建议值/m	备注
2栋楼	筏板基础	3.3	桩长不少于2.5m
3栋楼	独立柱基	3.3	
4栋楼	筏板基础	4.6	
	独立柱基	4.7	
5栋楼	筏板基础	3.3	

注 1. 表中处理深度建议值是从基坑开挖标高建议值（表4.23）算起。

2. 表中处理深度建议值仅作为参考值，可根据实际场地工程地质情况进行调整。

6. 表面（桩顶部位）处理

竖向承载旋喷桩复合地基在基础和桩顶之间设置褥垫层。检测完毕后，土建施工部门可进行清理覆土及浮浆，整平至基底标高以下 30cm，褥垫层材料宜为天然级配 2～5cm 的砂石，用搅拌机搅拌铺设，铺设厚度 30cm，夯填度不大于 0.9，分层碾压达到要求。

7. 加固材料

高压喷射注浆的主要材料为水泥，本案例采用普通硅酸盐水泥 32.5R。根据需要可加入适量的外加剂及掺合料。外加剂和掺合料的用量，应通过试验确定。

8. 水泥浆液的水灰比

水泥浆液的水灰比为 1∶1。

9. 桩径

成桩桩径 $\Phi \geqslant 500mm$。喷射孔与高压注浆泵的距离不大于 50mm；钻孔的位置与设计位置的偏差不得大于 50mm。

10. 注浆压力

注浆压力为 22MPa±2MPa，喷嘴提升速度 20cm/min±5cm/min，喷嘴旋转速度 20r/min±5r/min。

任务 4.6　水泥土搅拌桩法设计、施工及质量检验

4.6.1　概述

1. 水泥土搅拌法的概念及适用范围

水泥土搅拌法，又称深层搅拌法，是用于加固饱和软土地基的一种较新的方法。它是利用水泥、石灰等材料作为固化剂，通过特制的深层搅拌机械边钻进边往软土中喷射浆液或雾状粉体，就地将软土和固化剂（浆液或粉体）强制搅拌，使喷入软土中的固化剂与软土充分拌和，形成具有整体性、水稳性并且强度高于天然土体的水泥加固土桩柱体，由若干根这类加固土桩柱体和桩间土构成复合地基。另外根据需要，也可将深层搅拌桩柱体逐根紧密排列构成地下连续墙或作为防水帷幕。

根据固化剂掺入状态的不同，水泥土搅拌法分为深层搅拌法（简称湿法）和粉体搅拌法（简称干法）两种。前者用浆液和地基土搅拌，后者用粉体和地基土搅拌。水泥土搅拌法适用于处理正常固结的淤泥和淤泥质土、粉土、饱和黄土、素填土、黏性土及无流动地下水的饱和松散砂土等地基。当地基土的天然含水率小于 30%（黄土含水率小于 25%）、大于 70% 或地下水的 pH 值小于 4 时不宜采用干法。冬季施工时应注意负温对处理效果的影响。

水泥土搅拌法用于处理泥炭土、有机质土、pH 值小于 4 的酸性土、塑性指数 I_P 大于 25 的黏土、或在腐蚀性环境中以及无工程经验的地区，必须通过现场和室内试验确定其适用性。

水泥土搅拌法形成的水泥土加固体，可作为竖向承载的复合地基；基坑工程维护挡墙、被动区加固、防渗帷幕；大体积水泥稳定土等。加固形状可分为柱状、壁状、格栅状或块状等。

2. 水泥土搅拌法的发展及工程应用

所谓"深层"搅拌法是相对"浅层"搅拌法而言的。20 世纪 20 年代，美国及西欧国

家软土地区修建公路和堤坝时，经常采用一种"水泥土"（或石灰土）作为路基或坝基。这种水泥土（或石灰土）是按照地基加固所需的范围，从地表挖取 0.6～1.0m 深的软土，在附近用机械或人工拌入水泥或石灰，然后放回原处压实，这就是最初的软土的浅层搅拌加固法。这种加固软土的方法深度一般小于 1～3m。后来随着加固技术的发展，浅层搅拌法逐步在含水量高的软土地基中原位进行加固处理，搅拌翼做成复轴，喷嘴一边喷出水泥浆液等固化材料，一边向下移动，并缓慢向前推进。处理深度一般为 3～4m，对于处理深度小于 2m 的就称为表层处理，是从路基稳定方法中发展而来的，即先在软土中散布石灰或水泥等粉体固结材料，再将其卷入土中混合搅拌。而深层搅拌法用特制的搅拌机械，一般能使加固深度都大于 5m，国外最大加固深度可达 60m，国内最大加固深度已达 30m。根据我国搅拌桩机械制造水平，为确保防渗体的连续性，作为防渗用的搅拌桩深度不宜大于 15m。

深层搅拌技术最初是美国在第二次世界大战后研制成功的，当时的水泥土桩桩径为 0.3～0.4m，桩长达 10～12m。20 世纪 50 年代，该项技术传入日本后得到了较快的发展，有喷水泥浆搅拌法（湿喷法），又有喷石灰粉搅拌法（干喷法）。既有单轴搅拌机，又有多轴搅拌机。到 20 世纪 70 年代的时候，日本的深层搅拌加固深度已达到 32m，单柱直径 1.25m。

20 世纪 70 年代末我国开始深层搅拌技术的引进、消化和开发工作。多家科研、备制造单位根据我国国情，开发出价格低、机型轻便的成套深层搅拌施工设备。近年来水泥土搅拌法在我国发展迅速，公路、铁路的路基加固，水利、市政、港航建筑物地基处理和房屋建筑地基及深基坑开挖中的支挡防渗工程都广泛采用水泥土搅拌桩技术。

3. 水泥土搅拌法的特点

水泥土搅拌法加固软土地基有如下特点：

（1）既可用于形成复合地基，提高承载力，减小地基变形；也可用于形成防渗帷幕，减小渗透变形。

（2）既可采用湿喷法（即喷水泥浆）施工，也可采用干喷法（即喷水泥粉或石灰粉）施工。

（3）深层搅拌法由于将固化剂和原地基软土就地搅拌混合，因而最大限度地利用了原土，无须开采原材料，大量节约资源。

（4）可以自由选择加固材料的喷入量，能适用于多种土质。

（5）其施工工艺震动和噪声很小，减少了对环境和原有建筑物的影响，可在市内密集建筑群中施工。

（6）土体加固后重度基本不变，对软弱下卧层不致产生附加沉降。

（7）与钢筋混凝土桩基相比，节省了大量的钢材，并降低了造价。

（8）按上部结构的需要，可灵活地采用桩状、壁状、格栅状和块状等加固形式。

（9）施工速度快，国产的深层搅拌桩机每台班（8h）可成柱 100～150m。

（10）受搅拌机安装高度及土质条件的影响，其桩径及加固深度受到一定的限制。单轴水泥土搅拌桩桩径一般在 0.5～0.6m。SJB-Ⅰ型双轴搅拌机加固的水泥土搅拌桩的截面呈 8 字形，桩径一般在 0.7～0.8m，加固深度一般在 15m 内。而 SJB-2 型双轴搅拌机

加固深度可达 18m 左右。国外除用于陆地软土地基外还用于海底软土加固，最大桩径
1.5m 以上，加固深度达 60m。

国内工程中多采用双轴搅拌机（图 4.24）和单轴搅拌机（图 4.25）建造水泥土搅拌桩。图 4.24 SJB-Ⅰ型搅拌机加固的水泥土搅拌桩的截面呈 8 字形，其面积为 0.71m²，周长为 3.35m。图 4.25 中的 GZB-600 型搅拌机的成桩直径为 600mm。

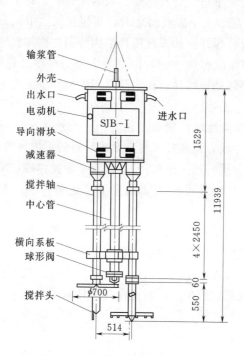

图 4.24　SJB-Ⅰ型深层搅拌机
（单位：mm）

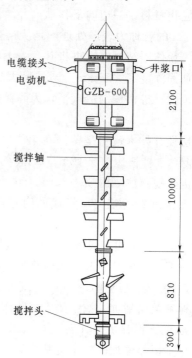

图 4.25　GZB-600 型深层搅拌机
（单位：mm）

4.6.2　水泥土搅拌法加固机理

1. 水泥加固软土作用机理

深层搅拌法是用固化剂（水泥或石灰）和外加剂（石膏或木质素磺酸钙）通过深层搅拌输入到软土中并加以拌和，固化剂和软土之间产生一系列的物理、化学反应，改变了原状土的结构，使之硬结成具有整体性、水稳性和一定强度的水泥土和石灰土。施工方法不同，用的固化剂不同，其加固机理也就有所差异。

（1）水泥的水解和水化反应。普通硅酸盐水泥的主要成分有氧化钙（CaO）、二氧化硅（SiO_2）、三氧化二铝（Al_2O_3）和三氧化二铁（Fe_2O_3），通常占 95% 以上，由这些不同的氧化物分别组成了不同的水泥矿物，硅酸二钙（$2CaO \cdot SiO_2$）、硅酸三钙（$3CaO \cdot SiO_2$）、铝酸三钙（$3CaO \cdot Al_2O_3$）、铁铝酸四钙（$4CaO \cdot Al_2O_3 \cdot Fe_2O_3$）等。用水泥加固软土时，水泥颗粒表面矿物很快与土中的水发生水化反应，各自反应过程如下：

1）硅酸三钙（$3CaO \cdot SiO_2$）。在水泥中含量最高（约占全重的 50%），是决定强度的主要因素。

$$2(3CaO \cdot SiO_2) + 6H_2O \longrightarrow 3CaO \cdot 2SiO_2 \cdot 3H_2O + 3Ca(OH)_2$$

2）硅酸二钙（$2CaO \cdot SiO_2$）。在水泥中的含量较高（占 25% 左右），它主要产生后期强度。

$$2(2CaO \cdot SiO2) + 4H_2O \longrightarrow 3CaO \cdot 2SiO_2 \cdot 3H_2O + Ca(OH)_2$$

3）铝酸三钙（$3CaO \cdot Al_2O_3$）。占水泥质量的 10% 左右，水化速度最快，能促进早凝。

$$3CaO \cdot Al_2O_3 + 6H_2O \longrightarrow 3CaO \cdot Al_2O_3 \cdot 6H_2O$$

4）铁铝酸四钙（$4CaO \cdot Al_2O_3 \cdot Fe_2O_3$）。占水泥质量的 10% 左右，能促进早期强度。

$$4CaO \cdot Al_2O_3 \cdot Fe_2O_3 + 2Ca(OH)_2 + 10H_2O \rightarrow 3CaO \cdot Al_2O_3 \cdot 6H_2O + 3CaO \cdot Fe_2O_3 \cdot 6H_2O$$

所生成的氢氧化钙、含水硅酸钙能迅速溶于水中，使水泥颗粒表面重新暴露出来，再与水发生反应，这样周围的水溶液就逐渐达到饱和。当溶液达到饱和后，水分子虽然继续深入颗粒内部，但新生成物已不能再溶解，只能以细分散状态的胶体析出，悬浮于溶液中，形成胶体。

（2）黏土颗粒与水泥水化物的作用。当水泥的各种水化物生成后，有的自身继续硬化，形成水泥石骨架；也有的则与其周围活性的黏土颗粒发生反应。

1）离子交换和团粒化作用。黏土和水结合时就可表现一定的胶体特征，黏土中含量最多的二氧化硅（SiO_2）遇水后，形成硅酸胶体微粒，其表面带钠离子（Na^+）钾离子（K^+），它们形成的扩散层较厚，土颗粒距离也较大。它们能和水泥水化生成氢氧化钙中的钙离子（Ca^{2+}）进行当量吸附交换，这种离子当量交换，使土颗粒表面吸附的钙离子所形成的扩散层减薄，大量较小的土颗粒形成较大的团粒，从而使土体强度提高。

2）水泥的凝结与硬化。水泥的凝结与硬化是同一过程的不同阶段。凝结标志着水泥浆失去流动性而具有一定稠度；硬化则表示水泥浆固化，使结构建立起一定机械强度的过程。

水泥的水化反应生成了不溶于水的稳定的铝酸钙、硅酸钙的结晶水化物，在水和空气中逐渐硬化，增大了水泥土的强度，而且由于其结构比较致密，水分不易侵入，从而使水泥土有足够的水稳定性。

3）碳酸化作用。水泥水化物及其游离的氢氧化钙吸收土体中的二氧化碳，反应生成不溶于水的 $CaCO_3$，使地基土的分散度降低，而强度及防渗性能增强。

2. 石灰加固软土作用机理

（1）石灰的吸水作用。在软弱地基中加入生石灰，它与土中的水分发生化学反应，生成熟石灰：

$$CaO + H_2O = Ca(OH)_2 + 15.64186.8J/mol$$

在这一反应中，有相当于生石灰质量的 32% 的水分被吸收，吸水量越大，桩土的改善也越好。

（2）石灰的发热。从上面生石灰吸水生成熟石灰的反应式可看出，伴随该化学反应的是释放大量的反应热，每一摩尔产生 15.64186.8J 的热量。这种热量又促进了水分的蒸发，从而使相当于生石灰重量 47% 的水蒸发掉。换言之，由生石灰形成熟石灰时，土中总共减少了相当于生石灰重量79％的水分,这有利于降低桩间土的含水量,提高土的强度。

(3) 石灰的吸水膨胀。在生石灰水化消解反应生成熟石灰的过程中,CaO 变形 $Ca(OH)_2$,石灰体积膨胀1～2倍,石灰的膨胀压力使非饱和土挤密,促进了周边土体的固结,从而改善土的承载力。

(4) 离子交换作用与土粒的凝聚作用。石灰桩形成后,土中增加了大量的二价阳离子 Ca^{2+},它将与黏土颗粒表面吸附着的一价金属阳离子(Na^+、K^+)发生离子交换作用,使土粒表面双电层中的扩散层减薄,降低了土的塑性,增强了地基强度。

(5) 石灰的胶凝作用。由于土的次生矿物质中含有胶质二氧化硅(SiO_2)或氧化铝(Al_2O_3),它们与石灰发生反应后生成凝胶状的硅酸盐,如硅酸钙水化物($nCaO \cdot SiO_2 \cdot H_2O$)、铝酸钙水化物($4CaO \cdot Al_2O_3 \cdot 13H_2O$)和硅铝酸钙水化物($2CaO \cdot Al_2O_3 \cdot SiO_2 \cdot 6H_2O$)等。这些胶结物均具有较高的强度,可以大大提高桩周土的强度。

4.6.3 水泥土搅拌桩的桩身材料及物理力学性质

1. 桩身材料

如前所述,桩体加固材料主要为固化剂、外加剂和水组成的混合料。固化剂主要为水泥、水泥系固化材料以及石灰。

(1) 水泥。一般情况下可采用强度等级为32.5级及以上的普通硅酸盐水泥。但是,对于地下水中存在大量硫酸盐的黏土地区,应采用大坝水泥或抗硫酸盐水泥。

选用水泥时,除了考虑其抗侵蚀性选用水泥品种以外,还需考虑水泥标号、种类能否满足适应水泥土桩体强度的要求,是否适用于场地的土质。

一般情况下,当水泥土搅拌桩的桩体强度要求大于1.5MPa时,应选用标号在425号以上的水泥;桩体强度要求小于1.5MPa时,可选用325号水泥;当需要水泥土搅拌桩体有较高的早期强度时,宜选用普通硅酸盐水泥。

不同种类和标号的水泥用于同一类土中,效果不同;同一种类的标号的水泥用于不同种类的地基土中,加固效果亦不相同。

一般情况下,无论何种土质、何种水泥,水泥土强度均随水泥标号的提高而增大,只是增大的规律有差别。通常水泥标号每提高100号,在同一掺入比时,水泥土强度增大20％～30％。

水泥种类需与被加固土质相适应,在砂类土中不同种类同一标号的水泥其混合体强度变化不大。黏性土中,情况则较为复杂。

(2) 水泥系固化材料。水泥系固化材料主要用于采用水泥加固效果不佳的特殊环境下使用,例如,腐殖土,孔隙水中 CaO、OH^- 浓度较小的土,需要抵抗硫酸盐的工程等;有时也为了满足工程使用或施工需要的情况,如促凝、缓凝、早强、提高混合体强度等情况。外加剂的种类繁多,适用的条件也各不相同,必须结合工程实际条件进行室内和现场试验,以确定其各种外加剂的掺入量及其对加固效果的影响。

掺加粉煤灰是公认的措施,粉煤灰可以提高混合体的强度。一般情况下,当掺入与水泥等量的粉煤灰后,强度均比不掺入粉煤灰的提高10％左右,同时也消耗了工业废料,节约水泥,社会效果良好。

在水泥中掺入磷石膏也是很好的措施。磷石膏除了有与水泥相同的胶凝作用外，还能与水泥水化物反应产生大量钙矾石，这些钙矾石一方面因固相体积膨胀填充水泥土部分空隙降低了混合体的孔隙率；另一方面由于其针状或柱状晶体在孔隙中相互交叉，和水泥硅酸钙等一起形成空间结构，因而提高了加固土的强度。试验表明，水泥磷石膏对于大部分软黏土来说是一种经济有效的固化剂，尤其对于单纯用水泥加固效果不好的泥炭土、软黏土效果更佳。它一般可以节省水泥 11%～37%。

2. 水泥土桩体的物理特征

水泥土桩体的许多物理力学特性都与水泥的品种、水泥掺入比（掺入量）和养护龄期有关。其中的水泥掺入比（掺入量）是水泥土搅拌法中的重要技术参数。

水泥掺入比 α_w（%）为

$$\alpha_w = 掺加的水泥质量/被加固的软土湿质量 \times 100\% \tag{4.32}$$

水泥掺入量 α_w 为

$$\alpha_w = 掺加的水泥质量/被加固土的体积（kg/m^3） \tag{4.33}$$

水泥土桩体的物理性质如下：

（1）重度。由于拌入软土中的水泥浆的重度与软土的重度相近，所以水泥土的重度与天然软土的重度相近，仅比天然软土的重度增加 0.5%～3.0%。所以采用水泥搅拌法加固厚层软土地基时，其加固部分对于下部不致产生过大的附加荷重，也不会产生较大的附加沉降。但在非饱和的大孔隙土中，水泥固化体的重度要比天然土的重度增加许多。

（2）含水量。水泥土在凝结与硬化过程中，由于水泥水化等反应，使部分自由水以结晶水的形式固定下来，使水泥土的含水量略低于原土样的含水量。试验结果表明，水泥土含水量比原土样含水量减少 0.5%～7.0%，且随水泥的掺入比的增加而减少。

（3）相对密度。由于水泥的相对密度为 3.1，比一般土的相对密度 2.65～2.75 要大，故水泥土的相对密度比天然土稍大，增加 0.7%～2.5%，增加幅度随着水泥掺入比的增大而增大。

（4）渗透系数。水泥土的渗透系数随水泥掺入比 α_w 的增大和养护龄期的增长而减小，水泥土的渗透系数小于原状土，一般可达 10^{-5}～10^{-8} cm/s 数量级。因而可利用它作为防渗帷幕以阻渗隔水。表 4.25 为水泥加固软黏土时取水泥土桩中的芯样进行渗透试验测出的渗透系数。

表 4.25　　　　　　　　　　　水泥土的渗透系数试验值

试件原土质	原状土渗透系数/(cm/s)	不同水泥掺入比试件渗透系数/(cm/s)			
		7%	10%	15%	20%
淤泥质粉质黏土 $\omega=38.5\%$	5.16×10^{-5}	1.01×10^{-5}	7.25×10^{-6}	3.97×10^{-6}	8.92×10^{-7}
淤泥质黏土 $\omega=50.6\%$	2.53×10^{-6}	8.30×10^{-7}	4.38×10^{-7}	2.09×10^{-7}	1.17×10^{-7}

3. 水泥土桩体的力学特征

（1）桩体的无侧限抗压强度。水泥土的无侧限抗压强度一般在 300～4000kPa，达到一定的龄期后，其变形特征随强度的不同而介于脆性体和半弹性体之间。水泥土受力开始阶段，应力和应变的关系基本上满足线性变形关系；当外力达到极限强度的 70%～80%

时，其应力应变关系不再保持直线关系。当外力达到极限强度时，对于强度大于2000kPa的水泥土很快出现脆性破坏；对于强度小于2000kPa的水泥土则表现为塑性破坏。影响水泥土强度的因素主要如下：

1）土样含水量。水泥土的无侧限抗压强度 f_{cu} 随着土样含水量的增加而降低。一般情况下，土样含水量降低10%，则水泥土的强度 f_{cu} 可增加10%～50%。

2）水泥标号。水泥强度等级提高10级，水泥土的无侧限抗压强度 f_{cu} 可增大20%～30%，如果达到要求的水泥土强度，水泥强度提高10级可降低水泥掺入比2%～3%。

3）地基的渗透排水条件对强度的影响。地基的渗透性越大、排水条件越好，水泥土浆中的自由水越容易向周围土中渗透，因而水泥土固结体的强度也就越好。

4）水泥的掺入比。试验表明，水泥土的强度随水泥掺入比的增大而提高，当 α_w 小于5%时，水泥与土的反应过弱，水泥土固化程度低，故在水泥土深层搅拌法的实际工程中水泥掺入比宜大于5%。一般可使用7%～15%。

5）土样有机质含量。由于有机质使土样具有较大的水溶性、塑性、膨胀性和低渗透性，并使软土具有酸性，这些都阻碍水泥水化反应的进行，使加固效果变差。

6）龄期对强度的影响。水泥土强度随龄期的延伸而增长，且水泥掺入比越高，强度增长越快。一般情况下，7d时水泥土强度可达标准强度的20%～40%（有时可达30%～50%），28d后，其强度仍有较明显的增长，一般可达标准强度的35%～60%；有时3d强度可达到标准强度的60%～75%，90d为180d强度的80%，而180d后，水泥土强度增长仍未终止。为了降低造价，对承重搅拌桩试块国内外都取90d龄期为标准龄期；对于起支挡作用承受水平荷载的搅拌桩，为了缩短养护周期，水泥土强度标准值取28d龄期作为标准龄期。不同龄期的水泥土抗压强度间的关系大致呈线性关系，其经验关系式如下：

$$f_{cu7}=(0.47-0.63)f_{cu28};f_{cu14}=(0.62-0.80)f_{cu28}$$

$$f_{cu60}=(1.15-1.46)f_{cu28};f_{cu90}=(1.43-1.80)f_{cu28}$$

$$f_{cu90}=(2.37-3.73)f_{cu7};f_{cu90}=(1.73-2.82)f_{cu14}$$

式中　f_{cu7}、f_{cu14}、f_{cu28}、f_{cu60}、f_{cu90}——7d、14d、28d、30d和90d的水泥土抗压强度。

（2）桩体力学性质的不均匀性。深层搅拌桩经常呈现出"软心"现象或"空心"现象，如搅拌桩施工中钻杆往往在桩中心留下一个孔洞，同时由于喷射压力和离心力的作用，水泥浆或水泥粉向桩周聚集，桩中心的水泥浆或粉体比桩周少得多。因此，在桩体的同一截面上，桩中心部位桩体，其力学性质不及周边附近的桩体。

（3）室内试样强度与现场强度的关系。室内制样试验所得到的无侧限抗压强度 f_{cu}，与在现场取样试验得来的无侧限抗压强度 f_{cuf} 由于水灰比、拌和、养护条件不一样，其差异较大。据统计 $f_{cuf}/f_{cu}=0.35\sim0.5$；但对于粉体搅拌，据统计 $f_{cuf}=(1/3\sim1/5)f_{cu}$。

（4）桩体的抗拉强度。大量试验表明水泥土的抗拉强度 σ_t 随水泥土的无侧限抗压强度 f_{cu} 的增长而提高，当水泥土强度 $f_{cu}=0.55\sim4.0$MPa时，其抗拉强度 $\sigma_t=0.05\sim0.7$MPa，即有 $\sigma_t=(0.06\sim0.3)f_{cu}$。

（5）水泥土桩体的抗剪强度。水泥土的抗剪强度随无侧限抗压强度的提高而增长。当 $f_{cu}=0.3\sim4.0$MPa时，其黏聚力 $c=0.1\sim1.0$MPa，一般为 f_{cu} 的20%～30%，内摩擦角 φ 在20°～30°之间变化。水泥土在三轴剪切试验破坏时，试件有清楚平整的剪切面，剪切面与最大主应力面的夹角为 $60°$。

（6）水泥土桩体的变形模量。当垂直应力达 50% 无侧限抗压强度时，水泥土的应力与应变的比值称为水泥土的压缩模量 E_{50}，$E_{50}=(80\sim150)f_{cu}$，水泥土破坏时的轴向应变 $\varepsilon_f=1\%\sim2\%$，呈脆性破坏。

（7）水泥土桩体的压缩模量和压缩系数。水泥土桩的压缩系数 a_{1-2} 为 $(2.0\sim3.5)\times10^{-5}\,\text{kPa}^{-1}$，其相应的压缩模量 $E_s=60\sim100\text{MPa}$。

（8）水泥土桩的渗透系数。水泥掺入比为 $7\%\sim15\%$ 时，水泥土的渗透系数可达到 $10^{-8}\,\text{cm/s}$ 的数量级，具有明显的抗渗、隔水作用。

4.6.4　水泥土搅拌桩设计

1. 布桩形式的选择

搅拌桩的布置形式关系到加固效果和工程量的大小，取决于工程地质条件、上部结构的荷载要求以及施工工艺和设备。搅拌桩一般采用柱状、壁状、格栅状和块状四种布桩形式，如图 4.26 所示。独立基础下的桩数不宜少于 4 根。

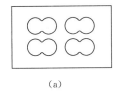 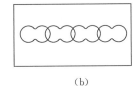 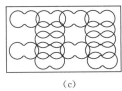 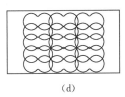

（a）　　　　　　　（b）　　　　　　　　　（c）　　　　　　　　　（d）

图 4.26　深层搅拌桩的加固形式
（a）柱状加固；（b）壁状加固；（c）格栅状加固；（d）块状加固

（1）柱状。在所要加固的地基范围之内，每间隔一定的间距打设 1 根搅拌桩，即成为柱状加固形式。适用于加固区表面和桩端土质较好的局部饱和软弱夹层；在深厚的饱和软土地区，对基底压力和结构刚度相对均匀的较大的点式建筑，采用柱状加固形式并适当增大桩长、放大桩距，可以减小群桩效应；一般渡槽、桥梁的独立基础、设备基础、构筑物基础、单层工业厂房独立柱基础、多层住宅条形基础下的地基加固以及用来防治滑坡的抗滑桩，承受大面积地面荷载等常采用柱状布桩形式。柱状布桩可充分发挥桩身强度和桩周侧阻力。柱状加固可采用正方形、等边三角形等布桩形式。

（2）壁状和格栅状。将相邻搅拌部分重叠搭接即成为壁状或格栅状布桩形式。一般适用于深基坑开挖时软土边坡的围护结构，可防止边坡坍塌和岸壁滑动。在深厚软土地区或土层分布不均匀的场地，上部结构的长宽比或长高比大，刚度小，易产生不均匀沉降的涵管、倒虹吸管等水工建筑物，采用格栅式加固形式使搅拌桩在地下空间形成一个封闭整体，可提高整体刚度，增强抵抗不均匀沉降的能力。

（3）块状。将纵横两个方向相邻的搅拌桩全部重叠搭接即成块状布桩形式，它适用于上部结构单位面积荷载大，不均匀沉降要求较为严格的结构物（如水闸、泵房）的地基处理；另外在软土地区开挖深基坑时，为防止坑底隆起在封底时也可以采用块状布桩形式。

（4）长短桩相结合。当地质条件复杂，同一建筑物坐落在两类不同性质的地基土上时，可用 3m 左右的短桩将相邻长桩连成壁状或格栅状，以减少和调整不均匀沉降。

2. 固化剂及掺入比的确定

固化剂选用强度等级为 32.5 级及以上的普通硅酸盐水泥。水泥掺入比除块状加固时可用 7%～12%，其余宜为 12%～20%。湿法水泥浆水灰比可选用 0.5～0.6。外掺剂可根据工程需要和土质情况选用具有早强、缓凝、减水及节省水泥等作用的材料，但应避免污染环境。

3. 搅拌桩的长度

搅拌桩的长度应根据上部结构对地基承载力和变形的要求确定，并应穿透软弱土层到达地基承载力相对较高的土层；当设置的搅拌桩同时为提高地基稳定性时，其桩长应超过危险弧以下不少于 2.0m；干法的加固深度不宜大于 15m，湿法的加固深度不宜大于 20m。

4. 复合地基承载力特征值和单桩承载力特征值的确定

复合地基承载力特征值的确定，应通过现场单桩或多桩复合地基静载荷试验确定。初步设计可按式（4.8）估算，处理后桩间土承载力特征值 f_{sk} 可取天然地基承载力特征值；桩间土承载力发挥系数 β，对淤泥、淤泥质土和流塑状软土等处理土层，可取 0.1～0.4，对其他土层可取 0.4～0.8；单桩承载力发挥系数 λ 可取 1.0。

单桩承载力特征值应通过现场静载荷试验确定。初步设计可按式（4.9）估算，桩端端阻力发挥系数可取 0.4～0.6；桩端端阻力特征值，可取桩端土未修正的地基承载力特征值，并满足公式 4.34 的要求，应使桩身强度确定的单桩承载力不小于由桩周土和桩端土的抗力所提供的单桩承载力。

$$R_a = \eta f_{cu} A_p \tag{4.34}$$

式中　f_{cu}——与搅拌桩桩身水泥土配比相同的室内加固土试块，边长为 70.7mm 的立方体在标准养护条件下 90d 龄期的立方体抗压强度平均值，kPa；

　　　η——桩身强度折减系数，干法可取 0.20～0.25，湿法可取 0.25。

5. 其他技术要点及措施

（1）当搅拌桩用于加固地基。

1）搅拌桩按照其强度和刚度是介于刚性桩（如钢筋混凝土预制桩，就地制作的钢筋混凝土灌注桩）和柔性桩（散粒材料桩，例如，砂桩、碎石桩等）之间的一种桩形，但其承载性能又和刚性桩相近。因此在设计搅拌桩的加固范围时，可只在上部结构的基础范围内布置，不必像柔性桩那样在基础之外设置围护桩。布桩的形式可为正方形、正三角形、格栅形和壁形等多种形式。

2）竖向承载搅拌桩复合地基应在基础和桩之间设置褥垫层。褥垫层厚度可取 200～300mm。其材料可选用中砂、粗砂、级配砂石等，最大粒径不宜大于 20mm。在刚性基础和桩之间设置褥垫层后，可以保证基础始终通过褥垫层把一部分荷载传到桩间土上，调整桩和桩间土的荷载分配，充分发挥桩间土的作用。

3）端承短桩宜采用大直径的双轴搅拌桩，或做成壁状、格栅状甚至块状，具体采用什么形式应根据工程要求及地质条件确定。壁状、格栅状形式可以增大地基刚度，减小不均匀沉降，在建筑物的薄弱环节上采用，效果较好。

4）桩顶标高的确定宜选在承载力较高的土层上，以充分发挥桩间土的承载力，并且，要兼顾基础的稳定性，宜低于原地面以下 1m 左右。

5）考虑具体情况，可长、短桩混用。

6）注意基础角柱及长高比大于 3 的建筑物中部桩的加强。

7）为节省固化剂材料和提高工作效率，对于大于 10m 的竖向承载搅拌桩，可采用变掺量设计。在全桩水泥总掺量不变的前提下，桩身上部 1/3 桩长范围内可适当增加水泥掺量及搅拌次数；桩身下部 1/3 桩长范围内可适当减少水泥掺量。

8）停灰面应高于设计桩顶 500mm。即保护桩长最少为 500mm，在做褥垫层之前，将这段保护桩长去掉。

9）复合地基承载力标准值不宜大于 200kPa，一般情况下采用 120～180kPa，单桩承载力（对 ϕ500mm）不宜大于 150kN。

10）固化料的掺入比一般为 10％～15％，即对 ϕ500mm 的搅拌桩来说，每延米的喷灰量常采用 50～60kg/m（不复喷）。

（2）当搅拌桩用于防渗和挡土。

1）宜采用双轴或多轴浆液搅拌，并采用大直径桩。

2）固化材料掺入比不宜小于 15％，以增强抗剪强度和防渗能力。

3）如深层搅拌水泥土桩只用做防渗帷幕，水泥土桩宜布置成壁式或格栅式形式，且水泥土桩不宜少于 2 排。

4）水泥土挡墙厚度为开挖深度的 0.6～0.8 倍，可做成格栅式或块式实体，做成格栅式时，置换比不宜小于 0.7。

5）搅拌桩之间的搭接不宜小于 100mm。

6）水泥土桩墙按受力条件的不同，横截面上可以深墙浅墙并用。

7）为增大被动土压力、减少水泥挡墙的变位，可在坑内以多种型式（如格栅式）的水泥土桩加固。

8）水泥土桩应尽量做成拱形，也可与刚性挡土墙组成连拱形式以节约造价。

9）格栅式挡墙可简化为如图 4.27 的图式进行计算，不计格栅间的抗剪能力。

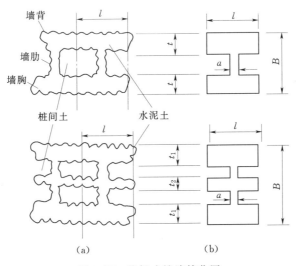

图 4.27　格栅式挡墙简化图

（a）桩墙实际平面图；（b）经概化的单元墙

10）水泥土挡墙的挡土高度不宜大于 6m。

4.6.5 水泥土搅拌桩施工

1. 浆液制备

水泥系深层搅拌桩的浆液，一般情况下最好采用 425 号普通硅酸盐水泥，水泥必须新鲜且未受潮硬结。水泥浆液的配制要严格控制水灰比，一般为 0.45～0.50。使用砂浆搅拌机制浆时，每次搅拌不宜少于 3min。

为改善水泥和易性，以提高水泥土的强度和耐久性，在制作水泥浆液时，可掺入适量的外加剂。如用石膏做外加剂时，一般为水泥质量 1%～2%。三乙醇胺是一种早强剂，可增加搅拌桩的早期强度。木质素磺酸钙主要起减水作用，能增加水泥浆的稠度，有利于泵送，一般的掺入量为水泥用量的 0.2%。制备好的水泥浆不得停置时间过长，超过 2h 应降低标号使用。

2. 施工工艺流程

水泥土深层搅拌法通常采用的工艺流程如图 4.28 所示。

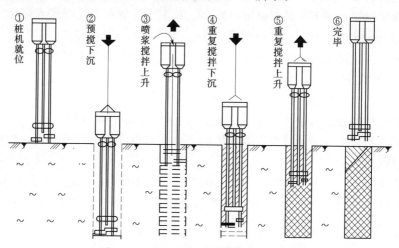

图 4.28　水泥土深层搅拌法施工工艺流程

（1）桩机就位。采用起重机或开动绞车移动深层搅动机到达指定桩位对中。为保证桩位准确，必须使用定位卡，桩位对中误差不大于 10cm，导向架和搅拌轴应与地面垂直，垂直度的偏离不应超过 1.5%。

（2）预搅下沉。待深层搅拌机的冷却水循环正常后，启动搅拌机电机，放松起重机钢丝绳，使搅拌机沿导向架搅拌切土下降，下沉速度可由电机的电流监测表控制。工作电流不应大于 70A。如果下沉速度太慢，可从输浆系统补给清水，以利钻进。

（3）提升喷浆搅拌。深层搅动机下沉到达设计深度后，开启灰浆泵将水泥浆压入地基中，且边喷浆、边旋转，同时严格按照设计确定的提升速度提升深层搅拌机。

（4）重复上下搅拌。深层搅拌机提升至设计加固深度的顶面标高时，集料斗中的水泥浆应正好排空。为使软土和水泥浆搅拌均匀，可再次将搅拌机边旋转边沉入土中，至设计加固深度后再将搅拌机提升出地面。

由于桩体顶部与上部结构的基础或承台接触部分受力较大，因此通常对桩的上部（自上而下 3～4m 范围内）进行重复搅拌。

（5）移位。重复上述（1）～（4）步骤，桩机移位进行下根桩的施工。

3. 施工操作要点

（1）湿法。

1）施工前应确定灰浆泵输浆量、灰浆经输浆管到达搅拌机喷浆口的时间和起吊设备提升速度等施工参数，并根据设计要求通过进行工艺性试桩试验确定施工工艺。

2）所使用的水泥都应过筛，制备好的浆液不得离析，泵送必须连续。拌制水泥浆液的罐数、水泥和外掺剂用量以及泵送浆液的时间等应有专人记录；喷浆量及搅拌深度必须采用经国家计量部门认证的监测仪器进行自动记录。

3）搅拌机喷浆提升的速度和次数必须符合施工工艺的要求，并应有专人记录。

4）当水泥浆液达到出浆口后，应喷浆搅拌 30s，在水泥浆和桩端土充分搅拌后，再开始提升搅拌头。

5）搅拌机预搅下沉时不宜冲水，当遇到硬土层下沉太慢时，方可适量冲水，但应考虑冲水对桩身强度的影响。

6）施工时如因故停浆，应将搅拌头下沉至停浆点以下 0.5m 处，待恢复供浆时再喷浆搅拌提升。若停机超过 3h，宜先拆卸输浆管路，并妥加清洗。

7）壁状加固时，相邻桩的施工时间间隔不宜超过 12h。如间隔时间太长，与相邻桩无法搭接时，应采取局部补桩或注浆等补强措施。

8）竖向承载搅拌桩施工时，停浆面应高于桩顶设计标高 300～500mm。在开挖基坑时，应将搅拌桩顶端施工质量较差的桩段用人工挖除。

9）施工中应保持搅拌机底盘的水平和导向架的竖直，搅拌桩的垂直偏差不得超过 1%，桩位的偏差不得大于 50mm，成桩直径和桩长不得小于设计值。

（2）干法。

1）粉喷施工前应检查搅拌机械、供粉泵、送气（粉）管路、接头和阀门的密闭性、可靠性，送气（粉）管路的长度不宜大于 60m。

2）干法粉喷施工机械必须配置经国家计量部门确认的具有能瞬时检测并记录出粉量的粉体计量装置及搅拌深度自动记录仪。

3）搅拌头每旋转一周，其提升高度不得超过 15mm。

4）搅拌头的直径应定期复核检查，其磨耗量不得大于 10mm。

5）当搅拌头达到设计桩底以上 1.5m 时，应立即开启粉喷机提前进行粉喷作业。当搅拌头提升至地面下 500mm 时，粉喷机应停止喷粉。

6）在成桩过程中因故停止喷粉，应将搅拌头下沉至停灰面以下 1m 处，待恢复喷粉时再喷粉搅拌提升。

7）需要在地基土天然含水量小于 30% 的土层中喷粉成桩时，应采用地面注水搅拌工艺。

4.6.6　水泥土搅拌桩质量检验

1. 施工质量检验

水泥土搅拌桩的质量控制应贯穿在施工的全过程，并应坚持全程的施工监理。施工过程中必须随时检查施工记录，对照规定的施工工艺对每根桩进行质量评定。检查重点是：水泥用量、桩长、搅拌头转速、复搅次数和复搅深度、停浆处理方法等。

2. 竣工质量检验

水泥土搅拌桩成桩质量检验方法有浅部开挖、轻型动力触探、载荷试验和钻芯取样等。

（1）浅部开挖。在成桩 7d 后，采用浅部开挖桩头［深部应超过停浆（灰）面下 0.5m］，目测检查搅拌的均匀性，量测成桩直径。检查量为总桩数的 5%。对相邻有搭接要求严格的工程，应在成桩 15d 后，选取数根桩进行开挖，检查搭接情况。

（2）轻型动力触探。在成桩后 3d 内，可用轻型动力触探（N_{10}）检验每米桩身的均匀性。检验数量为施工总桩数的 1%，且不少于 3 根。由于每次落锤能量较小，连续触探一般不大于 4m；但是如果采用从桩顶开始到桩底，每米桩身先钻孔 700mm 深度，然后触探 300mm，并记录锤击数的操作方法则触探深度可加大，触探杆宜用铝合金制造，可不考虑杆长的修正。

（3）载荷试验。复合地基载荷试验和单桩载荷试验是检测水泥土搅拌桩加固效果最可靠的方法之一，一般宜在成桩 28d 后进行。检验数量为桩总数的 0.5%～1%，且每项单体工程不宜少于 3 点。

（4）钻芯取样。经触探和载荷试验检验后对桩身质量有怀疑时，应在成桩 28d 后，用单管单动取样器钻取芯样作抗压强度检验，检验数量为施工总桩数的 0.5%，且不少于 3 根。钻孔直径不宜小于 108mm。

案 例 分 析

水泥土搅拌桩案例分析：

【案例】 水泥土搅拌桩用于输水管地基加固。

1. 工程概况

珠海市西区输水管道干线（图 4.29）沿珠海快速干道铺设（该工程分两期，一期工程设计规模每天供水 12 万 m^3，二期工程设计规模每天供水 28 万 m^3，本例只介绍一期工程），东起珠海白藤头，途经小林、平沙和南水 3 个管理区，跨越泥湾门、鸡啼门、南水沥等大小桥梁 10 余座，西至高栏岛，工程全长 25.4km，工程总平面如图 4.29。输水管道管径 1.0～1.6m，工作压力 6MPa，大部管道通常采用预应力钢筋混凝土管。高栏岛、边岛大堤段、过桥管和软硬地交界处等采用钢管，钢管壁厚 10～14mm。预应力混凝土管道共长约 21km，钢管共长约 4.4km。本工程滩涂地带淤泥深厚，采用水泥搅拌桩处理地基。搅拌桩桩径 0.5m，桩长 8～12m，共施工搅拌桩 3 万根，总桩长 255000m。

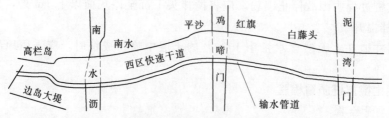

图 4.29 西区输水管道干线平面示意图

2. 场地地质状况

本工程跨越滩涂地带及山地，滩涂地带长度约20km，山地长约2km。山地为坚硬的亚黏土层，滩涂地带地貌属河口三角洲至平原，水系发育，河沟纵横交错，软硬地基交错，填土厚薄不均，淤泥深厚，压缩性大，地层自上而下依次如下：

（1）素填土。素填土为花岗岩或砂岩风化土，岩性以亚黏土为主，填土时间约两年，松散，湿至饱和，欠固结，厚度0.5～4.5m，桥台部位6～7m。

（2）淤泥。层厚1.4～18m，土的重度$\gamma=16.0$kN/m³，天然含水量$\omega=52.5\%$～72.6%，孔隙比$e=1.54～1.92$，塑性指数$I_p=16.7～28.6$，液性指数$I_l=1.50～2.50$，固结系数$C_v=0.6496\times10^{-5}$cm²/s，压缩模量$E_s=1.40～1.80$MPa，黏聚力$C=4.00～12.60$kPa，内摩擦角$\varphi=2°～5°$，容许承载力50～67kPa，呈流塑状。

（3）亚黏土。层厚2～9m，土的重度$\gamma=17.0～22.2$kN/m³，天然含水量$\omega=10.5\%$～36.6%，孔隙比$e=0.2～0.37$，塑性指数$I_p=9.2～16.6$，液性指数$I_l<0～0.86$，压缩模量$E_s=4.1～13.8$MPa，黏聚力$c=16.6～42.60$kPa，内摩擦角$\phi=15°～38°$，容许承载力150～450kPa，可塑状。

3. 场地滩涂地带沉降分析

本工程输水管道铺设在珠海快速干道南侧，根据规划的要求，路面标高3.5～5.00m，路面宽度50m，道路两侧为甘蔗地，路基填土厚度2～5m，桥台和原地面水沟等部位填土厚度5～7m，填土下面为厚度1.4～18.0m淤泥，其横断面如图4.30。从图4.30中可知，地基的沉降主要由填土荷载引起。取填土厚4m，淤泥厚度12m，压缩模量$E_s=1.59$MPa，填土荷载$P_0=17\times4=68$kPa，沉降$S=0.59$m。

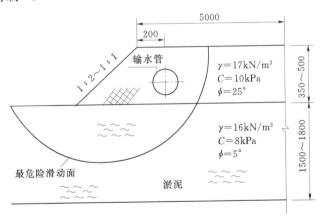

图4.30 滩涂地带输水管道横断面（单位：cm）

由于场地填土已有两年时间，按单向固结，取$C_v=9.65\times10^{-5}$cm²/s，经计算其固结度为$U=15\%$，本工程施工之前场地已经发生的固结变形$S\cdot U=0.59\times15\%=0.09$(m)，因此本工程施工之后的地基沉降为$S(1-U)=0.50$(cm)。

由于考虑填土完成有一段时间，本工程沉降计算中未考虑淤泥层以下亚黏土的沉降。考虑固结的影响，计算得最终沉降$S=0.63$m。

按以上方法，可计算填土厚度为4m时，不同淤泥厚度产生的沉降值见表4.26。

表 4.26 沉 降 计 算 值

淤泥厚度/m	8	12	16
不考虑甘蔗地填土的沉降/m	0.35	0.51	0.64
考虑甘蔗地填土的沉降/m	0.45	0.63	0.84

由于本工程大部分场地淤泥深 10～14m，填土厚度 3.0～4.5m，从以上计算和分析可知即使不考虑道路两侧甘蔗地开发填土，工程场地沉降已很大，若考虑该因素，场地沉降更大，将在以下部位产生不均匀沉降：

（1）软、硬土的交接处（如滩涂地带与山地交接处）。

（2）滩涂地带淤泥厚度的变化处。

（3）填土厚度的变化处。一是小河沟填平，河沟处的填土厚度大于两岸；二是大小桥台填土厚度（5～7m），远大于路基填土厚度（2～4m）。

本工程管道若采用预应力钢筋混凝土管，其每段长度为 5m，其接头处容许转角为 10°，过大的沉陷将引起接头处开裂漏水，因此地基需进行处理；若采用钢管，其抵抗不均匀沉降性能及抗裂性能强于预应力钢筋混凝土管，但其造价较高。因此，采用合适的地基处理方案和管材，以降低工程造价，而又保证输水管道安全，是本工程的主要问题。

4. 设计方案比较

根据本工程地质情况及工程特点，工程设计人员提出了两个方案：

（1）第 1 方案。山地不处理地基，滩涂地带采用水泥搅拌桩处理地基，上部主要采用预应力钢筋混凝土管，过桥处等局部地段采用钢管。该方案的优点是：由于本工程规模大，采用预应力钢筋混凝土管可就近取材；管道无须进行防腐处理，供水水质有保障；造价较低，直径 1m 管，每千米造价 207.56 万元，为钢管方案的 70%。其缺点是：为节省工程造价，本方案设计的搅拌桩长度为 8m，未进入硬土层，沉降问题没有完全解决，国内无可借鉴的类似工程，技术上有一定风险和难度；管理时修复困难。

（2）第 2 方案。山地和滩涂地带均不处理地基，全部采用钢管，其优点是：抵抗地基不均匀沉降能力强；爆管时修复容易。其缺点是：造价较高，直径 1m 管，每千米造价 293.58 万元；管道需进行防腐处理，供水水质不如预应力混凝土管。

经综合比较，本着节省工程造价的目的，本工程采用了第 1 方案。

5. 滩涂地带水泥搅拌桩复合地基设计与计算

本工程搅拌桩采用梅花形布置，桩径 0.5m，桩长 8m，置换率 $m=18\%$，设计桩身无侧限抗压强度 $q_u=1.35MPa$，如图 4.31 所示。

从图 4.31 可看出，本工程有以下特点：由于输水管比其置换的土轻，当路基边坡稳定时，复合地基不存在承载力不足的问题；管道产生的荷载小于周边填土产生的荷载，而复合地基压缩模量大于周边软土，复合地基产生负摩擦力。因此，本工程复合地基主要起减少沉降的作用，沉降计算需考虑负摩擦力的影响。

取搅拌桩压缩模量 $E=120q_u=162MPa$，桩间土模量 $E_s=1.59MPa$，复合地基压缩模量 $E_{sp}=30.46MPa$。淤泥厚度 14m，填土厚度 4m 时，考虑负摩擦力影响及甘蔗地填土

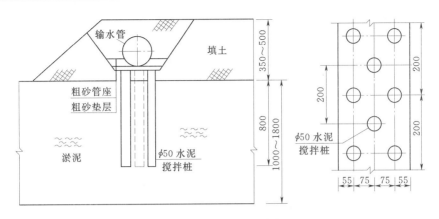

图 4.31　搅拌桩布置图（单位：cm）

开发，可算得地基沉降为 0.31m，远小于不处理地基时的沉降 0.63m。

任务 4.7　夯实水泥土桩复合地基设计、施工及质量检验

4.7.1　夯实水泥土桩概述

1. **夯实水泥土桩的概念**

夯实水泥土桩是用人工或机械成孔，选用相对单一的土质材料，与水泥按一定配比，在孔外充分拌和均匀制成水泥土，分层向孔内回填并强力夯实，制成均匀的水泥土桩。桩、桩间土和褥垫层一起形成复合地基。

夯实水泥土桩通过两方面作用使地基强度提高，一是成桩夯实过程中挤密桩间土，使桩周土强度有一定程度提高；二是水泥土本身夯实成桩，且水泥与土混合后可产生离子交换等一系列物理化学反应，使桩体本身有较高强度，具水硬性。

2. **夯实水泥土桩法的应用和发展**

夯实水泥土桩复合地基技术 1991 年由中国建筑科学研究院地基基础研究所开发，其后与河北省建筑科学研究院一起，对桩的力学特性、适用范围、施工工艺及其特点进行了进一步研究。

夯实水泥土桩主要材料为土、辅料为水泥，水泥掺入量为土的 1/8～1/4，成本较低。经夯实水泥土桩复合地基处理后的工程，承载力可提高 50%～100%，沉降量减少。与现场搅拌水泥土桩相比，夯实水泥土桩桩身强度、桩体密度、抗冻性等性能均较好，且具有施工方便、施工质量容易控制、造价低廉的特点。该技术首先在北京、河北等地推广应用，随后在全国推广使用。1998 年，该项成果列为国家级科技成果重点推广计划，2000 年列入建设部科技成果专业化指南项目。

夯实水泥土桩施工可根据工程地质条件和设计要求选择人工成孔和机械成孔，机械成孔可采用洛阳铲成孔、长螺旋钻机成孔、夯扩机或挤土机成孔。

3. **夯实水泥土桩法的适用范围**

夯实水泥土桩法适用于处理地下水位以上的粉土、黏性土、素填土和杂填土等地基。处理深度不宜超过 15m。当采用洛阳铲成孔工艺时，深度不宜超过 6m。

4.7.2 夯实水泥土桩加固机理

1. 夯实水泥土桩法复合地基受力特性

夯实水泥土桩法是一种中等黏结强度桩，形成的复合地基属半刚性桩复合地基。与CFG桩复合地基相似，夯实水泥土桩复合地基与基础间设置一定厚度的褥垫层，通过褥垫层的调整变形作用，保证复合地基中桩和桩周土共同承担上部结构荷载。

夯实水泥土桩复合地基主要通过桩体的置换作用来提高地基承载力。水泥土桩桩体的破坏将引起整个复合地基的破坏。当天然地基承载力小于60kPa时，可考虑夯填施工增加对桩间土的挤密作用。

夯实水泥土桩具有一定的强度，在垂直荷载作用下，桩身不会因侧向约束不足而发生鼓胀破坏，桩顶荷载可以传到较深的土层中，从而充分发挥桩侧阻力作用。但由于桩身强度不大，桩身仍可发生较大的压缩变形。

2. 夯实水泥土桩加固机理

（1）夯实水泥土桩化学作用机理。夯实水泥土桩拌和土料不同，其固化作用机理也有差别。当拌和土料为砂性土时，夯实水泥土桩固化机理类似水泥砂浆，其固化时间短，固化强度高；当拌和土料为黏性土和粉土时，由于水泥掺入比有限（水泥掺入量一般为7%～20%），而土料中的黏粒和粉粒具有较大的比表面积并含有一定的活性介质，所以水泥固化速度缓慢，其固化机理也较复杂。

夯实水泥土桩的桩体材料主要为固化剂水泥、拌和土料及水。拌和土料可以使用原地土料，若天然土性质不好，可采用其他性能更好的土料。含水量以使拌和水泥土料达到最优含水量为准。

1）水泥的水化水解反应。在将拌和料逐层夯入孔内形成桩体的过程中，水泥与拌和土料中的水分充分接触，发生水化水解反应。

2）水泥中的离子交换和团粒化作用。拌和土料中的黏性土和粉土颗粒与水分子结合时呈现胶体特性。土料中的二氧化硅遇水形成硅酸胶体颗粒，其表面带有 Na^+ 和 K^+，他们能和水泥水化形成的氢氧化钙中的钙离子进行当量吸附交换，使较小的土颗粒形成较大的土团粒，逐渐形成网络状结构，起骨架作用。

3）水泥的凝结硬化。随着水化和水解反应的深入，溶液中析出大量的钙离子与黏土矿物中的氧化硅、氧化铝进行化学反应，生成不溶于水的结晶化合物。结晶化合物在水及空气中逐渐凝结硬化固结，由于结构致密，水分不容易侵入，使水泥土具有足够的水稳性。

（2）夯实水泥土桩物理作用机理。水泥桩混合料搅拌均匀，填入桩孔后，经外力机械分层夯实，桩体达到密实。随着夯击次数及夯击能的增加，混合料干密度逐渐增大，强度明显提高。

夯击试验表明，在夯击能一定的情况下，对应最优含水率的干密度为混合料最大干密度。即在施工中只要将桩体混合料的含水量控制在最优含水量，即可获得桩体的最大干密度和最大夯实强度。

在持续外力机械夯实作用下，水泥土形成具有较好水稳性的网络状结构，具有结构致密、孔隙低、强度高、压缩性低及整体性好等特点。

4.7.3　夯实水泥土桩设计计算

1. 夯实水泥土桩法复合地基布桩基本要求

（1）平面布置。由于夯实水泥土桩具有一定的黏结强度，在荷载作用下不会产生较大的侧向变形，所以夯实水泥土桩可只在基础范围内布置。基础边缘距离最外一排桩中心的距离不宜小于 1.0 倍桩径。

（2）夯实水泥土桩参数设计。

1）桩径 d。桩孔直径宜为 300～600mm，常用孔径 350～450mm，可根据设计及所选用的成孔方法确定。

2）桩距 s。桩距宜为桩径的 2～4 倍。具体设计时在桩径选定后，根据面积置换率确定。

3）桩长 L。夯实水泥土桩最大桩长不宜超过 15m，最小长度不宜小于 2.5m。当相对硬土层埋藏较浅时，按相对硬土层的埋藏深度确定；当相对硬土层的埋藏较深时，可按建筑物地基的变形允许值确定。

4）面积置换率 m。夯实水泥土桩面积置换率一般为 5%～15%，一般采用三角形或正方形布桩。

（3）褥垫层设计。桩顶标高以上应铺设 100～300mm 厚褥垫层，垫层材料可采用中砂、粗砂或碎石等，最大粒径不宜超过 20mm，褥垫层的夯填度不宜大于 0.9。

2. 夯实水泥土桩桩体强度设计

夯实水泥土桩的强度与加固时所用的水泥品种、强度等级、水泥掺量、被加固土体性质及施工工艺等因素有关。夯实水泥土桩立方体抗压强度一般可达到 3.0～5.0MPa。

（1）材料选择和配合比。

1）水泥品种和强度等级。宜采用 32.5 级或 42.5 级矿渣水泥或普通硅酸盐水泥。水泥土的强度随着水泥强度等级的提高而增加。据资料统计，水泥强度等级每增加 C10 级，水泥土标准抗压强度可提高 20%～30%。

2）水泥掺入比 α_ω。

$$\alpha_\omega = 掺加的水泥重量/被加固的软土重量 \times 100\%$$

或　　　　　　$$\alpha_\omega = 掺加的水泥体积/被加固软土的体积 \times 100\%$$

水泥土强度随水泥掺入比的增加而增大。水泥掺量过低，桩身强度低，加固效果差；水泥掺量过高，地基加固不经济。对一般地基加固，水泥掺入比可取 7%～20%。

3）外掺剂。由于粉煤灰中含有 SiO_2、Al_2O_3 等活性物质，在水泥土中掺入一定量的粉煤灰，可提高水泥强度。一般掺入 10% 左右的粉煤灰。

（2）水泥土标准强度。设计中根据室内水泥土配合比试验资料，合理选择配合比，并测得其标准强度。夯实水泥土桩体强度宜取 28d 龄期试块的立方体（边长为 150mm）抗压强度平均值，桩体试块抗压强度计算参见式（4.10）。

3. 夯实水泥土桩复合地基承载力计算

参见本书 4.1.5 中的相关内容，单桩承载力发挥系数 λ 可取 1.0；桩间土承载力发挥系数 β 可取 0.9～1.0。

4. 夯实水泥土桩变形计算

夯实水泥土桩复合地基沉降量 s 由复合地基加固区范围内土层压缩量 s_1 和下卧层压缩量 s_2 组成。复合地基沉降计算采用各向同性均质线性变形体理论，可按分层总和法计算加固区和下卧区的变形。

具体变形计算参见本书 4.1.6 中的内容。

4.7.4 夯实水泥土桩法施工技术

夯实水泥土桩施工分为 3 步：成孔、制备水泥土、夯填成桩。

1. 施工准备及制桩

（1）施工准备。

1）现场取土，确定原位土土质与含水量是否适宜做水泥土桩混合料。

2）根据设计选用成孔方法并做现场成孔试验，确定成孔可行性。试桩数量不得小于 2 根。

（2）桩材准备。

夯实水泥土桩桩体材料主要由水泥和土的混合料组成，选用材料应符合以下要求。

1）水泥一般采用 32.5 级或 42.5 级矿渣水泥或普通硅酸盐水泥，使用前应做强度及稳定性试验。水泥在存储和使用过程中，要做好防潮、防雨工作。

2）当采用原位土作混合料时，应采用无污染、有机质含量低于 5% 的黏性土、粉土或砂类土，不得含膨胀土和冻土。使用黏性土时常有土团存在，使用前应过 10～20mm 的筛子，如土料含水量过大，须风干或另加其他含水量较小的掺合料。在现场可按“一抓成团，一捏即散”的原则对土的含水量进行鉴别。

3）混合料按设计配合比进行配置，一般可采用水泥与混合料的体积比为 1.5～7 的比例试配。

4）混合料的含水率应该满足土料的最优含水率 ω_{op}（室内击实试验确定），其允许偏差不得大于 ±2%。土料和水泥应拌和均匀，水泥用量不得少于按配比试验确定的重量。

5）混合料采用强制式混凝土搅拌机或人工进行拌和，搅拌后混合料应在 2h 内用于成桩。

2. 成孔工艺

根据成孔过程中是否取土，可分为非挤土法（也称排土法）和挤土法成孔两种。非挤土法成孔在成孔过程中没有对桩间土进行扰动，而挤土法成孔对桩间土有一定的挤密和振密作用。对于处理地下水位以上，有振密和挤密效应的土宜选用挤土法成孔；当含水率超过 24%，呈流塑状，或当含水率低于 14%，呈坚硬状态的地基宜选用非挤土法成孔。

（1）非挤土法成孔。非挤土法（排土法）是指在成孔过程中把土排出孔外的方法，该法没有挤土效应，多用于原土已经固结，没有湿陷性和振陷性的土，其成孔机具有人工洛阳铲和长螺旋钻机。

洛阳铲成孔直径一般在 300～400mm 之间，洛阳铲成孔的特点是设备简单，不需要任何能源，无振动、无噪声，可靠近旧建筑物成孔，操作简单，工作面可根据工程的需要扩展，特别适合于中小型工程成孔。成孔时将洛阳铲刃口切入土中，然后摇动并用力转动铲柄，将土剪断，拔出洛阳铲，铲内土柱被带出。利用孔口附近退土钎（$\phi 20\sim 25mm$，$L = 0.8\sim 1.2m$ 的钢钎）将铲内土挂出。

长螺旋钻机是夯实水泥土桩的主要机种，它能连续出土，效率高，成孔质量好，成孔深度深。适应于地下水以上的填土、黏性土、粉土，对于砂土含水量要适中，如果砂土太干或饱和会造成塌孔。长螺旋钻机按行走方式分为步履式、履带式、汽车底盘钻孔机、简易型钻机等。

（2）挤土法成孔。挤土法成孔是在成孔过程中把原桩位的土体挤到桩间土中去，使桩间土干密度增加，孔隙比减少，承载力提高的一种方法，成孔方法有锤击成孔、振动沉管和干法振冲器成孔。

锤击成孔法是采用打桩锤将桩管打入土中，然后拔出桩管的一种成孔方法。夯锤由铸铁制成，锤重一般在 $3\sim 10kN$，设备简单。该方法适用于处理松散的填土、黏性土和粉土，适用于桩较小且孔不太深的情况。

振动沉管法成孔是指采用振动打桩机将桩管打入土中，然后拔出管的成孔方法。目前我国振动打桩机已系列化、定型化，可根据地质情况、成孔直径和桩深来选取。振动时土壤中所含的水分能减少桩管表面和土壤之间的摩擦，因此当桩管在含水饱和的砂土和湿黏土中，沉管阻力较小，而在干砂和干硬黏土中用振动法沉桩阻力很大。而且在砂土和粉土中施工拔管时宜停振，否则易出现塌孔，但频繁的启动容易使电机损坏。

干法振法成孔器成孔与碎石桩法相同，采用该法也宜停振拔管，否则易使桩孔坍塌，也存在易损坏电机的问题。

（3）桩孔施工注意事项。桩孔按设计图进行定位钻孔，桩孔中心偏差不应超过桩径设计值的 $1/4$，对条形基础不得超过桩径设计值的 $1/6$。

桩孔垂直度偏差不应大于 1.5%。

桩孔直径不得小于设计桩径，桩孔深度不得小于设计深度。

3. 夯填工艺

夯填可用机械夯实，也可采用人工夯实。常用的夯填方法有以下几种：夹板自落夯实机成桩、夹管自落夯实机成桩、人工夯锤夯实成桩和卷扬吊锤夯实机成桩等。

（1）夯填桩孔。夯填桩孔时，宜选用机械夯实，分段夯填。向孔内填料前孔底必须夯实。

成桩时填料量与锤质量、锤的提升高度及夯击能密切相关。要求填料厚度不得大于 $50cm$，夯锤质量不得小于 $150kg$，提升高度不得低于 $70cm$。

夯击能不仅取决于夯锤重量和提升高度，还与填料量和夯击次数密切相关。施工前应进行现场制桩试验，使夯击效果满足设计要求，混合料压实系数 λ_c 一般不应小于 0.93。填料的平均压实系数 $\overline{\lambda_c}$ 不低于 0.97。

桩顶夯填高度应大于设计桩顶标高 $200\sim 300mm$，垫层施工时将多余桩体凿除。

施工过程中，应有专人检测成孔及回填夯实质量，并做好施工记录。如发现地基土质和勘察资料不符时，应查明情况，采取有效的处理措施。

冬季或雨季施工时，应采取防雨、防冻措施，防止土料和水泥淋湿或冻结。

（2）垫层施工。垫层材料应级配良好，不含植物残体、垃圾等杂质。为了减少施工期间地基的变形量，垫层铺设时应分层夯压密实，夯填度不得大于0.9。垫层施工时严禁扰动基底土层。

4.7.5 夯实水泥土桩法质量检验

1. 夯实水泥土桩桩体夯实质量检验

夯实水泥土桩桩体质量检查应在成桩过程中随机抽取。抽样检查数量不应少于总桩数的2%。

对一般工程，可检查桩的干密度和施工记录。干密度的检验方法可在24h内采用取土样测定或采用轻型动力触探击数$N10$与现场试验确定的干密度进行对比，以判断桩身质量。

桩体不同配比的控制最小干密度值可参照表4.27。

表4.27　　　　　　　　　　　　桩体不同配比的控制最小干密度　　　　　　　　　　单位：g/cm³

土料种类　　水泥与土的体积比	1:5	1:6	1:7	1:8
粉细砂	1.72	1.71	1.71	1.67
粉土	1.69	1.69	1.69	1.69
粉质黏土	1.58	1.58	1.58	1.57

2. 承载力检测

夯实水泥土桩地基竣工验收时，承载力检验应采用单桩复合地基载荷试验。对重要或大型工程，尚应进行多桩复合地基载荷试验。

单桩复合地基载荷试验宜在成桩15d后进行。静载荷试验点为总桩数的0.5%～1.0%，且每个单体工程检验数量不应小于3个检验点。

夯实水泥土桩复合地基载荷试验完成后，当以相对变形值确定夯实水泥土桩复合地基承载力特征值时，对以黏性土、粉土为主的地基，可取载荷试验沉降比s/b（或s/d）等于0.01时所对应的压力值；对以卵石、圆砾、密实粗中砂为主的地基，可取载荷试验沉降比等于0.008时所对应的压力值。

项 目 小 结

复合地基在我国已经成为一种常用的地基处理形式，在土木工程各个领域如房屋建筑、高等级公路、铁路、堆场、机场、堤坝等工程建设中有广泛应用。在内容编排上以实体工程为背景，首先介绍复合地基处理方法的选用，主要涉及复合地基的概念、分类、选用原则、基本术语和复合地基承载力和沉降计算基本方法，以及多元复合地基的概念。然后分别介绍振冲碎石桩、沉管砂石桩、土桩和灰土挤密桩、CFG桩、旋喷桩、水泥土搅拌桩和夯实水泥土桩的基本概念、加固机理、适用范围，以及以上各种桩型的设计、施工和质量检验。在这几种复合地基处理方法的介绍中给出了具体的工程案例，通过方案设计明确具体的任务，从而完成项目化的教学内容。

思 考 及 习 题

1. 什么是复合地基？通常复合地基分类有哪几种类型？

2. 桩体复合地基有何基本特点？

3. 试述复合地基面积置换率、桩土应力比、桩土荷载分担比、复合模量的概念。

4. 桩体复合地基通常有哪两种计算思路？

5. 什么是多元复合地基？

6. 振冲碎石桩施工质量如何控制？振冲碎石桩复合地基如何进行质量检验？

7. 简述沉管砂石桩的施工要点。

8. 灰土挤密桩法和土挤密桩法适用于处理何种地基土？

9. 灰土挤密桩法和土挤密桩法对于提高承载力来说哪一个更有效？

10. CFG 桩复合地基中褥垫层有何作用？在实际工作中如何设计？

11. CFG 桩复合地基如何进行设计计算？

12. CFG 桩的施工方法有哪些？CFG 桩施工完成后如何进行质量检验？

13. 按照高压喷射流的作用方向，高压喷射注浆法分为哪三种？根据工艺类型又可划分为哪四种方法？

14. 高压喷射注浆法有何特点？适用于何种土质和工程范围？

15. 高压喷射注浆法施工中应注意哪些问题？高压喷射注浆法如何进质量检测？

16. 水泥土搅拌桩法分为哪两种方法？这两种方法各适用于何种情形？

17. 水泥土搅拌桩复合地基的设计与灰土挤密桩、石灰桩复合地基的设计有何区别？

18. 如何进行水泥土搅拌桩的施工质量控制？水泥土搅拌桩复合地基如何进行质量检测？

19. 夯实水泥土桩法与水泥土搅拌桩法有何区别？

20. 夯实水泥土桩有哪些施工方法？夯实水泥土桩如何进行质量检测？

21. 某黏性土场地采用振冲碎石桩处理，按三角形布桩，桩径为 1.2m，桩土应力比 $n=3$，地基土承载力为 100kPa，压缩模量为 4MPa，要求复合地基承载力达到 160kPa。试确定振冲碎石桩面积置换率、桩间距和复合地基的压缩模量。

22. 某建筑场地采用 CFG 桩处理，复合地基承载力特征值需达到 450kPa，CFG 桩单桩承载力为 700kN，桩间土承载力特征值为 100kPa，采用等边三角形布桩，桩径为 300mm，桩间土折减系数取 0.90。试确定桩间距。

23. 某均质黏性土场地中采用高压喷射注浆法处理，桩径为 500mm，桩距为 1.0m，桩长为 12m，桩体抗压强度 5.5MPa，正方形布桩，场地土层桩周侧阻力特征值 15kPa，桩端端阻力特征值 140kPa，桩端端阻力发挥系数为 0.4。试确定单桩承载力和复合地基承载力。

24. 某砂土场地采用夯实水泥土桩处理，要求复合地基承载力达到 400kPa，按正方形布桩，桩径为 600mm，桩体混合料抗压强度平均值为 9MPa，按桩周土体强度确定的单桩承载力为 800kN，桩间土承载力为 110kPa，折减系数 0.95。试确定桩间距。

项目 5　灌浆法地基处理

教学目标

1. 熟悉灌浆法的概念、应用范围，了解灌浆法的分类及灌浆的作用。
2. 熟悉灌浆材料的主要特点及材料选择。
3. 熟悉灌浆法的设计步骤及设计计算方法。
4. 熟悉灌浆法的施工工艺及其检测方法

项目背景

　　某大厦基础采用联合基础，基坑深 9.0m，桩身位于地表下 9.0～22.0m，桩径分别为 1.2m、1.5m、1.8m。地基土层为淤泥、粉细砂夹淤泥及砂层。淤泥层平均厚 6.0m，分布不均匀。由于地下水位高，在灌注桩身混凝土时地下水涌入桩孔，使混凝土产生离析，水泥流失，桩身出现孔洞。经钻孔取样和采用动测法检测桩身质量，结果发现 47 根桩桩身混凝土有严重缺陷，未能达到设计要求，因此决定采用先灌水泥浆、后灌化学浆液的复合灌浆的方法进行处理。

任务 5.1　灌浆法选用

5.1.1　灌浆法的概念、作用及目的

　　灌浆法是指利用液压、气压或电化学原理，将具有流动性和胶结性的溶液注入各种介质的孔隙、裂隙，形成结构致密、强度高、防渗性和化学稳定性好的固结体，以改善灌浆对象的物理力学性能。

　　在灌浆工程中，一般通过注浆管把浆液均匀地注入地层中，浆液通过填充、渗透和挤密等方式，赶走土体颗粒间或岩石裂隙中的水分和空气后占据其位置，经人工控制一定时间后，将原来松散土粒或裂隙胶结成一个整体，形成一个结构新、强度大、防水性能高和化学稳定性良好的"结石体"，以达到地基处理的目的。

　　(1) 灌浆的主要作用有：充填作用、压密作用、黏合作用和固化作用。

　　1) 充填作用。浆液凝结的结石将地层空隙填充起来，可以阻止水通过，提高地层密实性。

　　2) 压密作用。在浆液被压入的过程中，将对地层产生挤压，从而使那些无法进入浆液的细小裂隙或孔隙受到压缩和挤密，使地层密实性和力学性能都得到提高。

　　3) 黏合作用。某些浆液的胶凝性质可以使岩基、建筑物裂缝等充填并黏合，使其承载力得到提高。

　　4) 固化作用。某些浆材可与地层中的黏土等松散物质发生化学反应，将其凝固成坚固的"类岩体"。

（2）灌浆的主要目的是防渗、堵漏、加固和纠偏。

1）防渗。降低渗透性，减少渗流量，提高抗渗能力，降低孔隙水压力。

2）堵漏。封填孔洞，堵截流水。

3）加固。固结或稳固松散颗粒和破碎岩石，提高地层的抗压强度，起到安全围护和支撑作用。

4）纠偏。使已发生不均匀沉降的建筑物恢复原位或减少其偏斜度。

5）补强。对有缺陷或损坏的建筑物进行补强修理，恢复混凝土结构及建筑物的整体性。

此外，也可通过灌浆对置入地层的孔管、锚杆、锚索等进行固定和保护。

5.1.2　灌浆法分类

（1）按灌浆作用分：可分为固结灌浆、帷幕灌浆、回填灌浆和接触灌浆等。

（2）按灌注材料分：可分为水泥灌浆、水泥砂浆灌浆、水泥黏土灌浆和化学灌浆等。

（3）按灌浆压力分：可分为高压灌浆（3MPa 以上）、中压灌浆（0.5～3MPa）和低压灌浆（0.5MPa 以下），后两类为常规压力灌浆。

（4）按灌浆机理分：可分为渗透灌浆、压密灌浆、劈裂灌浆、电动化学灌浆等。

（5）按灌浆目的分：可分为防渗灌浆和加固灌浆等。

5.1.3　灌浆法的发展

灌浆法在我国大量采用是在 1949 年新中国成立后，经过多年的试验研究和实际应用，在水泥、黏土等传统材料的灌浆技术上已有很大的发展和提高。

灌浆法的应用领域越来越广，除坝基防渗加固外，在其他土木工程如道桥、矿井、文物、市政、地铁和地下厂房等，灌浆法也占有十分重要的地位。

浆材品种越来越多，浆材性能和应用问题的研究更加系统和深入，各具特色的浆材已能充分满足各类建筑工程和不同地基条件的需要。在化学灌浆材料方面改进了铬木素类、水泥-水玻璃类、丙烯酰胺类浆液的配方，另外还研制出聚氨酯类、环氧树脂类等新的灌浆材料。

劈裂灌浆技术已取得明显的发展，尤其在软弱地基中，这种技术被越来越多地作为提高地基承载力和消除建筑物沉降的手段。

在一些比较发达的国家，电子计算机监测系统已较普遍地在灌浆施工中用来收集和处理诸如灌浆压力、浆液稠度和耗浆量等重要参数，这不仅可使工作效率大大提高，还能更好地控制灌浆工序和了解灌浆过程本身，促进灌浆法从一门工艺转变为一门科学。

5.1.4　灌浆法的加固机理

从灌浆工程的目的来看，可以分为用于提高受灌岩体或土体的强度和变形模量的固结灌浆；用以提高防渗性能的防渗帷幕灌浆；用于填充衬砌结构与岩石或混凝土间空隙的回填灌浆。用于改善坝体与坝基接触面条件的铺盖灌浆。所采用的灌浆技术和工艺不同，其所依据的理论和机理也各不相同。在地基处理中，灌浆工艺所依据的机理主要可归纳以下四种。

1. 渗透灌浆

渗透灌浆是指在压力作用下，使浆液充填于土孔隙和岩石裂隙中，排挤出孔隙中存在的自由水和气体，而基本上不改变原状土的结构，所用灌浆压力相对较小。大量的灌浆实践是属于这一类型的。这种灌浆只适用于中砂以上的砂性土和有裂隙的岩石。

影响渗透灌浆效果的主要因素有可灌比值和浆液的黏度等。对于砂砾石，可灌比值应在 10～15 之间（为达到灌浆预期效果，也可按土层渗透系数的大小选择合适的浆液，例如，当渗透系数 K 大于 0.2～0.3cm/s 时，可用水泥灌浆；当渗透系数 K 大于 0.05～0.06cm/s 时，可用水泥黏土浆）。浆液的黏度越大，其流动阻力也越大，能灌注的孔隙尺寸也越大，或者需要较高的压力以克服浆液的流动阻力。此外，除了丙凝等少数浆材外，浆液黏度都随时间的增长而增加，这一特性也会对灌浆效果产生重大影响。还有，地层的渗透系数或孔隙（裂隙）尺寸、浆液的黏度、灌浆压力和灌注时间等都会影响浆液的扩散范围。具代表性的渗透灌浆理论有球形扩散理论，柱形扩散理论和袖套管法理论。工程应用中，建议以现场灌浆试验确定灌浆压力、灌浆时间和浆液扩散范围及相互间的关系，作为灌浆设计和施工参数确定的依据。

2. 劈裂灌浆

劈裂灌浆是指在相对较高的灌浆压力下，浆液克服了地层的初始应力和抗拉强度，引起岩石和土体结构的破坏和扰动，引起地层的水力劈裂现象，使地层中原有的裂隙或孔隙张开，形成新的裂隙和孔隙，使原来不可灌的地层能顺利进浆，并增加浆液的扩散距离，在灌浆压力消失后，地层的回弹又进而压缩浆体，使充填更为密实，并使结石处于一定的预压应力状态。这是一种特殊的灌浆机理和技术，能有效地用于处理一些特殊问题。

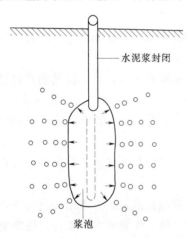

图 5.1　压密灌浆原理示意图

3. 压密灌浆

压密灌浆是指通过钻孔向土中灌入极浓的浆液，使注浆点附近土体压密，在注浆管端部附近形成"浆泡"（图 5.1）。

压密灌浆开始时，灌浆压力基本上沿径向扩散。随着浆泡尺寸的逐渐增大，便会产生较大的上抬力，能使地面上升，或使下沉的建筑物回升，而且位置可以控制得相当精确。

浆泡形状一般为球形或圆柱形。在均匀土中的浆泡形状相当规则，在非均质土中很不规则。浆泡的最后尺寸取决于很多因素，如土的密度、湿度、力学性质、地表约束条件、灌浆压力和注浆速率等。有时浆泡的横截面直径可达 1m 或更大。实践证明，离浆泡界面 0.3m～2.0m 内的土体都能受到明显的加密。

压密灌浆常用于中砂地基，黏性土地基中如果有适宜的排水条件也可采用。若遇排水困难，有可能产生高孔隙水压力，必须采用很低的注浆速率。这种方法也可用于非饱和的土体，以调整不均匀沉降，以及在大开挖或隧道开挖时对邻近土体进行加固。

4. 电动化学灌浆

当地基土的渗透系数 K 小于 10^{-4} cm/s，只靠一般的静压力难以使浆液注入土的孔隙中，这时就需要采用电渗作用使浆液进入土中。

电动化学灌浆是指在施工时将带孔的注浆管作为阳极，用滤水管作为阴极，将溶液由阳极压入土中，并通以直流电（阴阳两极间电压梯度一般采用 0.3～1.0V/cm），电渗作用下，孔隙水由阳极流向阴极，促使通电区域中土的含水量减少，并且形成渗浆通道，化学浆液随之流入土的孔隙中，并在土中硬结。所以，电动化学灌浆是在电渗排水和灌浆法的基础上发展起来的一种加固方法。有一点必须注意，由于电渗排水作用，可能会引起邻近建筑物基础的附加沉降和不均匀沉降，导致建筑物开裂。

灌浆法的加固机理主要包括化学胶结作用、惰性填充作用和离子交换作用。

根据灌浆工程实践的经验和室内试验可知，灌浆加固后的强度增长是一种复杂的物理化学过程，受多种因素的影响和制约，除灌浆材料外，浆液与界面的结合形式、浆液饱和度及时间效应是三种重要的影响因素。浆液与介质接触面有良好的接触条件，无疑会使介质的强度增长。裂隙和孔隙被浆液填满的程度称为浆液的饱和度，一般饱和度越大，被灌介质的强度也越高。控制好浆液的搅拌时间和灌注时间等也是很重要的工作内容。

5.1.5　灌浆法的应用范围

灌浆法适用于土木工程中的各个领域，例如：

（1）地铁的灌浆加固。用来减少施工时地面的变形，限制地下水的流动和控制施工现场土体的位移和变形等。

（2）坝基砂砾石灌浆。可作为坝基的有效防渗措施。

（3）对钻孔灌注桩的两侧和底部进行灌浆。以提高桩与土之间的表面摩阻力和桩端土体的力学强度。

（4）后拉锚杆灌浆。在深基坑开挖工程中，用灌浆法进行锚固段施工。

（5）竖井灌浆。用以处理流沙和不稳定地层。

（6）隧洞大塌方灌浆加固。

（7）建筑物的纠偏加固。

（8）加固桥索支座岩石。

（9）混凝土结构裂缝处理、蓄水池及压力管道堵漏等。

任务 5.2　浆液材料的选用

5.2.1　浆液材料的种类

灌浆浆液是由主剂（原材料）、溶剂（水或其他溶剂）以及各种外加剂混合而形成的浆液。但通常所提的浆液材料，是指浆液中所用的主剂。外加剂可根据其在浆液中所起的作用，分为固化剂、催化剂、速凝剂、缓凝剂和悬浮剂等。灌浆材料按其形态，可分为颗粒型浆材、溶液型浆材和混合型浆材 3 种类型。颗粒型浆材是以水泥为主剂，故多称其为水泥系浆材；溶液型浆材是由两种或多种化学材料配制，故通常称其为化学浆材；混合型浆材由上述两类浆材按不同比例混合而成。

5.2.2　浆液材料的选择

不同浆液材料的性能有所不同，应根据实际的工程情况，在施工中具体选择某一种较为合适的灌浆材料。选择的具体要求是：

（1）浆液应是真溶液而不是悬浊液。浆液黏度低、流动性好，可以进入细小裂隙。

（2）浆液的凝胶时间可随意调节，可以从几秒钟至几个小时，并能准确地控制，浆液一经发生凝胶就在瞬间完成。

（3）浆液的稳定性好。在常温常压下，长期保存不发生任何化学反应，不改变其性质。

（4）浆液无毒无臭。不污染环境，对人体无害，属非易爆物品。

（5）浆液容易清洗，并对注浆设备、管路、混凝土结构物、橡胶制品等无腐蚀性。

（6）浆液固化时无收缩现象，固化后与岩石、混凝土等有一定的黏接性。

（7）浆液结石体有一定的抗拉和抗压强度，抗渗性能和防冲刷性能良好，不龟裂。

（8）结石体耐老化性能好，能长期耐酸、碱、盐、生物细菌等腐蚀，而且不受温度和湿度的影响。

（9）材料来源丰富、价格低廉。

（10）浆液配制方便，操作简单。

5.2.3 常用浆液材料

1. 水泥浆材

水泥浆材是以水泥浆为主的浆液。采用水泥灌浆可使土体形成高强度的固结体，应用最广的是普通硅酸盐水泥，在地下水无侵蚀性条件下经常使用。这种浆液是一种悬浊液，取材容易，配方简单、价格便宜、不污染环境。在灌注较大空隙和裂隙时，常常在水泥浆液中掺砂（水泥砂浆），以节约水泥，并更好地充填空隙。当浆液中加入一定数量的黏土（作外加剂）后，由于黏土本身是高分散性的，所以可提高浆液的稳定性，防止浆液沉淀和析水。

水泥浆的水灰比一般在 0.6~2.0 之间，常用的水灰比是 1:1。为了调节水泥浆的性能，有时可加入速凝剂或缓凝剂等外加剂。水玻璃和氯化钙就是常用的速凝剂，其用量为水泥质量的 1%~2%；常用的缓凝剂有木质素磺酸钙和酒石酸，其用量约为水泥质量的 0.2%~0.5%。水泥浆中的外加剂及掺量见表 5.1。

表 5.1　　　　　　　　　　　　　　　　水泥浆的外加剂及掺量

名　称	试　剂	掺量占水泥重/%	说　明
速凝剂	氯化钙	1~2	加速凝结和硬化
	硅酸钠	0.5~3	加速凝结
	铝酸钠		
缓凝剂	木质磺酸钙	0.2~0.5	亦增加流动性
	酒石酸	0.1~0.5	
	糖	0.1~0.5	
流动剂	木质磺酸钙	0.2~0.3	
	去垢剂	0.05	产生空气
加气剂	松香树脂	0.1~0.2	产生约10%的空气
膨胀剂	铝粉	0.005~0.02	约膨胀15%
	饱和盐水	30~60	约膨胀1%
防析水剂	纤维索	0.2~0.3	
	硫酸铝	约20	产生空气

此外，由于膨润土是一种水化能力极强和分散性很高的活性黏土，在国外灌浆工程中被广泛地用作水泥浆的附加剂，它可使浆液黏度增大，稳定性提高，结石率增加。据研究，当膨润土掺量不超过水泥质量的 3%～5% 时，浆液结石的抗压强度不会降低。

2. 化学浆材

化学浆液是一种真溶液，其优点是可以进入水泥浆液不能灌注的小孔隙，黏度和凝固时间可以在很大范围内调整，可用于堵漏、加固等领域。化学浆液已经在国内外得到了广泛应用，解决了不少工程难题，在理论和实践上都有很大的进步。

化学浆材的品种很多，包括环氧树脂类、甲基丙烯酸酯类、丙烯酰胺类、木质素类和硅酸盐类等。化学浆材的最大特点为浆液属于真溶液，初始黏度大都较小，故可用来灌注细小的裂隙或孔隙，解决水泥系浆材难于解决的复杂地质问题。化学浆材的主要缺点是造价较高和存在污染环境问题，使这类浆材的推广应用受到较大的局限。尤其是在日本于1974 年发生污染环境的福冈事件之后，建设省下令在化学灌浆方面只允许使用水玻璃系浆材。在我国，随着现代化工业的迅猛发展，化学灌浆的研究和应用得到了迅速的发展，主要体现在新的化灌浆材的开发应用、降低浆材毒性和环境的污染以及降低浆材成本等方面。例如，酸性水玻璃、无毒丙凝、改性环氧树脂和单宁浆材等的开发和应用，都达到了相当高的水平。

3. 混合型浆材

混合型浆材包括聚合物水玻璃浆材、聚合物水泥浆材和水泥水玻璃浆材等几类。此类浆材包括了上述各类浆材的性质，或者用来降低浆材成本，或用来满足单一材料不能实现的性能。尤其是水玻璃水泥浆材，由于成本较低和具有速凝的特点，现已被广泛地用来加固软弱土层和解决地基中的特殊工程问题。

任务 5.3 灌 浆 设 计 计 算

5.3.1 灌浆设计程序和内容

1. 灌浆设计程序

一般情况下，地基的灌浆设计遵照下列程序进行：

（1）地质调查。查明需处理的地基的工程地质特性和水文地质条件。

（2）选择灌浆方案。根据地质条件、工程类型、地基处理目的和要求，初步选择灌浆方案，包括：处理范围、灌浆材料、灌浆方法等。一般应优先考虑水泥系浆材，在特殊情况下才考虑化学浆材。

（3）灌浆试验。除进行室内灌浆试验外，对较重要的工程，还应选择有代表性的地段进行现场灌浆试验，以便为确定灌浆技术参数及灌浆施工方法提供依据。

（4）设计和计算。确定各项灌浆参数和技术措施。

（5）补充和修改设计。在灌浆期间和竣工后的使用过程中，根据观测所得的异常情况，对原设计进行必要的修改。

2. 灌浆设计内容

灌浆工程的设计内容主要包括以下几个方面：

（1）灌浆标准。根据灌浆要求达到的效果和质量指标确定。

（2）施工范围。即灌浆的深度、长宽和宽度。

（3）灌浆材料。包括浆材种类和浆液配方。

（4）灌浆影响半径。浆液在灌浆设计压力下所能达到的有效扩散距离。

（5）钻孔布置。根据浆液影响半径和灌浆体设计厚度，确定灌浆孔布置形式、孔距、排距、孔数和排数。

（6）灌浆压力。规定不同地区和不同深度的允许最大灌浆压力。

（7）灌浆效果评价。采用各种手段和方法检测灌浆加固效果。

5.3.2　灌浆方案的选择原则

灌浆方案的选择一般应遵循下述原则：

（1）如果是以提高地基强度和变形模量为目的，一般选用水泥系浆材，如水泥浆、水泥砂浆和水泥水玻璃浆等，或环氧树脂、聚氨酯等高强度的化学浆材。

（2）如果是以防渗堵漏为目的，可采用黏土水泥浆、黏土水玻璃浆、水泥粉煤灰混合物、丙凝和铬木素等浆材。

（3）在裂隙岩层中灌浆，一般采用纯水泥浆、水泥浆或水泥砂浆中加少量膨润土；在砂砾石地层中或溶洞中采用黏土水泥浆；在砂层中一般只采用化学灌浆，在黄土采用碱液法或单液硅化法。

（4）渗透灌浆一般在砂砾石地层或岩石裂隙中采用；水力劈裂灌浆用于砂层；黏性土层中采用水力劈裂法或电动硅化法；纠正建筑物不均匀沉降则采用压密灌浆法。

另外，选用浆材还应考虑其对人体的危害或对环境的污染问题。

5.3.3　灌浆标准

所谓灌浆标准，是指设计者要求地层或结构经灌浆处理后应达到的质量指标。所用灌浆标准的高低，直接关系到工程量、进度、造价和建（构）筑物的安全。

由于工程性质、灌浆的目的和要求、所处理对象的条件各不相同，加之受到检测手段的局限，故灌浆标准很难规定一个比较具体和同一的准则，而只能根据具体情况作出具体的规定，通常采用防渗标准、强度及变形标准及施工控制标准进行控制。并且常常需要在施工前进行灌浆试验，在验证灌浆设计、施工参数的同时，确定灌浆质量标准的具体指标。

1. 防渗标准

所谓防渗标准是指对地层或结构经灌浆处理后应达到的渗透性要求，是工程为了减少地基的渗透流量、避免渗透破坏、降低扬压力提出的对地层的渗透性要求。防渗标准越高，表明灌浆后地基的渗透性越低，灌浆质量也就越好，这不仅体现在地基渗流量的减少，而且因为渗透性越小，地下水在介质中的流速也越低，地基土发生管涌破坏的可能性就越小。

但是，防渗标准越高，灌浆技术的难度就越大，一般来说灌浆工程量及造价也越高。因此，防渗标准不应是绝对的，每个灌浆工程都应根据自己的特点，通过技术经济比较确定一个相对合理的指标。原则上，对比较重要的建筑，对渗透破坏比较敏感的地基，对地基渗漏量必须严格控制的工程，都要求采用比较高的标准。

一般情况对重要的防渗工程，要求灌浆后地基土的渗透系数减小到 $10^{-4} \sim 10^{-5}$ cm/s 以下。

2. 强度和变形标准

所谓强度和变形标准是指对地层或结构经灌浆加固处理后应达到的强度和变形要求，是工程为提高地层或结构的承载能力、物理力学性能，改善其变形性能，对抗压强度、抗拉强度、抗剪强度、黏结强度及变形模量、压缩系数、蠕变特性等方面指标的要求。由于灌浆目的、要求和各个工程的具体条件千差万别，不同的工程只能根据自己的特点规定强度和变形要求，所以规定统一的强度标准是不现实的，下面仅提出几个与此相关的问题：

（1）有些浆材特别是化学浆材具有明显的蠕变性，在恒定荷载长期作用下，灌浆体将随时间而产生较大的附加变形。在实际工程中，如灌浆体没有限制变形的条件，蠕变性可能使地基变形增大和强度降低，并导致建（构）筑物破坏，因而在进行试验研究和现场施工时，都应充分考虑灌浆体的这一特性及其后果。

（2）当灌浆的目的为防渗时，所需浆材的强度仅以能防止水压把孔隙中的结石挤出为原则，这种情况下起作用的是结石的抗剪强度。并假定土孔隙为有规则的平直面（图 5.2），则抵抗水压力所需的抗剪强度为

$$c = \frac{pd}{2l} \tag{5.1}$$

式中　c——浆液结石与孔隙壁面间的黏结力，kPa；

　　　p——地下水的渗透压力，kPa；

　　　d——孔隙高度，m；

　　　l——灌浆体长度，m。

（3）利用尺寸效应，可使某些低强度浆材获得很高的稳定性。设图 5.2 为一直径为 d 的圆形孔隙，则由水压力 p 造成的破坏力见式（5.2），造成的阻抗力见式（5.3）。

$$p_1 = \frac{p\pi d^2}{4} \tag{5.2}$$

$$p_2 = c\pi dl \tag{5.3}$$

推力 p_1 随 d 的二次方增减，阻力 p_2 则随 d 的一次方增减，所以随着孔隙尺寸的减小灌浆体可获得越来越大的抗挤出稳定性。

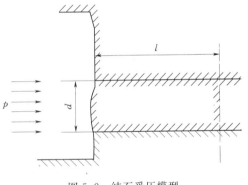

图 5.2　结石受压模型

3. 施工控制标准

工程应用中，防渗标准、强度及变形指标往往是难以确定的。同时，灌浆质量指标的检测是在施工后才能进行，有时受各种条件的局限甚至不能进行检测。为保证工程的质量，灌浆工程常采用施工控制标准。

制定施工控制标准，可以保证获得最佳的灌浆效果。

（1）灌浆量控制标准。灌浆量控制标准常用于各种地基土渗透灌浆。由地基土的孔隙率，设计的灌浆体积，考虑一定的无效浆液损失系数，则可确定灌浆量控制指标。

（2）灌浆压力控制标准。根据工程需要，参考灌浆试验或经验，可设计出一定的灌浆

压力作为控制标准。灌浆实施时，采用给出的压力，达到一定的灌浆结束条件进行控制。在《水工建筑物水泥灌浆施工技术规范》（SL 62—94）中有如下的灌浆控制标准：在规定的压力下，当灌入率不大于 0.4L/min 时，继续灌注 60(30)min；或不大于 1L/min 时，继续灌注 90(60)min，灌浆可以结束。

（3）灌浆强度值（GIN）控制标准。G. 隆巴迪提出一定的灌浆压力和灌入量的乘积，即所谓的能量消耗程度（GIN 值），作为灌浆控制的标准。

5.3.4　浆材的选择

根据土质不同和灌浆目的不同，选择合适的浆材，详见表 5.2 和表 5.3。

表 5.2　　　　　　　　　　　按土质不同对注浆材料的选择

土 质 名 称		注 浆 材 料
黏性土和粉土	粉土 黏土 黏质粉土	水泥类注浆材料及 水玻璃悬浊灌浆液
砂质土	砂 粉砂	渗透性溶液型浆液 （但在预处理时，使用水玻璃悬浊型）
	砂砾	水玻璃悬浊型浆液（大孔隙） 渗透性溶液型浆液（小孔隙）
	层界面	水泥类及水玻璃悬浊型浆液

表 5.3　　　　　　　　　　按注浆目的的不同对注浆材料的选择

项 目			基 本 条 件
改良目的		堵水注浆	渗透性好黏度低的浆液（作为预注浆使用悬浊型）
	加固地基	渗透注浆	渗透性好有一定强度，即黏度低的溶液型浆液
		脉状注浆	凝胶时间短的均质凝胶，强度大的悬浊型浆液
		渗透脉状注浆并用	均质凝胶强度大且渗透性好的浆液
	防止涌水注浆		凝胶时间不受地下水稀释而延缓的浆液 瞬时凝固的浆液（溶液或悬浊型的）（使用双层管）
综合注浆	预处理注浆		凝胶时间短，均质凝胶强度比较大的悬浊型浆液
	正式注浆		和预处理材料性质相似的渗透性好的浆液
特殊地基处理注浆			对酸性、碱性地基、泥炭应事前进行试验校核后选择注浆材料
其他注浆			研究环境保护（毒性、地下水污染、水质污染等）

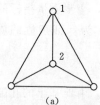

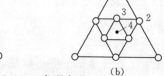

图 5.3　三角形布孔

(a) 1—灌浆孔；2—检查孔　(b) 1—Ⅰ序孔；2—Ⅱ序孔；3—Ⅲ序孔；4—检查孔

5.3.5　扩散半径的确定

浆液的扩散半径 r 是一个很重要的参数，它对灌浆工程量及造价影响很大，其值可以按理论公式进行估算，最好通过现场灌浆试验来确定。

现场灌浆试验时，常采用等边三角形（图 5.3）和矩形（图 5.4）的布孔方法。

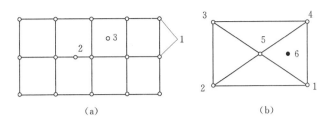

图 5.4　矩形或方形布孔

(a) 1—灌浆孔；2—试井；3—检查孔　(b) 1～4—第Ⅰ次序孔；5—第Ⅱ次序孔；6—检查孔

灌浆试验结束后，应对浆液扩散半径进行评价。为此，需进行以下工作：

（1）进行钻孔注水或压水试验，求出灌浆体的渗透性。

（2）钻孔取样，检查孔隙充浆情况。

（3）人工开挖竖井或施工大口径钻井，用肉眼检查地层充浆情况，采样进行室内试验。

5.3.6　孔位布置

注浆孔布置是根据浆液注浆的有效范围能相互重叠，使被加固的土体在平面和深度范围内连成一个整体的原则决定的。

1. 单排孔布置

如图 5.5 所示，假定浆液的扩散半径 r 为已知，则灌浆体的厚度 b 为

$$b=2\sqrt{r^2-\left[(l-r)+\frac{r-(l-r)^2}{2}\right]^2}=2\sqrt{r^2-\frac{l^2}{4}} \qquad (5.4)$$

式中　l——灌浆孔孔距。

当 $l=2r$ 时，$b=0$。

如果灌浆体的设计厚度为 T，则灌浆孔距为

$$l=2\sqrt{r^2-\frac{T^2}{4}} \qquad (5.5)$$

按上述公式设计孔距，可能会出现下列情况：

（1）当 l 值接近于零时，b 值仍不满足设计厚度，这时可作多排孔布置。

（2）单排孔满足设计要求，但如果孔距太小，则孔数过多。应与两排孔方案进行比较，以择其优。

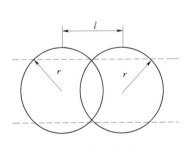

图 5.5　单排孔的布置

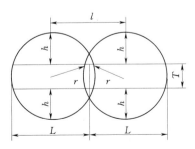

图 5.6　无效面积计算图

（3）如图5.6所示，每个灌浆孔的无效面积为

$$S_n = 2 \times \frac{2}{3} Lh \qquad (5.6)$$

$$h = r - \frac{T}{2}$$

式中　L——弓长，$L = l$；

　　　h——弓形高；

　　　T——设计帷幕厚度。

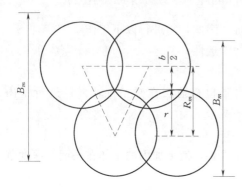

图5.7　孔排间的最优搭接

设土的孔隙率为 n，且浆液填满整个孔隙，则浪费的浆液量为

$$m = S_n n = \frac{4}{3} Lhn \qquad (5.7)$$

所以，应该进行钻孔费和浆液费用的优化选择，使综合费用最小。

2．多排孔布置

若单排孔厚度不能满足设计要求，就要采用两排以上的多排孔，图5.7为两排孔正好紧密搭接的最优化设计布孔方案，并可以推导出最优排距 R_m 和最大灌浆有效厚度 B_m 的计算公式：

奇数排孔　　　　　$$B_m = (n-1)\left[r + \left(\frac{n+1}{n-1} \right) \sqrt{r^2 - \frac{l^2}{4}} \right] \qquad (5.8)$$

偶数排孔　　　　　$$B_m = n \left(r + \sqrt{r^2 - \frac{l^2}{4}} \right) \qquad (5.9)$$

式中　n——灌浆排数。

当排距 $R = \left(r + \frac{b}{2} \right) = r + \sqrt{r^2 - \frac{l^2}{4}}$ 时，两排孔正好紧密搭接，是一种最优的设计。

孔位以三角形布置效率最高。

5.3.7　灌浆压力

容许灌浆压力是指不会使地表面产生变化和邻近建（构）筑物受到影响前提下可能采用的最大灌浆压力。

由于浆液的扩散能力与灌浆压力的大小密切相关，有人倾向于采用较高的灌浆压力，在保证灌浆质量的前提下，使钻孔数尽可能减少。高灌浆压力还能使一些微细孔隙张开，有助于提高可灌性。当孔隙中被某种软弱材料充填时，高灌浆压力能在充填物中造成劈裂灌注，使软弱材料的密度、强度和不透水性得到改善。此外，高灌浆压力还有助于挤出浆液中的多余水分，使浆液结石的强度提高。

但是，当灌浆压力超过地层的压重和强度时，将有可能导致地基及其上部结构的破坏。因此，一般都以不使地层结构破坏或仅发生局部的和少量的破坏，作为确定地基容许灌浆压力的基本原则。

灌浆压力值与所要灌注地层土的密度、强度和初始应力，钻孔深度、位置及灌浆次序等因素有关，而这些因素又难以准确地预知，因而宜通过现场灌浆试验来确定。

进行灌浆试验时，一般是用逐步提高压力的办法，求得灌浆压力与灌浆量关系曲线。当压力升至某一数值而灌浆量突然增大时，表明地层结构发生破坏或孔隙尺寸已被扩大，因而可将此时的压力值作为确定容许灌浆压力的依据。

当缺乏试验资料时，或在进行现场灌浆试验前需预定一个试验压力时，可用理论公式或经验数值确定容许压力，然后在灌浆过程中根据具体情况再作适当的调整。

5.3.8 其他

1. 灌浆量

灌浆过程中，由于浆液不可能完全充满于土的孔隙体积中，而土中水分也占据了孔隙的部分体积，所以，灌浆量的体积不可能等于土的孔隙体积，通常乘以小于 1 的灌注系数，并考虑浆液的损失，故灌注的浆液总量 Q 可参照下式计算：

$$Q = KVn \times 1000 \tag{5.10}$$

式中　Q——浆液总用量，L；

　　　V——被灌注的土体积，m^3；

　　　n——土的孔隙率；

　　　K——经验系数，软土、黏性土和细砂，取 $K = 0.3 \sim 0.5$；中砂和粗砂，取 $K = 0.5 \sim 0.7$；砾砂取 $K = 0.7 \sim 1.0$；湿陷性黄土，取 $K = 0.5 \sim 0.8$。

一般情况下，黏性土地基中的浆液注入率为 $15\% \sim 20\%$。

2. 注浆顺序

注浆顺序是以能提高对浆液的约束力为原则确定的。注浆顺序必须适合于地基条件、现场环境及注浆目的，一般不宜采用自注浆地带某一端单向推进的压注方式，应该按跳孔间隔注浆方式进行，以防止串浆，提高注浆孔内浆液的强度及与时俱增的约束性。当存在地下水流动的情况时，应考虑浆液的迁移效应，需从水头高的一端开始注浆。若加固渗透系数相同的土层，可以首先进行最上层的封顶注浆，然后再按由下而上的原则进行注浆，以防止浆液上冒。如果土层的渗透系数随深度增加而增大，则应自下而上地进行注浆。

注浆时宜采用先外后内的注浆顺序，若注浆范围以外有边界约束条件可以阻挡浆液的流动，也可以采用自内向外顺次注浆的方法。

3. 凝结时间

凝结时间，一般情况下是指从浆液拌和配制至浆液失去塑性的时间。由于各种浆液的成分各异，其凝结时间的变化幅度也较大。例如，化学浆液的凝结时间可在几分钟至几个小时内进行调整，水泥浆的凝结时间则为数小时，黏土水泥浆的凝结时间则更长。

为了达到预期的加固效果，浆液的凝结时间应足够长，以便使计划注浆量能渗入到预定的影响半径范围内。在地下水中灌浆时，除了应控制注浆速率以防浆液被过分稀释或被冲走外，还应使浆液能在灌浆过程中凝结。可见，对浆液的凝结时间进行控制是完全必要的。目前，由于各行业测定各类浆液的凝结时间没有规定的统一标准，故难以对凝结时间作出严格定义。

以水泥浆为例，可将其凝结时间分为初凝时间和终凝时间。由加水拌和到水泥浆开始失去塑性的时间（此时水泥中的胶体开始凝结）称为初凝时间。由加水拌和到水泥浆完全失去塑性并开始产生强度的时间称为终凝时间。在工程实践中，不管采用何种浆液，都需要根据灌浆土层的体积、渗透性、孔隙尺寸和孔隙率、浆液的流变性以及地下水的流速等实际情况对凝结时间进行控制。

在进行浆液配方和灌浆设计时，还可根据灌浆的特点和需要，把浆液的凝结时间分为以下四种：

（1）极限灌浆时间。达到极限灌浆时间后，浆液已具有相当的结构强度，其阻力已达到使注浆速率极慢或等于零的程度。

（2）零变位时间。在这个时间内，浆液已具有足够的结构强度，以便在停止灌浆后能够有效地抵抗地下水的冲蚀和推移作用。

（3）初凝时间。出于浆液的成分性能各异；需规定出适用于不同浆液的标准试验方法，以测出相应的初凝时间，供研究配方时参考。

（4）终凝时间。终凝时间代表浆液的最终强度性质，对各类浆液仍需按照标准方法测定。在此时间内，材料的化学反应实际上已经终止。

前两种凝结时间对一般防渗灌浆工程特别重要。但在某些特殊条件下，如在粉细砂层中开挖隧道或基坑时，为了缩短工期和确保安全，终凝时间就成了重要的控制指标。

任务 5.4　灌 浆 施 工 工 艺

5.4.1　注浆施工方法的分类

一般注浆施工方法有两种分类：按注浆管设置方法分类和按注浆材料混合方法或灌注方法分类，见表 5.4。

表 5.4　　　　　　　　　　　　　　注浆施工方法分类表

注浆管设置方法			凝胶时间	混合方法
单层管注浆法	钻杆注浆法		中等	双液单系统
	过滤管（花管）注浆法			
双层管注浆法	双栓塞注浆法	套管法	长	单液单系统
		泥浆稳定土层法		
		双过滤器法		
	双层管钻杆法	DDS 法	短	双液双系统
		LAG 法		
		MT 法		

1. 按注浆管设置方法分类

（1）钻孔方法。与其他方法比较，此法具有不扰动地基土和可以使用填塞器等优点，但一般的工程费用较高。此法主要用于基岩或砂砾层及已经压实过的地基的灌浆施工。

（2）打入方法。在注浆管顶部安装柱塞，将注浆管或有效注浆管用打桩锤或振动机打入地层中。前者打进后拉起注浆管以便拆卸柱塞，所以不能从上向下灌注；后者在打入过程中，注浆管的孔眼易堵塞，洗净注浆管则耗时较多。当灌浆深度较小时可采用此法。

（3）喷注方法。利用泥浆泵，设置用水喷射的注浆管，但容易扰动地基土。在比较均质的砂层或注浆管难以打入的地方可采用此方法。

2. 按灌注方法分类

（1）一种溶液一个系统。所有材料在一起预先混合再注浆，适用于凝胶时间较长的情况。

（2）两种溶液一个系统。溶液 A 和溶液 B 各自备于不同的容器中，分别用泵输送至注浆管头部会合。这种混合灌注方法适用于凝胶时间较短的情况。

（3）两种溶液两个系统。将溶液 A 和溶液 B 分置于不同的容器中，用不同的泵输送，在注浆管（并列管、双层管）顶端流出的瞬间，二者会合而注浆。此法适用于瞬时凝胶的情况。

3. 按注浆方法分类

（1）钻杆注浆法。通过钻孔作业使注浆用的钻杆（单管）达到设计深度后，把浆液通过钻杆送入地层。注浆材料在进入钻孔前，先将溶液 A 和 B 混合，随着化学反应的进行，黏度逐渐升高，并在地基内凝胶（图 5.8）。

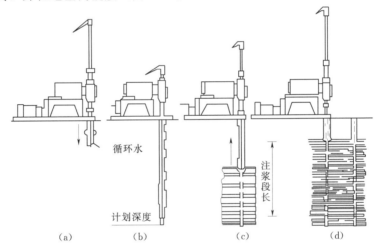

图 5.8　钻杆注浆施工方法

（a）安装机械，开始钻孔；（b）打钻完毕，注浆开始；（c）阶段注浆；（d）注浆结束，水洗，移动

此法与其他注浆法比较，具有操作容易、施工费用较低的优点。但浆液易沿钻杆与钻孔间隙往地面喷浆、或沿垂直单一的方向喷射，造成浆液浪费和使加固效果降低，亦不可忽视。

（2）单过滤管注浆法。将过滤管设置于钻好的地层中并将砂填入管内下半段，用填充物（黏性土或注浆材料）封闭注浆范围以上管与地层间的空隙，不使浆液溢出地表。一般从上向下依次注浆。每注完一段，用水将管内的砂冲洗出来后反复上述操作（图 5.9）。这种方法比钻杆注浆方法的可靠性要高。

如果有许多注浆孔，注完各个孔的第一段以后，依次采用下行的方式进行第二段、第三段等段的注浆。

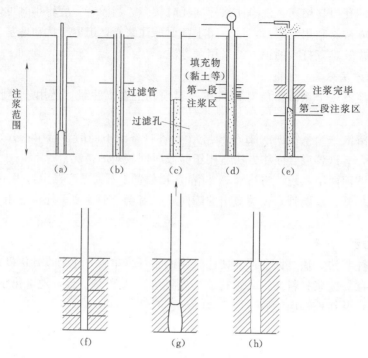

图 5.9　单过滤管注浆法施工顺序

（a）利用岩芯管等钻孔；（b）插入过滤管；（c）管内外填砂及黏土；（d）第一阶段在注浆；
（e）第二阶段注浆，第一阶段砂洗出；（f）反复（d）、（e）直至注浆完毕；（g）提升
过滤管；（h）过滤管孔回填或注浆

（3）双层管双栓塞注浆法。在注浆管下端不同高度处设有两个栓塞，使注浆材料从栓塞中间向外渗出的方法，又称 Soleanche 法。目前有代表性的方法还有双层过滤管法和套筒注浆法。

双层管双栓塞注浆法 Soleanche 法（又称袖阀管法）最为先进，其施工方法分为四个步骤：

1）钻孔。常用优质泥浆（如膨润土浆）进行固壁，很少用套管护壁。

2）插入袖阀管。为使套壳料的厚度均匀，应设法使袖阀管位于钻孔的中心。

3）浇筑套壳料。用套壳料置换孔内泥浆，浇筑时应避免套壳料进入袖阀管内，并严防孔内泥浆混入套壳料中。

4）灌浆。待套壳料具有一定强度后，在袖阀管内放入带双塞的灌浆管进行灌浆。

图 5.10 为此种方法的施工顺序图。

（4）双层管钻杆注浆法。该法是将 A 液和 B 液分别送到钻杆的端头，浆液在端头所安装的喷枪里混合或从喷枪中喷出之后才混合并注入地基中。

双层管钻杆注浆与钻杆法注浆的注浆设备、施工原理基本相同，注浆顺序等也相同，不同的是前者在端头增加了喷枪，而且注浆段长度较短，注浆密实，浆液集中，不会向其他部位扩散，所以原则上可采用定量注浆方式。

5.4.2　注浆施工的机械设备

注浆施工机械及性能见表5.5。城市房屋建筑中注浆深度通常在40m以内，所以使用

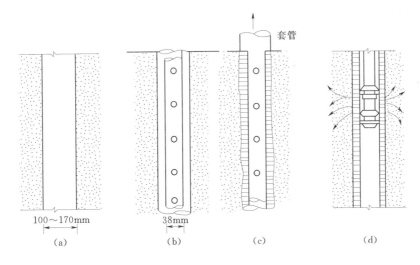

图 5.10 双层管双栓塞注浆法施工顺序

(a) 钻孔后插入套管；(b) 插入外管；(c) 注入封填材料，提升套管；

(d) 插入带双止浆塞的注浆管，开始注浆

小孔径钻机和主轴回转式的油压钻机，性能较好。机具就位后应将其固定好，以保证安全及施工质量。

表 5.5 注浆机械设备的种类和性能

设备种类	型 号	性 能	质量/kg	备 注
钻探机	主辅旋转式 D－2 型	340 给油式 旋转速度：160r/min、300r/min、600r/min、1000r/min 功率：5.5kW 钻杆外径：40.5mm 轮周外径：41.0mm	500	钻孔用
注浆泵	卧式二连单管复动活塞式 BGW 型	容量：16～60L/min 最大压力：3.628MPa 功率：3.7kW	350	注浆用
水泥搅拌机	立式上下两槽式 MVM5 型	容量：上下槽各 250L 叶片旋转数：160r/min 功率：2.2kW	340	不含有水泥时的化学浆液不用
化学浆液混合器	立式上下两槽式	容量：上下槽各 220L 搅拌容量：20L 手动式搅拌	80	化学浆液的配制和混合
齿轮泵	K1－6 型齿轮旋转式	播出量：40L/min 排出压力：0.1MPa 功率：2.2kW	40	从化学浆液槽往混合器送入化学浆液
流量、压力仪表	附有自动记录仪电磁式浆液 EP	流量计测定范围：40L/min 压力计：3MPa（布尔登管式） 记录仪双色 流量：蓝色 压力：红色	120	

5.4.3 灌浆法施工

（1）注浆孔的钻孔直径一般为 70～110mm，垂直偏差应小于 1%。注浆孔有设计倾角时应预先调节钻杆角度。倾角偏差不得大于 20″。

（2）钻孔至设计深度后，通过钻杆注入封闭泥浆。直至孔口溢出泥浆后再提钻杆，当提至设计深度的一半时再次封闭，最后完全提出钻杆。封闭泥浆浆液的稠度 80～90s，其 7d 的无侧限抗压强度宜为 0.3～0.5MPa。

（3）注浆压力一般与加固深度的覆盖压力、建筑物的荷载、浆液黏度、灌浆速度和灌浆量等因素有关。注浆过程中的压力是变化的，初始压力小，最终压力高，在一般情况下每增加 1m 深度，注浆压力增加 20～50kPa。

（4）若进行第二次注浆，化学浆液的黏度应较小，宜采用两端用水加压的膨胀密封型注浆芯管。

（5）灌浆完毕后及时用拔管机拔管，否则浆液会把注浆管凝固住而增加拔管的困难。拔出注浆管后及时刷洗以保畅通。拔管后在土中留下的孔洞应用水泥砂浆或土料填塞。

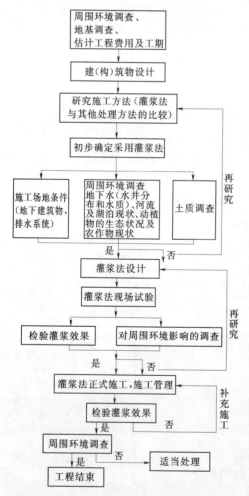

图 5.11 灌浆法调查、设计和施工流程图

（6）灌浆流量一般 7～10L/min。对充填型灌浆，流量可适当加快，但也不宜大于 20L/min。

（7）在满足强度的前提下，可用磨细的粉煤灰代替部分水泥，掺入量应通过试验确定，一般掺入量约为水泥质量的 20%～50%。

（8）为了使浆液性能得到改善，可以在制备水泥浆液时加入下列外掺剂：

1）水玻璃。可加速浆体凝固，其模数应为 3.0～3.3，水玻璃掺量应通过试验确定，一般为 0.5%～3%。

2）三乙醇胺等。可提高浆液的扩散能力和可泵性，其掺量为水泥用量的 0.3%～0.5%。

3）膨润土。可提高浆液的均匀性和稳定性，防止固体颗粒离析和沉淀，其掺加量不宜大于水泥用量的 5%。

浆体须搅拌均匀才能开始压注，并在泵送前过筛网。

（9）冒浆处理。由于土层的下部压力高于上部，灌浆过程中浆液就会向上部抬起，当灌注深度不大时，浆液上抬较多，甚至会溢出地表面，此时应将一定数量的浆液注入上层孔隙大的土中后，间歇一定时间，让浆液凝固，反复几次，可把上抬的通道堵死（即间歇灌注法）；或者加快浆液凝固速度，使其冒出注浆管就凝固。实践表明，需加固的土层区段以上，应有不少于1m厚的封闭土层，否则要采取措施以防冒浆。

灌浆法调查、设计和施工流程如图5.11所示。

任务5.5 质 量 检 验

5.5.1 灌浆质量检验

灌浆质量检验一般指检验灌浆施工是否合乎设计要求和施工规范，如灌浆材料的品种规格、浆液配比和性能、钻孔位置和角度、灌浆压力等，都要求符合规范的要求，否则应根据具体情况采取适当的补救措施。

5.5.2 灌浆效果评价

灌浆效果是指灌浆后可将地基土的物理力学性质提高的程度。灌浆质量高并不等于灌浆效果好。因此，在设计和施工中，除了明确某些质量指标外，还应规定所要达到的灌浆效果及检查方法。

灌浆效果的检验，通常在注浆结束后28d方可进行，检验方法如下：

（1）统计计算灌浆量。可利用灌浆过程中的浆液流量和灌浆压力自动曲线进行分析，从而判断灌浆效果。

（2）在灌浆体内薄弱部位，如地质条件不好，灌浆质量有问题，灌浆孔之间的搭接部位等处，钻孔作压水、注水或抽水试验，测定地层灌浆前后的渗透性变化，不合格者需要补充灌浆。检查孔数约为灌浆孔总数的5%～10%。对防渗灌浆而言。这是基本的和直接的检查手段。对加固灌浆而言，这是反映被灌地层的充填密实程度及力学性质改善的重要参考指标。

（3）在被灌体内钻孔或开挖，取原状试样作室内土工试验，以此对灌浆效果作出确切的评价。

（4）在被灌体内钻孔进行声波速度、动弹性模量、旁压试验，也可以进行现场剪切和变形模量试验，并将试验结果与灌浆前作对比，以评价加固效果。

（5）对加固体进行开挖，进行原型观测。

案 例 分 析

【案例1】 某大厦灌浆加固地基处理。

1.工程概况

某大厦基础采用联合基础，基坑深9.0m，桩身位于地表下9.0～22.0m，桩径分别为1.2m、1.5m、1.8m。地基土层为淤泥、粉细砂夹淤泥及砂层。淤泥层平均厚6.0m，分布不均匀。由于地下水位高，在灌注桩身混凝土时，因地下水涌入桩孔，使混凝土产生离析，水泥流失，桩身出现孔洞。经钻孔取样和采用动测法检测桩身质量，结果发现47根桩桩身混凝土有严重缺陷，未能达到设计要求，因此决定采用先灌水泥浆、后灌化学浆液的复合灌浆的方法进行处理。

2. 灌浆材料及性能

复合灌浆的基本原理是：将水泥浆液灌注到桩身较大的空隙中，填充空隙，改善桩身整体性；然后利用EAA环氧树脂浆液的高渗透性解决新旧混凝土之间的黏结力问题及充填细小孔隙，从而使桩基的整体强度得到提高。

灌浆材料：水泥采用32.5级普通硅酸盐水泥，并加入适量的黏土、塑化剂、早强剂，水泥浆液水灰比选用1:1和0.6:1两种，以0.6:1为主。化学浆材采用EAA环氧树脂浆液。

EAA环氧树脂浆液具有较高的渗透性，可渗入渗透系数为$10^{-6} \sim 10^{-8}$cm/s的材料中，固结体的强度较高，可满足桩基加固的要求，其性能见表5.6。

表5.6   **EAA环氧浆材性能**

配方号	抗压强度/MPa	劈裂抗拉强度/MPa	抗剪强度/MPa	抗冲强度/MPa
1	25.4	15.9	14.7	4.2
2	13.7	14.0	15.1	4.0
3	12.0	12.7	10.0	4.1
4	64	25.7（抗拉）	32.7	

注   4号配方为含有糠醛稀释剂。

3. 施工工艺及要求

（1）钻孔。在桩径为1200mm的桩顶采用地质钻机钻孔。为尽可能降低成本，将原布置的每桩4孔改为每桩3孔。两个灌水泥浆孔的间距为600mm，中间设一化学灌浆孔。其布置如图5.12所示。

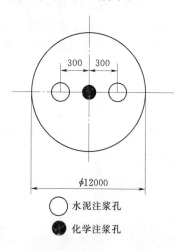

（2）灌浆顺序。先灌水泥浆，待固结8～12h后，钻开中心孔，进行化学灌浆。灌浆时，自上而下进行，钻一段，灌一段，重复灌浆直至进入基岩下0.5m。

（3）灌浆段长。根据钻孔取样情况确定水泥灌浆段长，一般控制在5.0m以内。化学灌浆前必须进行压水试验，只有吸水量小于1.0×10^{-2}L/(min·m·m)时，方可进行化学灌浆，否则灌注水泥浆液。

（4）浆液浓度。先灌水灰比为3:1的水泥浆100L，视进浆量的大小及压力的变化情况改变浆液浓度，如进浆量大、压力不升高，则直接灌注水灰比为0.6:1的水泥浆液，若吸浆量大时，在降低灌浆压力的同时，在浆液中加入速凝剂，待凝结3～4h后扫孔重灌。

图5.12 桩的孔位布置图

（5）灌浆压力。水泥灌浆压力为1.0MPa，化学灌浆压力为1.5MPa。

4. 加固效果分析

由于处理前后对每孔段进行简易取芯和压水试验，能较准确地确定处理的部位、被处理段的缺陷特征，有针对性地采用适宜的措施，除一根桩因破碎极为严重，需作二次补强外，其他均为一次加固成功。从资料分析可知，水泥灌浆孔均达到和超出原设计灌浆压力，水泥灌浆平均单耗113.26L/m（以ϕ1.8m桩计，水泥浆充填率达44.6%，已达最大充填度）。对于复杂的孔段采用综合有效的措施，以确保质量。对其中一根桩进行抽芯检测，岩芯结构完整，达到设计要求。采用低应变动力检测 47 根桩，其中Ⅰ类桩占 40%，其余为Ⅱ类桩。

【案例 2】 压力灌注工艺在钻孔灌注桩中的应用。

为了提高钻孔灌注桩的承载能力，可采用压力灌注工艺，其方法和作用为：在钻孔灌注桩两侧埋设灌浆管进行灌浆，以提高灌注桩与土之间的表面摩擦力；对钻孔灌注桩的底部进行压力灌浆，以增强桩底土体的力学强度。

灌浆系统如图 5.13 所示，灌浆对灌注桩的承载能力的影响如图 5.14 所示。

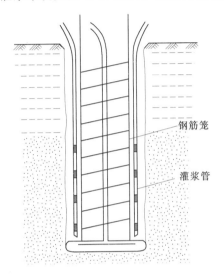

图 5.13　后灌浆系统示意图

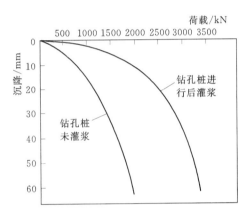

图 5.14　钻孔桩灌浆前后沉降图

1. **钻孔灌注桩底部灌浆**

某建筑物地基由三部分组成：上部 3m 为含少量粉土的砾质粗砂，中间为 4~4.5m 的极软砂质淤泥，其下为内摩擦角 $\phi=35°$ 的较密实粗砂。

桩径为 960~1200mm，桩长 11m，设计工作荷载为 5800kN。设计书规定，在 150% 工作荷载作用下，桩的沉降量不得超过 80mm。

初步的静载荷试验结果表明，主要是由于施工时土受到较大的扰动，使桩体在荷载作用下产生了较大的沉降，例如，214 号桩的荷载为 4000kN 时的沉降量为 100mm。

在这种情况下，一般的做法是减少工作荷载或把钻孔桩的深度增加至 20~30m，然而该工程没有这样做，而是采用化学灌浆加固法。

灌浆方法采用袖阀管法，从钻孔桩的中部钻孔至软弱土层，进行分段灌浆，如图 5.15 所示。

套壳料采用低强度膨润土水泥浆，灌浆分次序进

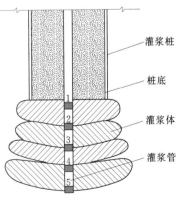

图 5.15　袖阀管灌浆法示意图

行：首先灌注底部，然后灌注紧靠底端的上部，最后灌注中部进行加密，为防止钻孔桩被上抬并限制灌浆量不致太大，最大灌浆压力定为 500kPa。

灌浆材料采用间苯二酚甲醛树脂，这种浆液的起始黏度为 $1.5 \times 10^{-3} \mathrm{Pa \cdot s}$，而且在 $50\% \sim 75\%$ 的胶凝时间内黏度维持不变。浆材的基本配方及其他物理力学性质见表 5.7。

表 5.7　　　　　　　　　　浆材配方及性质

名称	单位	配方 A	配方 B	配方 C	名称	单位	配方 A	配方 B	配方 C
水	L	31.5	42.0	52.5	胶凝时间（在 15℃）	min	45	120	190
树脂 MQ-14	L	18.0	18.0	18.0	粉质砂灌浆样品	kN/m²	—	660	490
固化剂 MQ-42	L	12.0	21.0	12.0	无侧限抗压强度（7d）				
胶凝时间（在 28℃）	min	22	51	105	浆液单价系数		1.34	1.15	1.00

灌浆后又进行了载荷试验，图 5.16 为典型试验结果，这些结果足以证明，采用灌浆方法能在粉质砂中有效而经济地使灌注桩获得足够的承载力。

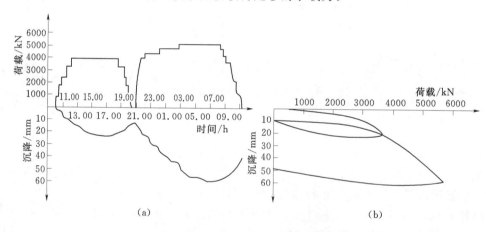

图 5.16　灌浆后钻孔桩荷载试验典型结果

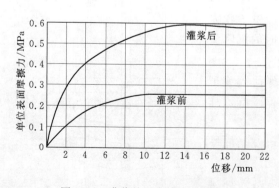

图 5.17　灌浆前后摩擦力的变化

2. 钻孔桩侧面灌浆

钻孔桩桩径为 680mm，桩长 16m。地基土为密实泥炭土。在钻孔过程中，钻具使孔壁土体松动和软化。为了提高桩侧与土层之间的摩擦力，在桩的周围进行了水泥灌浆，浆液的水灰比为 1:1.5，平均灌浆压力为 2.5MPa。灌浆后的试验结果（图 5.17）表明，不仅松动的土体受到压密，浆液还把土体与桩身混凝土联结成整体，从而使钻孔桩与土体的单位表面摩擦力由原来的 0.2MPa 提高至 0.5MPa，即灌浆后比灌浆前增加了 150％。

【案例 3】 成都砂卵石地层注浆加固技术的应用。

1. 工程概况

成都地铁主要穿越砂卵石地层，卵、砾石成分以灰岩、砂岩、石英岩等为主，呈圆形—次圆形，粒径大小不一，分选性差。卵石含量约 80％，粒径以 20～100mm 为主，最大粒径为 500mm，圆砾含量约 10％，兼夹漂石，漂石最大粒径为 270mm。卵石硬，最大强度可达 200MPa。卵、砾石以中等风化为主。充填物主要为中、细砂及少量黏性土。卵石土层顶板埋深为 8.2～22.0m。经过长期沉积，未降水区域砂卵石层致密性较好。按地下水赋存条件，地下水可分为第四系孔隙潜水和基岩裂隙水两种类型。其中，第四系孔隙水，主要赋存于各个时期沉积的卵石土及砂层中，土体透水性强，渗透系数大（25m/d），地下水水量丰富，是段内地下水的主要存在形式。

现阶段，对成都地区盾构穿越建（构）筑物和重要管线的沉降控制普遍采用袖阀管注水泥浆加固的方法，但实践证明，在成都砂卵石地层条件下采用传统工艺进行注浆加固存在以下问题：水泥浆由于浆体颗粒大无法注入密实砂卵石层中；袖阀管注浆时，管的顶部封口不理想，注浆加固时浆液向上冒，注浆效果不理想。盾构穿越时容易出现隧道上方管线、建（构）筑物等沉降，一旦沉降过大或塌陷，直接和间接经济损失巨大。以往的注浆加固方法应用于成都富水砂卵石地层中无法保证注浆效果。为此分析了以往常用的袖阀管注浆在成都砂卵石地层下的不足之处，提出制作封口管，通过注聚氨酯进行封口，注水泥-水玻璃浆填充大的空隙，注 AB 化学浆液填充小的空隙，并凝结形成一个整体，进而形成高富水、高卵石含量地层下的注浆加固技术。

2. 传统袖阀管注浆工艺及在砂卵石地层中的不足之处

传统袖阀管注浆法是通过较大的压力将浆液注（压）入岩土层中，注浆芯管上下的阻塞器可实现分段分层注浆，可根据施工需要选择连续或跳段注浆。此工法在全程注浆的施工中，通过分段注浆，使松散的地层和较密实的地层均得到很好的注浆加固效果，避免了以往的注浆工艺在松散地层和较密实地层同时存在时，松散地层注浆量大而较密实地层注不进浆的现象的发生。

（1）施工工艺。

1）测量放样。根据已布设好的控制点坐标计算孔的坐标位置，使用全站仪定出孔位；用水准仪测量地面高程，确定钻孔深度。

2）钻孔。采用植物胶护壁机械回转钻进成孔，钻进深度应到达需要进行注浆加固区域的范围。

3）下管。根据孔深度连接袖阀管，袖阀管上口露出地面 20cm，将连接好的袖阀管下口用尖底封好；将袖阀管下入孔中，并使袖阀管下到孔底。

4）洗孔。用高压水对孔壁进行清洗，减少孔内沉渣，将孔壁植物胶清洗干净。

5）下套壳料和封口。下套壳料，并在注浆范围顶部灌一层厚的砂浆进行封口，以防止注浆过程中冒浆现象的发生。

6）注浆。采取分段式注浆。注浆过程中，每段注浆完成后，向上或向下移动 1 个步距的芯管长度。注浆结束后，在注浆管上口盖上闷盖，以便于复注施工。传统袖阀管注浆

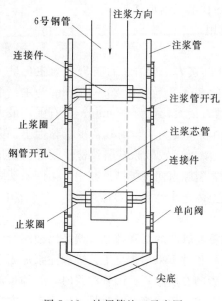

图 5.18 袖阀管施工示意图

示意图如图 5.18 所示。

（2）砂卵石地层采用传统袖阀管注浆加固不足之处。

1）洗孔是为了将护孔壁的泥浆和植物胶清洗干净，保证注浆效果。清洗过程中孔壁周围的砂卵石向孔内塌陷，严重时砂卵石会将孔间隙全部充满，导致套壳料不能按设计下到位，封口位置不准确，影响注浆效果；同时，成都砂卵石地层一般是上部松散下部相对致密，施工过程中往往是浆液基本注入表层的松散层，需要注浆加固位置的深层反而未注入浆液。

2）成都砂卵石层地下水丰富，注入的水泥浆液很容易稀释并被水冲走，导致注浆效果不好。

3）对于致密性好的富水砂卵石层，因为水泥的粒径为 $20\sim80\mu m$，无法注入到砂卵石缝隙中，不能加固成一个整体，导致注浆加固效果不好。

3. 粗细颗粒相结合注浆施工

根据袖阀管的施工工艺和传统袖阀管注浆加固在成都卵石地层的不足，经过深入研究，提出改进措施，经过多次改进与试验，形成了高富水、高卵石含量地层条件下的固定封口、水泥-水玻璃与 AB 化学浆液相结合的注浆加固施工方法（即粗细颗粒相结合注浆施工方法）。

（1）粗细颗粒相结合注浆施工工艺。工艺流程如图 5.19 所示。

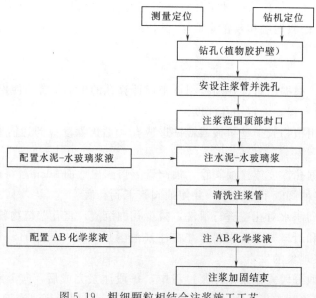

图 5.19 粗细颗粒相结合注浆施工工艺

1）测量放样。根据已布设好的控制点坐标计算孔的坐标位置，使用全站仪定出孔位；用水准仪测量地面高程，确定钻孔深度。

2）钻孔。采用植物胶护壁机械回转钻进成孔，钻进深度应到达需要进行注浆加固区域的范围。

3）下管。首先根据注浆范围下带单向阀的注浆管，然后连接封口管（图 5.20），最后连接不带孔的注浆管（每根不带孔注浆管外侧固定 1 根与注浆管等长的小铝管），同时将小铝管连接。

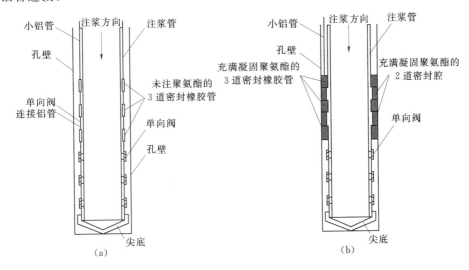

图 5.20　注浆区域顶部封口示意图

（a）未封口前注浆管示意图；（b）封口后注浆管示意图

4）洗孔。将注浆芯管下到注浆管底部，将高压水打入注浆芯管内，经注浆管底部单向阀进入孔内，对孔壁的植物胶进行清洗，一直达到孔顶部返水出现清水为止（说明孔壁植物胶已经清洗干净），最后将注浆芯管抽出。

5）封口。使用手压泵将适量的聚氨酯经小铝管注入到 3 道密封弹性橡胶管内，密封橡胶管充满聚氨酯膨胀。当密封橡胶管压力达到 0.5MPa 时，连接 3 道密封弹性橡胶管之间小铝管上的单向阀开启，聚氨酯进入 3 道密封橡胶管之间的 2 个腔内，聚氨酯遇水迅速膨胀将 2 个腔填满，一直达到手压泵注不进去为止，封口完成。注浆区域顶部封口示意图如图 5.20 所示。

6）注水泥-水玻璃浆。采用双液气动注浆泵将搅拌好的水泥浆和水玻璃浆按 1∶1 体积配合比注入注浆管内（水泥-水玻璃初凝时间控制在 10min 左右），经注浆管单向阀向加固区域扩散，填充大的空隙并凝结。当气动注浆泵注入压力达到 3MPa 左右时停止。

7）清洗注浆管。水泥-水玻璃注浆结束后立即将注浆芯管再次插入到注浆管底，上部止浆圈密封拆除，注入清水对注浆管进行清洗，将注浆管底部的沉积水泥清洗掉，当注浆管顶部返出清水为止，然后抽出注浆芯管。

8）注 AB 化学浆液。采用气动双液注浆泵注入 AB 化学浆液。化学浆液经注浆管单向阀注入到水泥-水玻璃浆无法注入的需加固范围内，挤走此范围的水，并迅速反应与砂

161

卵石黏结在一起，形成具有一定强度的整体。AB 液的初凝时间控制在 3min 左右，注入体积为计划加固区域体积的 6%（设计为加固区域含水体积的 1.2 倍）。当 AB 液按计划量注入完成后清理现场，注浆加固结束。若计划量未全部注入时，气动注浆泵已经无法泵入，则需要调整 AB 液材料配比，需适当增加 AB 液的初凝时间。

（2）粗细颗粒相结合注浆施工的优点。

1）3 道密封弹性橡胶管和 2 个腔内全部注入聚氨酯并成为凝固体，在注浆范围顶部进行封口，能有效解决注浆封堵难题，注入的浆液能够全部注入到计划加固区域内。

2）应用水泥-水玻璃双液浆，凝固时间短，可以防止浆液的流失；同时，水泥-水玻璃浆能有效填充需加固范围内大的空隙，并形成具有一定强度的整体。

3）化学材料全部溶解于水中，形态与水相似，容易注入到水泥-水玻璃浆无法注入的致密性好的砂卵石层，并迅速与砂卵石黏结，确保加固体的形成。

（3）粗细颗粒相结合注浆施工的缺点。

1）无论是水泥-水玻璃浆还是 AB 化学浆液，在注入过程中设备必须完好，不能中途停止。一旦由于某种原因停止，注浆管内浆液凝固，不能再次注浆，将无法达到计划注浆效果。

2）材料成本相对较高。

4. 注浆效果评价

成都地铁 2 号线二期工程（西延线）土建 2 标盾构正下方穿越土桥社区民房数 10 间（一般为 2 层楼房），基础为下挖 1m 的砖基础，建筑时间为 19 世纪 70 年代。在建筑物的隧道正上方每隔 3m 打设 1 个注浆孔（注浆孔深度到隧道顶部），采用粗细颗粒相结合注浆工艺进行注浆加固。盾构穿越建（构）筑物期间出渣量少于未加固区域，最终加固区域建（构）筑物最大沉降量为 4.8mm。实践证明，粗细颗粒相结合注浆方法优于传统袖阀管注浆加固方法，适用于成都高富水、高卵石含量地层条件下的注浆加固。

项 目 小 结

在工程实践中，灌浆加固地基大多数用在坝基工程和地下开挖工程中，在建筑地基处理工程中注浆加固主要是作为一种辅助措施和既有建筑物加固措施。灌浆法地基处理项目以具体工程实例作为背景，把教学内容进行了任务分解。主要介绍了灌浆法的选用，包括灌浆法的概念、作用、目的、分类、加固机理和应用范围；灌浆材料常见的种类，如何选用灌浆材料；灌浆设计计算、施工及质量检验。最后以具体工程案例进行方案设计强化项目化教学的内容。

思 考 及 习 题

1. 什么是灌浆法？灌浆有哪些作用？灌浆法可应用于哪些工程领域？

2. 灌浆材料有哪些？

3. 灌浆法分为哪些类型？

4. 简述灌浆法的设计步骤。

5. 灌浆法的施工方法有哪些？如何进行灌浆处理的质量与效果检验？

项目 6　预压法地基处理

教学目标

1. 熟悉排水固结法的定义及适用范围。
2. 掌握排水固结法提高地基土的强度和减小地基的沉降的原理。
3. 了解堆载预压设计方法，了解砂井排水固结的设计计算步骤及真空预压设计计算的步骤。
4. 掌握堆载预压、真空预压及真空-堆载预压法的施工方法。
5. 掌握排水固结法的现场监测与质量检验的内容。

项目背景

浙江某炼油厂位于浙江省镇海县境内，整个厂区坐落在杭州湾南岸的海涂上，厂区大小油罐 60 余个，其中 1 万 m^3 的油罐 10 个，罐体采用钢制焊接固定拱顶的结构型式。1 万 m^3 的油罐直径 $D=31.28m$，采用钢筋混凝土环形基础，环基高度取决于油罐沉降大小和使用要求，本设计环基高 $h=2.30m$，其环形基础内填砂。

罐区地基土属第四纪滨海相沉积的软黏土，土质十分软弱，而油罐基底压力达 $p=191.4kN/m^2$，所以油罐地基采用砂井并充水预压处理。

任务 6.1　预压法方法选用

6.1.1　预压法的概念及应用

预压法又称排水固结法。预压法是对天然地基，或先在地基设置砂井（袋装砂井或塑料排水带）等竖向排水体，然后利用建筑物本身重量分级逐渐加载，或在建筑物建造前在场地先行加载预压，使土体中的孔隙水排出，逐渐固结，地基发生沉降时同时强度逐渐提高的一种加固方法。

该法常用于解决软黏土地基的沉降和稳定问题，可使地基的沉降在加载预压期间基本完成或大部分完成，确保建筑物在使用期间不致产生过大的沉降和沉降差。同时，可增加地基土的抗剪强度，从而提高地基的承载力和稳定性。

预压法分为堆载预压法和真空预压法两类。堆载预压法是指在建筑物施工前，在地基表面分级堆土或其他荷载，使地基土压实、沉降、固结，从而提供地基强度和减少建筑物建成后沉降量，在达到预定标准后再卸载，建造建（构）筑物。对于在持续荷载下体积发生很大的压缩和强度会增长的土，而又有足够的时间压缩时，这种方法特别适用。为了加速压缩过程，可采用比建筑物重量大的所谓超载进行加压。

真空预压法是在软黏土中设置竖向塑料排水带或砂井，上铺砂层，再覆盖薄膜封闭，抽气使膜内排水带、砂层等处于部分真空状态，排除土中的水分，使土预先固结以减少地基后期沉降的一种地基处理方法。对于在加固范围内有足够水源补给的透水层又没有采取隔断水源补给措施时，不宜采用真空预压法。

预压法可和其他地基处理方法结合起来使用，作为综合处理地基的手段。如天津新港曾进行了真空预压（使地基土强度提高）再设置碎石桩使形成复合地基的试验，取得良好效果。又如美国跨越金山湾南端的 Dumbarton 桥东侧引道路堤场地，路堤下淤泥的抗剪强度小于 5kPa，其固结时间将需要 30～40 年，为了支撑路堤和加速所预计的 2m 沉降量，采用如下方案：①采用土工聚合物以分布路堤荷载和减小不均匀沉降；②使用轻质填料以减轻荷载；③采用竖向排水体使固结时间缩短到 1 年以内；④设置土工聚合物滤网以防排水层发生污染等。

此外国内亦有采用长塑料排水板与短深层搅拌桩组成的联合地基加固形式，用于加固高速公路路基的试验与应用报告。

6.1.2 预压法系统构成

预压法是由排水系统和加压系统两个主要部分组成。

加压系统，是为地基提供必要的固结压力而设置的，它使地基土层因产生附加压力而发生排水固结。设置排水系统则是为了改善地基原有的天然排水系统的边界条件，增加孔隙水排出路径，缩短排水距离，从而加速地基土的排水固结进程。如果没有加压系统，排水固结就没有动力，即不能形成超静水压力，即使有良好的排水系统，孔隙水仍然难以排出，也就谈不上土层的固结。反之，若没有排水系统，土层排水途径少，排水距离长，即使有加压系统，孔隙水排出速度仍然慢，预压期间难以完成设计要求的固结沉降量，地基强度也就难以及时提高，进一步的加载也就无法顺利进行。因此，加压和排水系统是相互配合、相互影响的。当软土层较薄，或土的渗透性较好而施工期允许较长时，可仅在地面铺设一定厚度的砂垫层，然后加载，土层中的水沿竖向流入砂垫层而排出。当工程遇到透水性很差的深厚软土层时，可在地基中设置砂井等竖向排水体，地面连以排水砂垫层，构成排水系统。

根据加压和排水两个系统的不同，派生出多种固结加固地基的方法（图 6.1）。

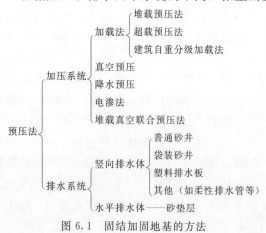

图 6.1 固结加固地基的方法

6.1.3 预压法适用范围

预压法主要用于处理淤泥、淤泥质土和冲填土等饱和黏性土地基。

堆载预压分塑料排水带、砂井地基堆载预压和天然地基堆载预压。通常，当软土层厚度小于 4m，可采用天然地基堆载预压法处理；当软土层厚度超过 4m 时，为加速预压过程应采用塑料排水带、砂井等竖向排水预压法处理。采用真空预压时，必须在地基内设置排水竖井。

对于超固结土，只有当土层的有效上覆压力与预压荷载所产生的应力水平明显大于土的先期压力时，土层才会发生明显的压缩。竖向排水预压法对于处理泥炭土、有机质土和其他次固结变形占很大比例的土效果较差，只有当主固结变形与次固结变形相比所占比例较大时才有明显效果。

真空预压法适用于能在加固区形成（包括采取措施后形成）稳定负压边界条件的软土地基。降低地下水位法、真空预压法和电渗法由于不增加剪应力，地基不会产生剪切破坏，所以它们适用于很软弱的黏土地基，不适用在加固范围内有足够水源补给的透水地层。

预压法可应用于道路、仓库、罐体、飞机跑道、港口等大面积软土地基加固工程。

6.1.4 预压法加固原理

在饱和软土地基中施加荷载后，孔隙水被缓慢排出，孔隙体积随之逐渐减小，地基发生固结变形。同时，随着超静水压力逐渐消散，有效应力逐渐提高，地基土强度就逐渐增长，现以图 6.2 为例说明。当土样的天然固结压力为 σ_0' 时，其孔隙比为 e_0，在 $e-\sigma_0'$ 坐标上其相应的点为 a 点，当压力增加 $\Delta\sigma'$，固结终了时为 c 点，孔隙比减小 Δe，曲线 abc 称为压缩曲线。与此同时，抗剪强度与固结压力成比例的由 a 点提高到 c 点。所以，土体在受压固结时，

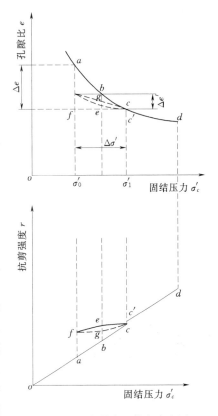

图 6.2 预压法增大土体密实度原理

一方面孔隙比减小产生压缩，另一方面抗剪强度也得到提高。如从 c 点卸除压力 $\Delta\sigma'$，则土样发生膨胀，图中 cef 为卸荷膨胀曲线。如从 f 点再加压 $\Delta\sigma'$，土样发生在压缩，沿虚线变化到 c'，其相应的强度线如图中所示。从再压缩曲线 fgc'，可清楚地看出，固结压力同样 σ_0' 从增加 $\Delta\sigma'$，而孔隙减小值为 $\Delta e'$，$\Delta e'$ 比 Δe 小得多。这说明，如在建筑物场地先加一个和上部建筑物相同的压力进行预压，使土层固结（相当于压缩曲线上从 a 点变化到 c 点），然后卸除荷载（相当于膨胀曲线上从 c 点变化到 f 点）再建造建筑物（相当于在压缩曲线上从 f 点变化到 c' 点），这样，建筑物新引起的沉降即可大大减小。如果预压荷载大于建筑物荷载，即所谓超载预压，则效果更好。因为经过超载预压，当土层的固结压力大于使用荷载下的固结压力时，原来的正常固结黏土层将处于超固结状态，而使土层在使用荷载下的变形大为减小。

将土在某一压力作用下，自由水逐渐排出，土体随之压缩，土体的密度和强度随时间增长的过程称为土的固结过程。所以，固结过程就是超静水压力消散、有效应力增长和土体逐步压密的过程。

如果地基内某点的总应力为 σ，有效应力为 σ'，孔隙水压力为 u，则三者的关系为

$$\sigma' = \sigma - u \tag{6.1}$$

此时的固结度 U 表示为

$$U = \frac{\sigma'}{\sigma' + u} \tag{6.2}$$

165

则加荷后土的固结过程表示为

$t=0$ 时，$u=\sigma$，$\sigma'=0$，$U=0$。

$0<t<\infty$ 时，$\sigma=u+\sigma'$，$0<U<1$。

$t=\infty$ 时，$u=0$，$\sigma=\sigma'$，$U=1$（固结完成）。

　　用填土等外加荷载对地基进行预压，是通过增加总应力 σ，并使孔隙水压力 u 消散来增加有效应力 σ' 的方法。降低地下水位和电渗排水则是在总应力不变的情况下，通过减小孔隙水压力来增加有效应力的方法。真空预压是通过覆盖与地面的密封膜下抽真空，膜内外形成气压差，使黏土层产生固结压力。

　　地基土层的排水固结效果与它的排水边界有关。根据太沙基一维固结理论，$t=(T_v/C_v)\times H^2$，即黏性土达到一定固结度所需时间与其最大排水距离的平方成正比。随土层厚度增大，固结所需时间迅速增加。设置竖向排水体来增加排水路径、缩短排水距离是加速地基排水固结行之有效的方法，如图 6.3（a）所示。软土层越厚，一维固结所需的时间越长。如果淤泥质土层厚度大于 $10\sim20\mathrm{m}$，要达到较大的固结度 $U>80\%$，所需的时间要几年至十几年之久。为了加速固结，最有效的方法是在天然土层中增加排水途径，缩短排水距离，在天然地基中设置排水体，如图 6.3（b）所示。这是土层中的孔隙水主要从水平向通过砂井和部分从竖向排出。所以砂井（袋装砂井或塑料排水带）的作用就是增加排水条件，缩短排水距离，加速地基土的固结、抗剪强度的增长和沉降的发展。为此，缩短了预压工程的预压期，在短期内达到较好的固结效果，使沉降提前完成；加速地基土的强度增长，使地基承载力提高的速率始终大于施工荷载增长的速率，以保证地基的稳定性，这一点无论从理论和实践上都得到了证实。

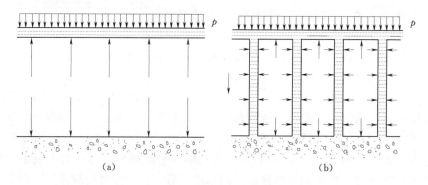

图 6.3　排水固结法原理

（a）竖向排水情况；（b）砂井地基排水情况

任务 6.2　预 压 法 设 计

　　预压法的设计，实质上在于根据上部结构荷载的大小、地基土的性质和工期要求，合理安排排水系统和加压系统的关系，确定竖向排水体的直径、间距、深度和排列方式；确定预压荷载的大小和预压时间，要求做到：加固时间尽量短、地基土固结沉降快、地基土强度得以充分增加及注意安全。

在设计以前，应该进行详细的岩土工程勘察和土工试验，以取得必要的设计资料。对以下各项资料应特别加以重视：

（1）土层条件。通过适量的钻孔绘制出土层剖面图、采取足够数目的试样以确定土的种类和厚度、土的成层程度、透水层的位置、地下水位深度。

（2）固结试验。固结压力与孔隙比的关系曲线、固结系数。

（3）软黏土层的抗剪强度及沿深度的变化情况。

（4）砂井及砂垫层所用砂料的粒度分布、含泥量等。

排水固结法的设计与计算可参照图6.4的流程进行。

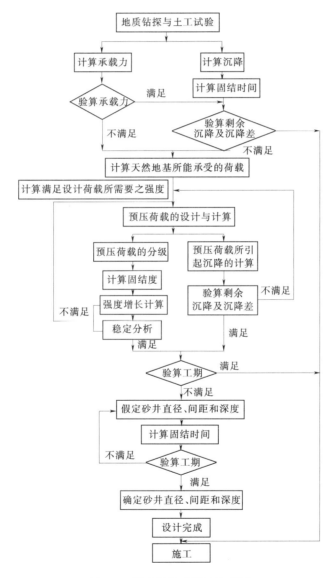

图 6.4 排水固结法设计流程图

6.2.1 堆载预压法设计

1. 堆载预压法设计步骤

因软黏土地基抗剪强度较低，无论直接建造建（构）筑物还是进行堆载预压往往都不可能快速加载，而必须分级逐渐加荷，待前期荷载下地基强度增加到足以加下一级荷载时才可加下一级荷载。具体计算步骤是，首先用简便的方法确定一个初步的加荷计划，然后校核这一加荷计划下地基的稳定性和沉降，其步骤如下：

（1）利用地基的天然地基土抗剪强度计算第一级容许施加的荷载 p_1，对饱和软黏土可采用下列公式估算：

$$p_1 = \frac{5.14c_u}{K} + \gamma D \tag{6.3}$$

式中 K——安全系数，建议采用 1.1～1.5；

  c_u——天然地基土的不排水抗剪强度，kPa，由无侧限、三轴不排水试验或原位十字板剪切试验确定；

  γ——基底标高以上土的重度，kN/m³；

  D——基础埋深，m。

（2）计算第一级荷载下地基强度增长值。在 p_1 荷载作用下，经过一段时间预压地基强度会提高，提高以后的地基强度为 c_{u1}：

$$c_{u1} = \eta(c_u + \Delta c_u') \tag{6.4}$$

式中 η——考虑剪切蠕变的强度折减系数；

  $\Delta c_u'$—— p_1 作用下地基因固结而增长的强度。

（3）计算 p_1 作用下达到所确定固结度所需要的时间。目的在于确定第一级荷载停歇的时间，亦即第二级荷载开始施加的时间。

（4）根据已得到的地基强度 c_{u1} 计算第二级所能施加的荷载 p_2。p_2 可近似地按式（6.5）估算：

$$p_2 = \frac{5.22c_{u1}}{K} \tag{6.5}$$

同样，求出在 p_2 作用下地基固结度达 70% 时的强度以及所需要的时间，然后计算第三级所能施加的荷载，依次可计算出以后的各级荷载和停歇时间。

（5）按以上步骤确定的加荷计划进行每一级荷载下地基的稳定性验算。如稳定性不满足要求，则调整加荷计划。

（6）计算预压荷载下地基的最终沉降量和预压期间的沉降量。这一项计算的目的在于确定预压荷载卸除的时间。这时地基在预压荷载下所完成的沉降量已达到设计要求，所余的沉降量是建筑物所允许的。

2. 超载预压

对沉降有严格限制的建筑，应采用超载预压法处理地基。经超载预压后，如受压土层各点的有效竖向应力大于建筑物荷载引起的相应点的附加总应力时，则今后在建筑物荷载作用下地基土将不会再发生主固结变形，而且将减小次固结变形，并推迟次固结变形的发生。

超载预压可缩短预压时间，如图6.5所示，在预压过程中，任一时间地基的沉降量可表示为

$$s_t = s_d + \overline{U}_t s_c + S_s \qquad (6.6)$$

式中　s_t——时间 t 时地基的沉降量，mm；

　　　s_d——由于剪切变形而引起的瞬时沉降，mm；

　　　$\overline{U}_t$——t 时刻地基的平均固结度；

　　　s_c——最终固结沉降，mm；

　　　S_s——次固结沉降，mm。

式（6.6）可用于：①确定所需的超载压力值 p_s，以保证使用（或永久）荷载 p_f 作用下预期的总沉降量在给定的时间内完成；②确定在给定超载下达到预定沉降量所需要的时间。

在永久填土或建筑物荷载 p_f 作用下，地基的固结沉降采用通常的方法计算。

为了消除超载卸除后继续发生的主固结沉降，超载应维持到使土层中间部位的固结度 $U_{z(f+s)}$ 达到式（6.7）要求：

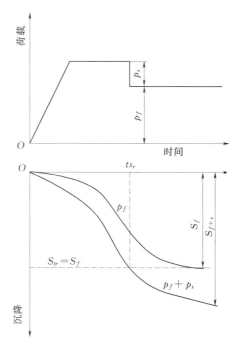

图6.5　超载预压消除主固结沉降

$$U_{z(f+s)} = \frac{p_f}{p_f + p_s} \qquad (6.7)$$

该方法要求将超载保持到在 p_f 作用下所有的点都完全固结为止，这时土层的大部分将处于超固结状态。因此，这是一个安全度较大的方法，它所预估的 p_s 值或超载时间都大于实际所需的值。

对有机质黏土、泥炭土等，其次固结沉降是重要的，采用超载预压法对减小永久荷载下的次固结沉降有一定的效果，计算原则是把 p_f 作用下的总沉降看作为主固结沉降和次固结沉降之和。

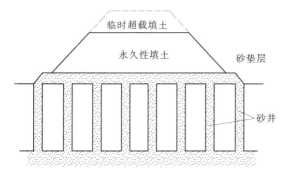

图6.6　典型的砂井地基工程剖面

3. 砂井堆载预压法设计

在地基土中打入砂井，利用其作为排水通道，缩短孔隙水排出的途径，而且在砂井顶部铺设砂垫层，砂垫层上部加载以增加土中附加应力。地基土在附加应力作用下产生超静水压力，并将水排出土体，使地基土提前固结，以增加地基土的强度，这种方法就是砂井堆载预压法（简称砂井法）。典型的砂井地基剖面如图6.6所示。

1925年，Daniel. E. Moran 最早将垂直砂井用于土的深层加固，并于1926年取得专

利。美国加利福尼亚州公路局于 1933—1934 年间进行了室内与现场实验，并于 1934 年建造了第一个砂井工程。1941 年开始将此法应用于美国东部地区。与此同时，Terzaghi K. 也采用了这种方法。

此法早期由于无理论根据而只能按经验设计。直到 1940—1942 年，Barron 基于太沙基的固结理论，提出了砂井法的设计与计算方法。20 世纪 50 年代以后逐步发展，到目前为止，该理论计算方法已达到比较完善的水平。我国从 50 年代起才开始应用砂井法，至今已经积累了许多宝贵的经验。

砂井法主要适用于承担大面积分布荷载的工程，如水库土坝、油罐、仓库、铁路堤、贮矿场以及港口的水工建筑物（码头、防浪堤）等工程。对泥炭土、有机质黏土和高塑性土等土层，由于土层的次固结沉降占相当大的部分，砂井排水法起不到加固处理作用。

砂井地基的设计工作包括选择适当的砂井排水系统所需的材料、砂垫层厚度等，以便使地基在堆载过程中达到所需要的固结度。

砂井设计包括砂井直径、间距、深度、排列方式、范围、砂料选择和砂垫层厚度等。

（1）砂井直径和间距。砂井的直径和间距，主要取决于黏性土层的固结特性和施工期限的要求。

一方面，根据砂井设计理论，当不考虑砂井的井阻和涂抹作用时，缩小井距要比增大砂井直径效果好得多，所以，以"细而密"的原则把握井径和砂井间距的关系为宜。另一方面，砂井的直径与间距还与砂井的类型与施工方法有关。砂井直径太小，当采用套管法打设时，容易造成灌砂率不足、缩颈或砂井不连续等质量问题。工程上常用的砂井直径，一般为 300~500mm，袋装砂井直径可小到 70~120mm。

砂井间距指两个相邻砂井中心的距离，它是影响固结速率的主要因素之一。砂井间距的选择不仅与土的固结特性有关，还与黏性土的灵敏度、上部荷载的大小以及施工期限等有关。工程上常用的井距，一般为壁井直径的 6~8 倍，袋装砂井一般为砂井直径的 15~22 倍。设计时，可以先假定井距，再计算固结度，若不能满足要求，则可缩小井距或延长施工期。

（2）砂井排列。砂井在平面上可布置成等边三角形（梅花形）或正方形，以等边三角形排列较为紧凑和有效，如图 6.7 所示。

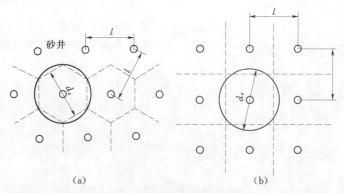

图 6.7　砂井平面布置图

等边三角形排列的砂井，其影响范围为一个正六边形。正方形排列的砂井，其影响范围为一个正方形。在实际进行固结度计算时，为简化起见，建议将每个砂井的影响范围由一个等面积的圆来代替，等效圆的直径（即砂井的有效排水直径）d_e 与砂井间距 l 的关系如下：

等边三角形排列时：$\qquad\qquad d_e = 1.05l \qquad\qquad\qquad\qquad\qquad (6.8)$

正方形排列时：$\qquad\qquad\quad d_e = 1.13l \qquad\qquad\qquad\qquad\qquad (6.9)$

（3）砂井长度。砂井长度的选择应根据软土层厚度、荷载大小和工程要求而定。砂井的作用是加速地基固结，而排水固结的效果与固结压力的大小成正比。当软黏土层较薄时，砂井应打穿黏土层；黏土层较厚但其间有砂层或砂透镜体时，砂井应尽可能打至砂层或砂透镜体；当黏土层很厚，其中又无透水层时，可按地基的稳定性以及建筑物沉降所要求的处理深度来决定。对于以沉降控制为主的工程，砂井长度可从加载后的沉降量满足上部建筑物容许的沉降量来确定。

若砂层中存在承压水，由于承压水的长期作用，黏土中存在超静水压力，这对黏性土的固结和强度增长都是不利的，所以，宜将砂井打到砂层，利用砂井加速承压水的消散。

对于以地基稳定性控制的工程，如路堤、土坝、岸坡、堆料场等，砂井深度应通过稳定性分析确定，砂井深度至少应超过最危险滑动面深度 2m。

（4）排水砂垫层。在砂井顶面应铺设排水砂垫层，以连通砂井，引出从土层中排入砂井的渗流水、并将水排到工程场地以外。

砂垫层砂料宜用中粗砂，厚度一般不应小于 500mm，黏粒含量不应大于 3%，砂料中可含有少量粒径不大于 50mm 的砾石；砂垫层的干密度应大于 1.5t/m³。

砂垫层的宽度应大于堆载宽度或建筑物的基底宽度，并伸出砂井区外边线 2 倍砂井直径。砂井的布置范围一般稍大于建筑物的基础范围。扩大的范围可由基础的轮廓线向外增大约 2~4m。

（5）沉降计算。地基土的总沉降一般包括瞬时沉降、固结沉降和次固结沉降三部分。瞬时沉降是在荷载作用下由于土的畸变所引起，并在荷载作用下立即发生的。固结沉降是由于孔隙水的排出而引起土体积减小所造成的，占总沉降的主要部分。次固结沉降则是由于超静水压力消散后，在恒值有效应力作用下土骨架的徐变所致。

次固结大小和土的性质有关。泥炭土、有机质土或高塑性黏土土层，次固结沉降占很可观的部分，而其他土所占比例不大。在建筑物使用年限内，次固结沉降经判断可以忽略的话，则最终总沉降量可认为瞬时沉降量与固结沉降量之和。软黏土的瞬时沉降一般按弹性理论公式计算。固结沉降目前工程上通常采用单向压缩分层总和法计算，这只有当荷载面积的宽度或直径大于可压缩土层或当可压缩土层位于两层较坚硬的土层之间时，单向压缩才可能发生，否则应对沉降计算值进行修正以考虑三向压缩的效应。

6.2.2 真空预压法设计

真空预压法是先在需加固的软土地基表面铺设一层透水砂垫层或砂砾层，再在其上覆盖一层不透气的塑料薄膜或橡胶布，四周密封好，与大气隔绝，在砂垫层内埋设渗水管道，然后与真空泵连通进行抽气，使透水材料保持较高的真空度，在土的孔隙水中产生负的孔隙水压力，使土中孔隙水和空气逐渐吸出，从而使土体固结。

真空预压法适用于饱和均质黏性土及含薄层砂夹层的黏性土，特别适用于新吹填土、超软地基的加固，但不适用于在加固范围内有足够的水源补给的透水土层，以及无法堆载的倾斜地面和施工场地狭窄等场合。

真空预压在抽气后薄膜内气压逐渐下降，薄膜内外形成一个压力差（称为真空度），由于土体与砂垫层和塑料排水板间的压差，从而发生渗流，使孔隙水沿着砂井或塑料排水板上升而流入砂垫层内，被排出塑料薄膜外；地下水在上升的同时，形成塑料板附近的真空负压，使土体内的孔隙水压形成压差，促使土中的孔隙水压力不断下降，地基有效应力不断增加，从而使土体固结。随着抽气时间的增长，压差逐渐变小，最终趋向于零，此时渗流停止，土体固结完成。所以真空预压过程，实质为利用大气压差作为预压荷载，使土体逐渐排水固结的过程。

真空预压法加固软土地基同堆载预压法一样，完全符合有效应力原理，只不过是负压边界条件的固结过程。因此，只要边界条件与初始条件符合实际，各种固结理论（如太沙基理论、比奥理论等）和计算方法都可求解。

工程经验和室内试验表明，土体除在正、负压作用下侧向变形方向不同外，其他固结特性无明显差异。真空预压加固中竖向排水体间距、排列方式、深度的确定、土体固结时间的计算，一般可采用与堆载预压基本相同的方法进行。

真空预压的设计内容主要包括：密封膜内的真空度、加固土层要求达到的平均固结度，竖向排水体的尺寸、加固后的沉降和工艺设计等。

1. 膜内真空度及加固要求达到的固结度

真空预压效果和密封膜内所能达到的真空度大小关系极大。根据国内一些工程的经验，当采用合理的工艺和设备，膜内真空度一般可维持于86.7kPa的真空压力，且应分布均匀，排水竖井深度范围内土层平均固结度应大于90%。

2. 竖向排水体

真空预压处理地基时，必须设置竖向排水体，一般采用袋装砂井或塑料排水带。由于砂井（袋装砂井或塑料排水带）能将真空度从砂垫层中传至土体，并将土体中的水抽至砂垫层然后排出。若不设置砂井就起不到上述的作用和加固的目的。竖向排水体的规格、排列方式、间距和深度的确定见堆载预压设计部分的内容。

抽真空的时间与土质条件和竖向排水体的间距密切相关。达到相同的固结度，间距越小，则所需的时间越短。

3. 沉降计算

先计算加固前在建筑物荷载下天然地基的沉降量，然后计算真空期间所完成的沉降量，两者之差即为预压后在建筑物使用荷载下可能发生的沉降。预压期间的沉降可根据设计要求达到的固结度推算加固区所增加的平均有效应力，从 $e - \sigma'_c$ 曲线上查出相应的孔隙比进行计算。

对承载力要求高，沉降限制严的建筑，可采用真空-堆载联合预压法。通过实践量测证明两者是可叠加的。

真空预压的面积不得小于基础外缘所包围的面积，一般真空的边缘应比建筑基础外缘超出2～3m；另外，每块预压的面积应尽可能大，根据加固要求彼此间可搭接或有一定间距。加固面积越大，加固面积与周边长度之比也越大，气密性就越好，真空度就越高。

真空预压的关键在于要有良好的气密性，使预压区与大气层隔绝。当在加固区发现有透气层和透水层时，一般可在塑料薄膜周边采用另加水泥土搅拌桩的壁式密封措施。

6.2.3 真空和堆载预压法设计

当设计地基预压荷载大于 80kPa，且进行真空预压处理地基不能满足设计要求时可采用真空和堆载联合预压地基处理。

堆载体的坡肩线宜与真空预压边线一致。即预压区边缘大于建筑物基础轮廓线，每边增加量不得小于 3.0m。

对于一般软黏土，上部堆载施工宜在膜下真空度稳定地达到 86.7kPa 后且抽真空不少于 10d 后进行。对于高含水量的淤泥类土，上部堆载施工宜在膜下真空度稳定地达到 86.7kPa 且抽真空 20～30d 后可进行。

当堆载较大时，真空和堆载联合预压法应提出荷载分级施加要求，分级数应根据地基土稳定计算确定。分级逐渐加载时，应待前期预压荷载下地基土的强度增长满足下一级荷载下地基的稳定性要求时方可加载。

真空和堆载联合预压地基固结度和承载力增长的计算，最终竖向变形的计算可按《建筑地基处理技术规范》（JGJ 79—2012）相关条文执行。

任务 6.3 预 压 法 施 工

运用排水固结法原理的各种地基处理方法，其施工主要内容可归纳为三个主要方面：铺设排水砂垫层、设置竖向排水体和施加固结压力。

6.3.1 排水砂垫层施工

排水砂垫层的作用是使在预压过程中，从土体进入垫层的渗流水迅速排出，使土体固结能正常进行，因而垫层的质量将直接关系到加固效果和预压时间的长短。

1. 垫层材料

垫层材料应采取渗水好的砂料，其渗透系数大于 10^{-2}cm/s，同时能起到一定的反滤作用。通常采用级配良好的中粗砂，黏粒含量不大于 3%，一般不宜采用粉、细砂。也可采用连通砂井的砂沟来代替整片砂垫层。

2. 垫层厚度

排水垫层的厚度首先要满足从土层渗入垫层的渗流水能及时的排出，另一方面应起到持力层的作用。一般情况垫层厚度不小于 500mm。对新吹填不久的或无硬壳层的软黏土及水下施工的特殊条件，应采用厚的或混合料排水垫层。

3. 垫层施工

（1）若地基承载力较好，能采用一般建筑机械时，可用机械分堆摊铺法，即先堆成若干砂堆，然后用推土机或人工摊平。

（2）当硬壳层承载力不足时，可采用顺序推进铺筑法，避免机械进入未铺垫层的场地。

（3）若地基表面非常软，若新沉积或新吹填不久的超软地基，首先要改善地基表面的持力条件，可先在地基表面铺设筋网层，再铺砂垫层。筋网可用土工聚合物、塑料编织网或竹筋网等材料。但应注意对受水平力作用的地基，当筋网腐烂形成软弱夹层时对地基稳定性的不利影响。

（4）尽管对超软地基表面采取了加强措施，但持力条件仍然很差，一般轻型机械上不去，在这种情况下，通常采用人工或轻便机械顺序推进铺设。

应当指出，无论采用何种方法施工，在排水垫层的施工过程中都应避免过度扰动软土表面，以免造成砂土混合，影响垫层的排水效果。此外，在铺设砂层前，应清除干净砂井表面的淤泥或其他杂物，以利于砂井排水。

6.3.2 竖向排水体施工

竖向排水体有用 300～500mm 直径的普通砂井；70～120mm 直径的袋装砂井；10cm 宽的塑料排水带。

1. 砂井施工

砂井施工要求：①保证砂井连续和密实，并且不出现颈缩现象；②尽量减少对周围土的扰动；③砂井的长度、直径和间距应满足设计要求。

砂井施工一般先在地基中成孔，再在孔内灌砂形成砂井。表 6.1 为砂井成孔和灌砂方法。选用时应尽量选用对周围土扰动小且施工效率高的方法。

表 6.1 砂井成孔和灌砂方法

类　型	成孔方法		灌砂方法
使用套管	管端封闭	冲击打入 振动打入	用压缩空气 用饱和砂	静力提拔套管 振动提拔套管 静力提拔套管
		静力打入		
	管端敞开	浸水自然下沉	静力提拔套管
不使用套管	旋转射水、冲击射水		用饱和砂

砂井成孔的典型方法有套管法、射水法、螺旋钻成孔法和爆破法。

（1）套管法。该法是将带活瓣管尖或套用混凝土端靴的套管沉到预定深度，然后在管内灌砂、拔出套管形成砂井。根据沉管工艺的不同，又分为静压沉管法、锤击沉管法、锤击静压联合沉管法和振动沉管法等。

静压、锤击及其联合沉管法提管时宜将管内砂柱带起来，造成砂井缩颈或断开，影响排水效果，辅以气压法虽有一定效果，但工艺复杂。

采用振动沉管法，是一振动锤为动力，将套管沉到预定深度，灌砂后振动、提管形成砂井。能保证砂井连续，但其振动作用对土的扰动较大。此外，沉管法的一个共同缺点是由于击土效应产生一定的涂抹作用，影响孔隙水排出。

（2）水冲成孔法。该法是通过专用喷头、依靠高压下的水射流成孔，成孔后经清孔、灌砂形成砂井。

射水成孔工艺，对土质较好且均匀的黏性土地基是较适用的，但对土质很软的淤泥，因成孔和灌砂过程中容易缩孔，很难保证砂井的直径和连续性，对夹有粉砂薄层的软土地基，若压力控制不严，宜在冲水成孔时出现串孔，对地基扰动较大。

射水成孔的设备比较简单，对土的扰动较小，但在泥浆排放、塌孔、缩颈、串孔、灌砂等方面都存在一定的问题。

（3）螺旋钻成孔法。该法以螺旋钻具干钻成孔，然后在孔内灌砂形成砂井。此法适用于陆上工程，砂井长度在 10m 以内，土质较好，不会出现缩颈和塌孔现象的软弱地基。该法所用设备简单而机动，成孔比较规整，但灌砂质量较难掌握，对很软弱的地基也不适用。

（4）爆破成孔法。此法是先用直径 73mm 的螺纹钻钻成一个砂井所要求设计深度的孔，在孔中放置由传爆线和炸药组成的条状药包，爆破后将孔扩大，然后往孔内灌砂形成砂井。这种方法施工简易，不需要复杂的机具，适用于深为 6～7m 的浅砂井。

以上各种成孔方法，必须保证砂井的施工质量以防缩颈、断颈或错位现象。

制作砂井的砂宜用中砂，砂的粒径必须能保证砂井具有良好的渗水性。砂井粒度要不被黏土颗粒堵塞。砂应是洁净的，不应有草根等杂物，其含泥量不应超过 3%。

对所用的砂，国外要求作粒径分析。为了最大限度的发挥砂井的排水过滤作用，太沙基认为砂的 d_{15}（小于某粒径的含量占砂总重 15% 的粒径）应不小于压密层土 d_{15} 的 4 倍和不大于压密层土 d_{85}（小于某粒径含量的 85% 的粒径）的 4 倍，即

$$4d_{15}（土）\leqslant d_{15}（砂）\leqslant 4d_{85}（土）$$

砂井的灌砂量，应按砂在中密状态时的干密度和井管外径所形成的体积计算，其实际灌砂量按质量控制要求，不得小于计算值的 95%。

为了避免砂井断颈或缩颈现象，可用灌砂的密实度来控制灌砂量。灌砂时可适当灌水，以利密实。

砂井位置的允许偏差为该井的直径，垂直度的允许偏差为 ±1.5%。

2. 袋装砂井施工

袋装砂井是普通砂井的改良和发展。普通砂井已有 80 余年的使用历史，而袋装砂井在 20 世纪 60 年代末期才开始使用，目前国内外已广泛使用。

普通砂井常用的施工方法，其缺点是：套管成孔法在打设套管时必将扰动其周围土，使透水性减弱（即涂抹作用）；射水成孔法对含水量高的软土地基施工质量难以保证，砂井中容易混入较多的泥沙；螺旋钻成孔法在含水量高的软土地基中也难做到孔壁直立，施工过程中需要排除废土，而处理废土需要人力、场地和时间，因此它的适用范围也受到一定的限制。应当指出，对含水量很高的软土，应用砂井容易产生缩颈、断颈或错位现象。

普通砂井即使在施工时能形成完整的砂井，但当地面荷载较大时，软土层便产生侧向变形，也可能是砂井错位。

袋装砂井是用具有一定伸缩性和抗拉强度很高的聚丙烯或聚乙烯编制袋装满砂子，它基本上解决了大直径砂井所存在的问题，使砂井的设计和施工更加科学化，保证砂井的连续性；打设设备实现了轻型化，比较适应在软土地基上施工；用砂量大为减少；施工速度快、工程造价低，是一种比较理想的竖向排水体。

（1）施工机具。袋装砂井直径一般为 70～120mm，为了提高施工效率，减轻设备重量，国内外均开发了专用于袋装砂井施工的专用设备，基本形式为导管式振动打设机。但在移位方式上则各有差异。国内几种典型设备有履带臂架式、步履臂架式、轨道门架式、

吊机导架式等，其性能见表 6.2。

表 6.2 打 设 机 械 性 能 表

打设机械 型号	进行方式	打设动力	整机重/t	接地面积 /m²	接地压力 /(kN/m²)	打设深度 /m	打设效率 /(m/台班)
SSD20	履带	振动锤	34.5	35.0	10	20	1500
UB16	步履	振动锤	15	3.0	50	10～15	1000
	门架轨道	振动锤	18	8.0	23	10～15	1000
	履带吊机	振动锤			>100	12	1000

由于袋装砂井直径小、间距小，所以加固同样面积的土所需打设袋装砂井的根数要比普通砂井的根数为多。如直径 70mm 袋装砂井按 1.2m 正方形布置，则每 1.44m² 需打设一根，而直径 0.4m 的普通砂井，按 1.6m 正方形布置，每 2.56m² 需打设一根，所以前者打设的根数是后者的 1.8 倍。国内某些单位对普通砂井和袋装砂井作了经济比较，在同一工程中，加固每平方米地基的袋装砂经费用是普通砂井的 50% 左右。

（2）砂袋材料的选择。砂袋材料必须具有透水、透气、足够的强度、韧性和柔性，并且在水中能起耐腐蚀和滤网作用。

（3）袋装砂井直径、长度和间距选择。袋装砂井的直径一般采用 70～120mm，间距 1.5～2.0m，井径比为 15～25。

灌入砂袋的砂宜用干砂，并应灌制密实。砂袋长度应较砂井孔长度长 50cm，使其放入井孔内后能露出地面，以便埋入排水砂垫层中。

袋装砂井施工时，所用钢管的内径宜略大于砂井直径，以减小施工过程中对地基土的扰动。

3. 塑料排水带施工

塑料排水带的施工方法和原理与袋装砂井大致相同。塑料排水带是用专门插板机将其插入地基中。然后在地基表面加载预压（或采用真空预压），土中水沿塑料带的通道溢出，从而使地基土得到加固方法。

塑料排水带是由纸板排水发展和演变而来的。塑料排水带弥补了纸板排水在饱水强度、耐久性和透水性等方面的不足。其特点是单孔过水断面大，排水通畅、质量轻、强度高、耐久性好，是一种较理想的竖向排水体。它由芯板和滤膜组成。芯板是由聚丙烯和聚乙烯塑料加工而成的两面有间隔沟槽的板体。土层中的固结渗流水通过滤膜渗入到滤槽内，并通过沟槽从排水垫层中排出。根据塑料排水带的结构，要求滤膜渗透性好，与黏土接触后其渗透系数不低于中粗砂，排水沟槽输水畅通。

塑料排水带设计时，将塑料排水带换算成相应直径的砂井，根据两种排水体与周围土接触面积相等原理，塑料排水带当量换算直径 d_p 为

$$d_p = \frac{2(b+\delta)}{\pi} \tag{6.10}$$

式中　d_p——塑料排水带当量换算直径，mm；

　　　b——塑料排水带宽度，mm；

　　　δ——塑料排水带厚度，mm。

塑料带排水井和砂井的设计，其不同点在于井径比 n 值不一样，一般砂井排水 $n=6\sim8$，而塑料排水带排水 $n\geqslant20$。由于两者 n 值相差很大，所以一般的砂井排水法设计计算图表对塑料排水带的设计往往不适用，需用公式单独计算。

（1）塑料排水带材料。塑料排水带由于所用材料不同，结构形式各异。根据结构形式，可归纳为两大类，即多孔质单一结构型和复合结构型。

1）多孔质单一结构型。这种排水材料适用聚氯乙烯经特殊加工而制成的。从电子显微镜照片中可以看出，它具有很好的多孔性，素材本身形成连通的孔隙，透水性好。与其他复合型结构制品一样具有共同的优点，耐酸及耐碱性极好，在土中不会产生膨胀及变质，具有半永久性的排水效果。这种材料的孔眼在地基中基本也不会被堵塞，是一种很合适的排水材料。这种排水方法简称为 PVC 排水法。

2）复合结构型。这是一种由塑料芯带外套透水挡泥滤膜所组成的复合型制品。这种制品的芯带材料采用特殊的硬质聚乙烯和聚丙烯，并加工成回字形、十字形等形式，使之具有纵向通水能力。透水挡泥的滤膜，由涤纶类或丙烯类合成纤维制成，透水性好，其渗透阻力可忽略不计。

（2）塑料排水带性能。各种塑料排水带性能列表 6.3。

表 6.3　　　　　　　　　　　排 水 塑 料 带 性 能

项目	指标 \ 类型		TJ-1	SPB-1	Mebra	日 本
	断面结构					
	外形尺寸/mm		100×4	100×4	100×3.5	100×1.6
材料	芯带		聚乙烯、聚丙烯	聚氯乙烯	聚乙烯	聚乙烯
	滤膜		纯涤纶	混合涤纶	合成纤维质	
	纵向沟槽数		38	38	38	10
	沟槽面积/mm		152	152	207	112
芯带	抗拉强度/(N/cm)		210	170		270
	180°弯曲		不脆不断	不脆不断		
	扁平压缩变形					
	滤膜重/(N/m²)		0.65（含胶40%）	0.5		
滤膜	抗拉强度/(N/cm)	干	>30	经42°，纬27.2°	107	
		饱和	25~30	经22.7°，纬14.5°		
	耐破度/(N/cm)	干	87.7	52.5		
		饱和	71.7	51.0		
	撕裂度/N	干		1.34		
		饱和				
	顶破强度/N		103			
	渗透系数/(cm/s)		1×10⁻²	4.2×10⁻⁴		1.2×10⁻²

选择塑料排水带时，应使其具有良好的透水性和强度，塑料带的纵向通水量不小于(15

~40)×10^3mm³/s，滤膜的渗透系数不小于 $5×10^{-3}$mm/s，芯带的抗拉强度不小于 10～15N/mm，滤膜的抗拉强度，干态时不小于 1.5～3N/mm，湿态时不小于 1.0～2.5N/mm（插入土中较短时用小值，较长时用大值）。整个排水带应反复对折五次不断裂才认为合格。

（3）塑料排水带施工。

1）插带机械。用于插设塑料带的插带机，种类很多，性能不一。由专门厂商生产，也有自行设计和制造的，或用挖掘机、起重机、打桩机改装。从机型分为轨道式、轮胎式、链条式、履带式和步履式多种。

2）塑料排水带导管靴与桩尖。一般打设塑料带的导管靴有圆形和矩形两种。由于导管靴断面不同，所以桩尖各异，并且一般都与导管分离。桩尖主要作用是打设塑料带过程中防止淤泥进入导管，并且对塑料带起锚定作用，防止提管时将塑料带拔出。

3）塑料排水带施工工艺。塑料排水带打设顺序包括：定位、将塑料带通过导管从管靴穿出、将塑料带与桩尖连接贴近管靴并对准桩位、插入塑料带、拔管剪断塑料带等。

在施工中尚应注意以下几点：

a. 塑料带滤水膜在转盘和打设过程中应避免损坏，防止淤泥进入带芯堵塞输水孔影响塑料带的排水效果。

b. 塑料带与桩尖连接要牢固，避免拔管时脱开，将塑料带拔出。

c. 桩尖平端与导管靴配合适当，避免错缝，防止淤泥在打设过程中进入导管。增大对塑料带的阻力，甚至将塑料带拔出。

d. 塑料带需接长时，为减小塑料带与导管阻力，应采用滤水膜内平搭接的连接方法，为保证输水畅通并有足够的搭接强度，搭接长度需在 200mm 以上。

6.3.3 施加预压荷载

产生固结压力的荷载一般可为三类：一是利用建筑物自重加压；二是外加预压荷载；三是通过减小地基土的孔隙水压力而增加固结压力的方法。

1. 利用建筑物自重加压

利用建筑物本身自重对地基加压是一种经济而有效的方法。此法一般应用于以地基的稳定性为控制条件，能适应较大变形的建筑物，如路堤、土坝、储矿场、油罐、水池等。特别是对油罐和水池等建筑物，先进行充水加压，一方面可检验罐壁本身有无渗透现象，同时，还利用分级逐渐充水预压，使地基土强度得以提高，满足稳定性要求。对路堤、土坝等建筑物，由于填土高、荷载大，地基的强度不能满足快速填筑的要求，工程上都采用严格控制加荷速率，逐层填筑的方法以确保地基的稳定性。

2. 堆载预压

堆载预压的材料一般以散料为主，如土、石料、砂、砖等。大面积施工时通常采用自卸汽车与推土机联合作业。对超软地基的堆载预压，第一级荷载宜用轻型机械或人工作业。堆载预压工艺简单，但处理不当，特别是加荷速率控制不好时，却容易导致工程施工的失败。因此，施工时应注意以下几点：

（1）必须严格控制加载速率。除严格执行设计中制定的加载计划外，还应通过施工过程中的现场观测掌握地基变形动态，以保证在各级荷载下地基的稳定性。当地基变形出现异常时，应及时调整加载计划。为此，加载过程中应每天进行竖向变形、边桩位移及孔隙水压力等项目的观测。基本控制标准是：竖井地基最大变形量每天不应超过15mm，天然地基竖向变形每天不应超过10mm，边桩水平位移每天不应超过5mm。

（2）堆载面积要足够。堆载的顶面积不小于建筑物底面积。堆载的底面积也应适当扩大，以保证建筑物范围内的地基得到均匀加固。

（3）要注意堆载过程中荷载的均匀分布，避免局部堆载过高导致地基局部失稳破坏。

不论利用建筑物自身荷载加压或堆载加压，最为危险的是急于求成，不认真进行设计，忽视对加荷速率的控制，施加超过地基承载力的荷载。特对打入式砂井地基，未待因打砂井而使地基减小的强度得到发挥就进行加载，这样就容易导致工程的失败。从沉降角度来分析，地基的沉降不仅仅是固结沉降，由于侧向变形也产生一部分沉降，特别是当荷载大时，如果不注意加荷速率的控制，地基内产生局部塑性区而因侧向变形引起沉降，从而增大总沉降量。

3. 真空预压

（1）真空预压系统设置。

1）埋设水平向分布滤水管。滤水管的主要作用是使真空度在整个加固区域内均匀分布。滤水管在预压过程中应能适应地基的变形，特别是差异变形。滤水可用钢管或塑料管，其外侧宜缠绕铅丝，外包尼龙砂网或土工织物作为滤水层。滤水管在加固区内的分布形式可采用条状、梳子状或羽毛状等形状。滤水管一半埋设在排水砂垫层中间，其上应有100～200mm砂层覆盖。滤水管的设置量应适当，以利于真空度的均匀分布，其滤水层渗透系数应与砂相当。

2）铺设密封膜。密封膜铺设质量是真空预压加固法成败的关键。密封膜应选用抗老化性能好、韧性大、抗穿刺能力强的不透气材料。普通聚氯乙烯薄膜虽可使用，但性能不如线性聚乙烯等专用膜好。密封膜热合时宜用双热合线平搭接，搭接长度应大于15mm。密封膜宜铺设3层，以确保自身密封性能。膜周边可采用挖沟折铺、平铺并用黏土压边、围捻沟内覆水以及膜上全面覆水等方法进行密封。当处理区内有充足水源补给的透水层时，应采用封闭式板桩墙、封闭式板桩墙加沟内覆水或其他密封措施隔断透水层。

3）设置抽气系统。抽气设备宜采用射流式真空泵。真空泵的设置数量应根据预压面积、真空泵性能指标以及施工经验确定，让每块预压区至少设置两台真空泵。对真空泵性能的一般要求是，抽真空效率高、能适应连续运转、工作可靠等。

膜上管道的一端与出膜装置相连，另一端连接真空设备。主管与薄膜连接处必须妥善处理，以保密封的气密性。

（2）在真空预压法的施工中，根据实测资料表明：

1）在大面积软地基加固过程中，每块预压区面积尽可能要大，因为这样可加快进度和消除更多的沉降量。目前最大的为3万m²。

2）两个预压区的间隔不宜过大，一般以2～6m较好。

3）膜下管道在不降低真空度的条件下尽可能的少，为减小费用可取消主管，全部采用滤管，由鱼骨状排列改为环状排列。

4）砂井间距应根据土质情况和工期要求来定。当砂井间距从1.3m增至1.8m时，达到相同固结度所需的时间增率与堆载预压法相同。

5）当冬季的气温降至 -17℃时，如对薄膜、管道、水泵、阀门及真空表等采取常规保温措施，则可照常进行作业。

6）直径 7cm 的袋装砂井和塑料带都具有较好的透水性能。实测表明，在同等条件下，达到相同固结度所需的时间接近，采用何种排水通道，主要由它的单价和施工条件而定。

真空预压法施工过程中为保证其质量，真空滤管的距离要适当，滤管渗透系数不小于 10^{-2}cm/s，泵及膜内真空度应达到在 73～96kPa 范围的技术要求，地表总沉降规律应符合一般堆载预压的沉降规律。如发现异常，应及时采取措施，以免影响加固效果，因此，必须做好真空度、地面沉降量、深层沉降、水平位移、孔隙水压力和地下水位的现场测试工作。

任务 6.4　预压法质量检验

6.4.1　施工过程质量检验

（1）塑料排水带应进行纵向通水量、复合体抗拉强度、滤膜抗拉强度、滤膜渗透系数和等效孔径等性能指标现场随机抽样测试。

（2）对不同来源的砂井和砂垫层砂料，应取样进行颗粒分析和渗透性试验。

（3）对以地基抗滑稳定性控制的工程，应在预压区内预留孔位，在加载不同阶段进行原位十字板剪切试验和取土进行室内土工试验，应根据试验结果验算下一级荷载地基的抗滑稳定性，同时也检验地基处理效果。加固前的地基土检测，应在搭设塑料排水板之前进行。

（4）对于预压工程，应进行地基竖向变形，侧向位移和孔隙水压力等监测。

（5）真空预压工程、真空和堆载联合预压工程，除应进行地基变形、孔隙水压力的监测外，尚应进行膜下真空度和地下水位的监测。

6.4.2　竣工质量检验

（1）排水竖井处理深度范围内和竖井底面以下受压土层，经预压所完成的竖向变形和平均固结度应满足要求。

（2）应对预压的地基土进行原位试验和室内土工试验。原位试验可采用十字板剪切试验或静力触探，检验深度不应小于设计处理深度。原位试验和室内土工试验应在卸荷 3～5d 后进行。检验数量按每个处理分区不少于 6 点进行检测，对于堆载斜坡处应增加检验数量。预压处理后地基承载力检测通过现场载荷试验确定。

案　例　分　析

根据项目背景中提及的相关内容进行方案设计。

1. 土层分析及各土层物理力学性质

场地地基土层自上而下分为以下几层：第一层为黄褐色粉质黏土硬壳层，为超固结土，厚度在 1m 左右；第二层为淤泥质黏土，厚度约 3.20m；第三层为淤泥质粉质黏土，其中夹有薄层粉砂，平均厚度为 4.0m；第四层为淤泥质黏土，其中含有粉砂夹层；下部粉砂夹层逐渐增多而过渡到粉砂层，此层平均厚度为 9.30m；第五层为粉、细、中砂混合层，其中以细砂为主并混有黏土，平均厚度为 8.0m；第五层以下为黏土、粉质黏土及淤泥质黏土层，距地面 50.0m 左右为厚砂层，基岩在 80m 以下。各土层的物理力学性质指标见表 6.4。从土工试验资料来看，主要持力层土含水量高（超过液限），压缩性高，抗剪强度低。第三、四层由于含有薄砂层夹层，其水平向渗透系数大于竖向渗透系数，这对加速土层的排水固结是有利的。

表 6.4　　　　　　　　　　　各层土的主要物理力学性质指标

层序	土层名称	含水量/%	容重/(kN/m³)	孔隙比	液限/%	塑限/%	塑性指数	液性指数	压缩系数/(cm²/kg)	固结系数/(10^{-3} cm²/s) 竖向 C_v	固结系数/(10^{-3} cm²/s) 径向 C_h	三轴固结快剪 c'/(kN/m²)	三轴固结快剪 φ'/(°)	十字板强度/(kN/m²)
1	粉质黏土	31.3	19.1	0.87	34.7	19.3	15.5	0.78	0.036	1.57	1.82			
2	淤泥质黏土	46.7	17.7	1.28	40.4	21.3	19.1	1.33	0.114	1.12	0.91	0	26.1	17.5
3	淤泥质粉质黏土	39.1	18.1	1.07	33.1	19.0	14.1	1.42	0.066	3.40	4.81	11.4	28.9	24.8
4	淤泥质黏土	50.2	17.1	1.40	41.4	21.3	20.1	1.43	0.102	0.81	3.15	0	25.7	41.0
5	细粉中砂	30.1	18.4	0.90	23.5	16.3	7.2	1.91	0.023					
6a	粉质黏土	32.3	18.4	0.90	29.0	17.9	11.1	1.29	0.038	3.82	6.28			
6b	淤泥质黏土	41.2	17.6	1.20	41.0	21.3	19.7	1.01	0.061					
7	黏土	44.4	17.3	1.28	46.7	25.3	21.4	0.89	0.045					
8	粉质黏土	32.4	18.3	0.97	33.8	20.7	13.1	0.89	0.028					

2. 砂井设计

砂井直径 40cm、间距 2.5m，采用等边三角形布置，井径比 n 为 6.6。考虑到地面下 17m 处有粉、细、中砂层，为便于排水，砂井长度定为 18m，砂井的范围一般比构筑物基础稍大为好，本工程基础外设两排砂井以利于基础外地基土强度的提高，减小侧向变形。砂井布置如图 6.8 所示。

3. 砂井施工

本工程采用高压水冲法施工，即在普通钻机杆上接上喷水头，外面罩上一定直径的切土环刀，由高压水和切土环刀把泥浆泛出地面从排水沟排出，当孔内水含泥量较少时倒入砂而形成砂井。该法机具简单、成本低、对土的结构扰动小，缺点是砂井的含泥量较其他施工方法为大。施工时场地上泥浆多，在铺砂垫层前必须进行

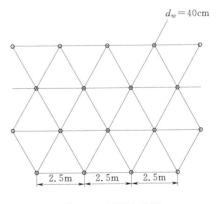

$d_w = 40\text{cm}$

2.5m　2.5m　2.5m

图 6.8　砂井布置图

清理。

4. 效果评价

本工程经现场沉降观测和孔隙水压力观测。根据观测结果，从稳定方面看，在充水预压过程中，除个别测点外，孔隙水压力和沉降速率实测结果均未超过控制标准，罐外地面无隆起现象，说明在充水过程中地基是稳定的。从固结效果来看，当充水高度达罐顶后30d（即充水开始后110d）孔隙水压力已经基本消散。放水前实测值已接近最终值，说明固结效果是显著的。因此，可认为该工程采用砂井充水预压，在技术上效果是好的。

项 目 小 结

目前预压法用于道路、仓库、罐体、飞机跑道、港口等大面积软土地基加固工程。预压法地基处理项目以具体工程实例作为背景；把教学内容进行了任务分解。主要介绍了预压法的选用，包括预压法的概念、系统构成、加固机理和应用范围；预压法设计分别介绍堆载预压、真空预压和堆载真空联合预压法设计要点；对于预压法的施工主要考虑排水砂垫层施工、竖向排水体施工和施工预压荷载；预压法质量检验包括施工过程质量检验和竣工质量检验。最后案例分析强化项目化教学的内容。

思 考 及 习 题

1. 什么是排水固结法？其组成部分有哪些？
2. 叙述排水固结法的加固原理、适用条件。
3. 什么是砂井堆载预压法？什么是真空预压法？
4. 砂井和砂桩的区别是什么？

项目7 加筋法处理地基

教学目标

1. 了解加筋法的概念和加固机理。

2. 熟悉加筋土挡墙的特点、型式、加固机理、设计计算方法，掌握其施工技术。

3. 熟悉土工合成材料产品类型、工程特性、主要功能和设计计算及其关键施工技术。

4. 熟悉土钉的类型、特点、适用性和加固机理，掌握土钉墙的设计计算方法及施工质量控制。

5. 了解土钉墙、加筋土挡墙、土层锚杆的区别。

项目背景

英国近200年来，在西 Yorkshire 及其邻县修建了上万千米的挡土构筑物，Bradford 附近段为长125m的干砌石挡土墙。挡墙高2～3m，用于支挡土坡和回填料，修建在风化的砂岩基上。一些墙段的循环破坏和倒塌，给交通部门带来了管理问题：挡墙倒塌带来人身安全隐患，并阻塞交通，而且清理和修复工作的费用很高。经过评估土钉的实用性和经济效益后，决定采用钻孔注浆型土钉对挡土墙进行修复。

任务7.1 加筋法选用

土的加筋是指在软弱土层中沉入碎石桩（或砂桩等），或在人工填土的路堤或挡墙内铺设土工聚合物（或钢带、钢条、尼龙绳、竹筋等）作为加筋，或在边坡内打入土锚（或土钉、树根桩等）作为加筋材料，使这种人工复合的土体能够承受抗拉、抗压、抗剪或抗弯作用，借以提高地基承载力，减少沉降和增加地基的稳定性。这种起加筋作用的人工材料称为筋体。由土和筋体组成的复合土体称为加筋土。几种土的加筋技术的工程应用如图7.1所示。

利用天然材料加筋和改善土体性状的历史悠久。国外对土的加筋的研究也很深入和广泛。我国民间早期采用稻草、枝条等加固河岸，建造房屋和路堤。汉武帝时期修建的长城，某些部分曾用柳条、碎石和黏土混合建造。现代土的加筋技术的发展始于20世纪60年代初，法国工程师 Henri Vidal 首先在试

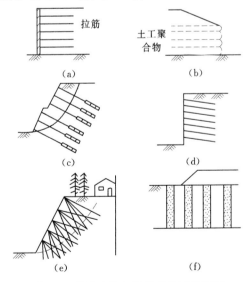

图7.1 几种土的加筋技术的工程应用
(a) 加筋土挡墙；(b) 土工聚合物加筋土堤；(c) 土锚加固边坡；(d) 土钉；(e) 树根桩稳定边坡；(f) 碎石桩加固路基

验中发现，当土中掺有纤维材料时，土的强度可提高好几倍，由此提出了加筋土的概念和设计理论。

前面介绍过的碎石桩（或砂桩）加固技术，在国外就包括在加筋土范畴内。以下主要分别介绍加筋土挡墙、土工聚合物和土钉技术。

任务 7.2　加筋挡土墙设计、施工

7.2.1　加筋土挡墙概述

1. 加筋土挡墙概念及发展

加筋土挡墙系由填土、在填土布置的一定量的带状拉筋以及直立的墙面板三部分组成

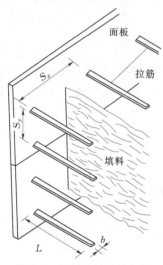

图 7.2　加筋土挡墙结构物
的剖面示意图

的一个整体复合结构（图 7.2）。这种结构内部存在着墙面土压力，拉筋的拉力以及填土与拉筋间的摩擦力等相互作用的内力。这些内力相互平衡，保证了这个复合结构的内部稳定。同时，加筋土挡墙要能够抵抗拉筋尾部后面填土所产生的侧压力，即加筋土挡墙外部也要保持稳定，从而使整个复合结构稳定。

法国工程师 Henri Vidal 于 1963 年首次提出了土的加筋方法与设计理论，并在 1965 年法国普拉聂尔斯成功地建成了世界上第一座加筋土挡墙。1978 年、1979 年、1984 年和 1988 年分别在澳大利亚的悉尼、美国的匹兹堡、法国的巴黎和日本的福冈召开了多次国际会议。法、英、美、日和德国等已制定了加筋土工程的规范、条例和技术指南，当前国际上已成立了"加筋土工程协会"。

20 世纪 70 年代末加筋土技术在我国开始应用，1979 年我国云南田坝矿区贮煤场修建了加筋土挡墙。1982 年在武汉召开了全国"加筋土学术研究会"，1983 年在太原召开了全国公路加筋土技术交流会。其后又先后多次召开了全国性会议。我国目前已编制了《公路加筋土工程施工技术规范》（JTJ 035—91）和《公路加筋土工程设计规范》（JTJ 015—91）。目前，我国最长的加筋土挡墙是重庆的沿长江滨江公路驳岸墙，长为 5km；最高的陕西的"故邑"加筋土挡墙，高度为 35.5m。现今加筋土技术已广泛用于路基、桥梁、驳岸、码头、贮煤仓、槽道和堆料场等工程中。

2. 加筋土挡墙的特点

加筋土挡墙具有以下优点：

（1）能够充分利用材料性能和土与拉筋的共同作用，所以挡墙结构的重量轻，其混凝土体积相当于重力式挡墙的 3%～5%。工厂化预制构件可以降低成本，并能保证产品质量。

（2）加筋土挡墙是柔性结构，具有良好的变形协调能力，可承受较大的地基变形，适宜在较软弱的地基上使用。

（3）面板型式可以根据需要拼装；形成美观的造型，适合于城市道路的支挡工程，美化环境。

（4）墙面垂直，可以节省挡墙的占地面积，减少土方量，施工简便迅速，质量易于控制，且施工时无噪声。

（5）工程造价较低。加筋土挡墙面板薄，基础尺寸小。当挡墙高度大于 5m 时，加筋土挡墙与重力式挡墙相比，可以降低造价 20%～60%，而且墙越高，经济效益越佳（图 7.3）。

（6）加筋土挡墙这一复合结构的整体性较好，与其他类型的结构相比具有良好的抗震性能。

3. 加筋土挡墙加固机理

（1）加筋土单元体受力分析。图 7.4（a）为未加筋的土单元体，在竖立荷载 σ_v 的作用下，单元土体产生压缩变形，侧向发生膨胀。通常，侧向应变要比轴向应变大 1.5 倍。随着 σ_v 逐渐增大，压缩变形和侧向膨胀也越来越大，直至土体破坏。

在土单元体中放置水平拉筋 [图 7.4（b）]，通过拉筋与土颗粒间的摩擦作用，将引起土体侧向膨胀的拉力传递给拉筋。由于拉筋的拉伸模量大，因此，单元土体的侧向变形就受到了限制，在同样大小的竖向应力 σ_v 作用下，侧向变形 $b_{11}=0$。

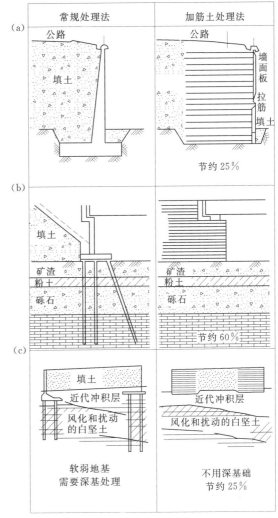

图 7.3 挡墙的应用及经济

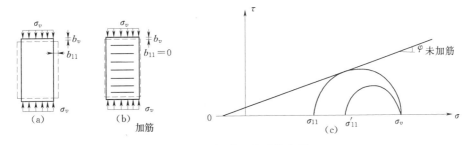

图 7.4 加筋土单元体分析

加筋后的土体就好像在单元土体的侧面施加了一个侧向荷载一样，它的大小与静止土压力 $K_0\sigma_v$ 等效，并且随着竖向应力的增加，侧向荷载也成正比增加。图 7.4（c）在同样

大小的竖向应力 σ_v 作用下，而加筋土应力圆的各点都在破坏曲线下面。只有当与拉筋之间的摩擦失效或拉筋被拉断时，土体才有可能发生破坏。

（2）加筋土挡墙破坏机理。加筋土挡土墙的整体稳定性取决于加筋土挡土墙的内部和外部的稳定性，其可能产生的破坏形式如图 7.5 和图 7.6 所示。

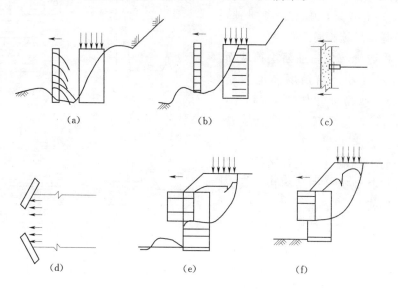

图 7.5　加筋土挡土墙内部可能产生的破坏型式

（a）拉筋拔出破坏；（b）拉筋断裂；（c）面板与拉筋间接头破坏

（d）面板断裂；（e）贯穿回填土破坏；（f）沿拉筋表面破坏

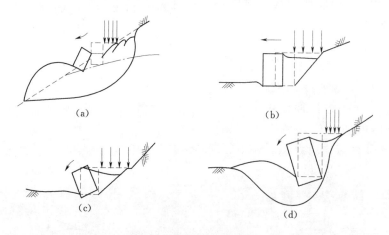

图 7.6　加筋土挡土墙外部可能产生的破坏形式

（a）土坡整体失稳；（b）滑动破坏；（c）倾覆破坏；（d）承载力破坏

加筋土挡墙的内部稳定性，如图 7.5 所示。拉筋拔出破坏、拉筋断裂、面板与拉筋间接头破坏、面板断裂、贯穿回填土破坏、沿拉筋表面破坏。

加筋土挡墙的外部稳定性，如图 7.6 所示。土坡整体失稳、滑动破坏、倾覆破坏、承载力破坏。

从加筋土挡土墙（图 7.7）的整体分析来看，由于土压力的作用，土体中产生一个破裂面，而破坏面内的滑动棱体达到极限状态。在土中埋设拉筋后，趋于滑动的棱体通过土与拉筋间的摩擦作用，有将拉筋拔出土体的倾向。因此这部分的水平分力 τ 的方向指向墙外，而滑动棱体后面的土体则由于拉筋和土体间的摩擦作用把拉筋锚固在土中，从而阻止拉筋被拔出，这一部分的水平分力是指向土体的。两个水平方向分力的交点就是拉筋的最大应力点（T_m），把每根拉筋的最大应力点连接成一曲线，该曲线就把加筋土体分成两个区域；在各拉筋最大拉力点连线以左的土体称为主动区，以右的土体称被动区（或锚固区）。

$$\tau = \frac{dT}{dl} \cdot \frac{1}{2b} \tag{7.1}$$

式中　T——拉筋的拉力，kN；

　　　l——拉筋的长度，m；

　　　b——拉筋的宽度，m。

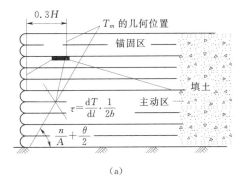
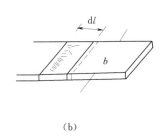

（a）　　　　　　　　　　　　　　　　（b）

图 7.7　加筋土挡墙整体分析

通过一定量的室内模型试验和野外实测，两个区域的分界线离开墙面的最大距离大约为 $0.3H$（H 为挡墙高度），与朗肯理论的破裂面不很相符。但现在设计中一般都还是采用朗肯理论。当然加筋土两个区域的分界线的形成，还要受到以下几个因素的影响：①结构的几何形状；②作用在结构上的外力；③地基的变形；④土与加筋间的摩擦力等。

7.2.2　加筋土挡墙的设计计算

1. 加筋土挡墙的材料和构造

（1）面板。目前，国内一般采用钢筋混凝土或混凝土预制构件作面板，其强度等级不应低于 C20，厚度不应小于 80mm。面板设计应满足坚固、美观、运输方便以及易于安装等要求。

面板形状和尺寸应根据施工条件而定，通常选用十字形、矩形、六角形等，见表 7.1。面板上的拉筋结点，可采用预埋拉环、预埋穿筋孔或钢板锚头等型式。钢拉环应采用直径不小于 10mm 的Ⅰ级钢筋。十字形面板两侧预留有小孔，内插销子，将面板竖向互相连接起来，属于连锁式面板（图 7.8）。

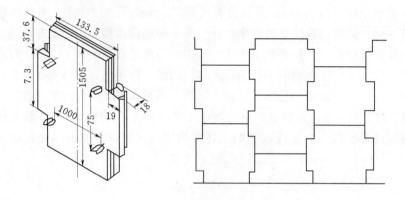

图 7.8 预制混凝土面板拼装（单位：mm）

表 7.1 面板类型及尺寸表 单位：cm

类　型	简　图	高　度	宽　度	厚　度
十字形		50～150	50～150	8～25
槽形	A　A A—A	30～75	100～200	14～20
六角形		60～120	70～180	8～25
L 形		30～50	100～200	8～12
矩形		50～100	100～200	8～25
Z 形		30～75	100～200	8～25

注 1. L 形面板下缘宽度一般采用 20～25cm。

2. 槽形面板的底板和翼缘厚度不小于 5cm。

混凝土面板应该具有耐腐蚀性能。它本身是刚性的，但在各个砌块间具有充分的空隙，也有在接缝间安装树脂软木等措施，以适应必要的变形。

一般情况下，面板应交错连接。由于各个面板间的空隙都能排水，所以排水性能良好，但面板内侧须设置反滤层，以防填土流失。反滤层可以使用土工聚合物或砂夹砾石。

（2）拉筋。通常在加筋土挡墙中采用抗拉强度高、延伸率小、耐腐蚀和柔韧性好的拉筋材料。国内一般使用钢带、钢筋混凝土带、聚丙烯土工聚合物等材料作为拉筋。前两种拉筋更多地用于高速公路和一级公路上的拉筋工程中。

面板与拉筋的连接一般采用电焊或螺栓结合，节点应做防锈处理（图 7.9）。

拉筋的锚固长度一般应该由计算确定。但是，根据不同的结构形式，还应满足构造要求的拉筋锚固长度。

加筋土挡墙内拉筋一般应水平布设并垂直于面板。当一个结点有两条以上拉筋时，应呈扇状分开。当相邻墙面的内夹角小于 90°时，宜将不能垂直布设的拉筋逐渐斜放，必要

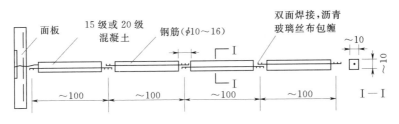

图 7.9　钢筋混凝土拉筋构造图

时在墙角隅处增设加强拉筋。

（3）填土。一般采用容易压实、能与拉筋产生足够摩擦力、而且满足化学和电化学标准以及水稳性好的填土材料。如优先采用有一定级配的砾类土或砂类土，也可以使用碎石土、黄土，中低液限黏性土以及满足质量要求的工业废渣。黏性土作为回填土难于压密，排水性能较差，还可能在持续应力作用下产生很大的蠕动变形。

回填土的级配与粒径也有一定的要求，图 7.10 表示国外建议对加筋土工程所用填料的粒径分布范围要求。

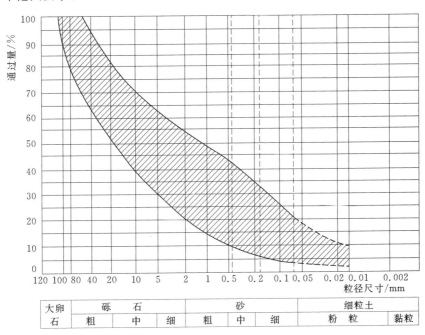

图 7.10　加筋土填料的粒径分布范围

（4）沉降缝设置。加筋土挡墙应该根据地形、地质，墙高等条件设置沉降缝。对土质地基，一般沉降缝的间距为 10～30m，岩石地基可适当增大。沉降缝宽度一般为 10～20mm，可以采用沥青板、软木板或沥青麻絮等填塞。

（5）挡墙面板基础。加筋土挡墙面板下部应设置宽度不小于 0.3m，厚度不小于 0.2m 的混凝土基础，当存在下列情况之一时可以不设置基础：

1）面板筑于石砌圬工或混凝土之上。

2）基岩地基。挡墙面板的埋置深度，对一般土质地基不应小于 0.6m；设置在岩石上时应清除岩石表层风化层，当风化层较厚难以全部清除时，可视同土质地基情况。

（6）墙顶帽石。加筋土挡墙墙顶一般均需设置帽石。帽石可以预制也可以现场浇筑。帽石的分段应与墙体沉降缝在同一处位置上。

2. 加筋土挡墙的设计计算

加筋土挡墙的设计，一般应从土体的内部稳定性和外部稳定性两个方面来考虑。

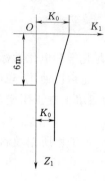

图 7.11　土压力系数图

（1）加筋土挡墙的内部稳定性计算。加筋土挡墙的内部稳定性是指由于拉筋被拉断或拉筋与土体之间的摩擦力不足（即在锚固区内拉筋的锚固长度不够而使土体发生滑动），导致加筋土挡墙的整体结构破坏。因此，其设计必须考虑拉筋的强度和锚固长度（拉筋的有效长度）。国内外的拉筋拉力计算理论还未统一，数量多达十几种，但目前比较有代表性的理论可归纳成两类，即整体结构理论（复合材料）和锚固理论。与其相应的计算理论，前者有正应力分布法（包括均匀分布、梯形分布和梅氏分布）、弹性分布法、能量法及有限单元法；而后者包括朗金法、斯氏法、库仑合力法、库仑力矩法及滑裂楔体法等，各种计算理论的计算结果有所不同。以下仅介绍按朗金理论分析的计算方法。

1）土压力系数计算。加筋土挡墙的土压力系数根据墙高的不同而分别计算（图7.11）：

当 $Z_i \leqslant 6\text{m}$ 时

$$K_i = K_0\left(1 - \frac{Z_i}{6}\right) + K_a\frac{Z_i}{6} \tag{7.2}$$

当 $Z_i > 6\text{m}$ 时

$$K_i = K_a \tag{7.3}$$

其中

$$K_0 = 1 - \sin\varphi, \quad K_a = \tan^2\left(45° - \frac{\varphi}{2}\right)$$

式中　K_i——加筋土挡墙墙内 Z_i 深度处的土压力系数；

　K_0、K_a——填土的静止和主动土压力系数；

　　φ——填土的内摩擦角，（°），可按表 7.2 取值；

　　Z_i——第 i 单元结点到加筋土挡墙顶面的垂直距离，m。

表 7.2　　　　　　　　　　　　填 土 的 设 计 参 数

填料类型	重度/(kN/m³)	计算内摩擦角/(°)	似摩擦系数
中低液限黏性土	18～21	25～40	0.25～0.4
砂性土	18～21	25	0.35～0.45
砾碎石类土	19～22	35～40	0.4～0.5

　　注　1. 黏性土计算内摩擦角为换算内摩擦角。

　　　　2. 似摩擦系数为土与筋带的摩擦系数。

　　　　3. 有肋钢带、钢筋混凝土带的似摩擦系数可提高 0.1。

　　　　4. 墙高大于 12m 的挡土墙计算内摩擦角和似摩擦系数采用低值。

2）土压力计算。加筋土挡墙的类型不同，其计算方法也有所不同，图 7.12 为路肩式和路堤式挡墙的计算简图。

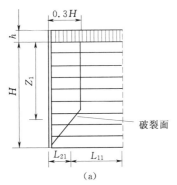
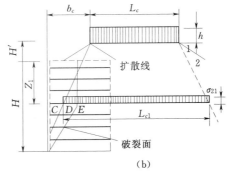

图 7.12　加筋土挡墙计算简图

（a）路肩式挡墙；（b）路堤式挡墙

加筋土挡墙在自重应力和车辆荷载作用下，深度 Z_i 处的垂直应力为

路肩式挡墙　　　　　　　　　$\sigma_i = \gamma_1 Z_i + \gamma_1 h$

路堤式挡墙　　　　　　　　　$\sigma_i = \gamma_1 Z_i + \gamma_2 h_1 + \sigma_{ai}$　　　　　　　　（7.4）

$$h = \frac{\sum G}{B L_0 \gamma_1} \qquad (7.5)$$

$$h_1 = \frac{1}{m}\left(\frac{H}{2} - b_i\right) \qquad (7.6)$$

$$\sigma_{ai} = \gamma_1 h \frac{L_c}{L_{ci}} \qquad (7.7)$$

以上式中　γ_1、γ_2——挡土墙内、墙上填土的重度，当填土处于地下水位以下时，前者取有效重度，$\mathrm{kN/m^3}$；

　　　　　　h——车辆荷载换算而成的等效均布土层厚度，m；

　　　　B、L_0——荷载分布宽度和长度，m；

　　　　$\sum G$——分布在 $B \times L_0$ 面积内的轮载或履带荷载，kN；

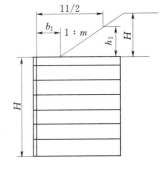

图 7.13　路堤式挡墙上填土
等效土层厚度计算图

　　　　　　h_1——挡土墙上填土换算成等效均匀土层的厚度，m，如图 7.13 所示，当 $h_1 > H'$ 时，取 $h_1 = H'$；当 $h_1 \leqslant H'$ 时，按式（7.6）计算；

　　　　　　m——路堤边缘坡率；

　　　　　　H——挡墙高度，m；

　　　　　　b_i——坡脚至面板水平距离，m；

　　　　　σ_{ai}——路堤式挡墙在车辆荷载作用下，挡墙内深度处的垂直应力，kPa，当图 7.12（b）中扩散线上的 D 点未进入活动区时，取 $\sigma_{ai} = 0$；当 D 点进入活动区时，按式（7.7）计算；

　　　　　　L_c——结构计算时采用的荷载布置宽度，m；

191

L_{ci}——Z_i 深度处的应力扩散宽度，m。

当 $Z_i + H' \leqslant 2b_c$ 时　　　　　　$L_{ci} = L_c + H' + Z$

当 $Z_i + H' > 2b_c$ 时　　　　　$L_{ci} = L_c + b_c + \dfrac{H' + Z_i}{2}$

式中　H'——挡墙上的路堤高度，m；

　　　b_c——面板背面到路基边缘的距离，m。

当抗震验算时，加筋土挡墙 Z_i 深度处土压力增量按下式计算：

$$\Delta\sigma_{ai} = 3\gamma_1 K_a c_i c_z K_h \tan\varphi (h_1 + Z_i) \tag{7.8}$$

式中　c_i——重要性修正系数；

　　　c_z——综合影响系数；

　　　K_h——水平地震系数。

这 3 个值可以按照《公路工程抗震设计规范》（JTJ 004—89）取值。

所以，作用于挡墙上的主动土压力为 E_i

路肩式挡墙　　　　　　　$E_i = K_i(\gamma_1 Z_i + \gamma_1 h)$ 　　　　　　(7.9)

路堤式挡墙　　　　　　　$E_i = K_i(\gamma_1 Z_i + \gamma_2 h_1 + \sigma_{ai})$ 　　　(7.10)

当考虑抗震时　　　　　　$E'_i = E_i + \Delta\sigma_{ai}$ 　　　　　　(7.11)

3）拉筋断面和长度。当填土的主动土压力充分作用时，
每根拉筋除了通过摩擦阻止部分填土水平移动外，还能使一定
范围内的面板拉紧，从而使土体中的拉筋与主动土压力保持平
衡（图 7.14）。因此，每根拉筋所受的拉力随所处深度的增加
而增大。拉筋所受拉力分别按下列计算。

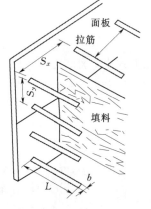

考虑抗震时：

$$T'_i = T_i + \Delta\sigma_{ai} S_x S_y \tag{7.12}$$

式中　S_x、S_y——拉筋的水平和垂直间距。

所需拉筋的断面积为

$$A_i = \dfrac{T_i \times 10^3}{k[\sigma_L]} \tag{7.13}$$

式中　A_i——第 i 单元拉筋设计断面积，mm^2；

图 7.14　加筋土挡墙的
剖面示意图

　　　$[\sigma_L]$——拉筋的容许应力即设计拉应力，对混凝土，其容
　　　　　　许应力 $[\sigma_L]$ 可按表 7.3 取值；

　　　k——拉筋的容许应力提高系数。当用钢带、钢筋和混凝土作拉筋时，k 取 1.0～
　　　　　　1.5；当用聚丙烯土工聚合物时，k 取 1.0～2.0；

　　　T_i——拉筋所受拉力，kN，考虑抗震时，取 T'_i。

表 7.3　　　　　　　　　　　　　　　混凝土容许应力　　　　　　　　　　　　　　单位：MPa

混凝土强度等级	C13	C18	C23	C28
轴心受压应力 $[\sigma_a]$	5.50	7.00	9.00	10.50
拉应力（主拉应力）$[\sigma_L]$	0.35	0.45	0.55	0.60
弯曲拉应力 $[\sigma_{WL}]$	0.55	0.70	0.30	0.90

注　矩形截面构件弯曲拉应力可提高 15%。

拉筋断面尺寸的计算，在实际工程中还应考虑防腐蚀所需要增加的尺寸。

另外，每根拉筋在工作时存在被拔出的可能，因此，还需要计算拉筋抵抗被拔出的锚固长度 L_{1i}：

路肩式挡墙
$$L_{1i} = \frac{[K_f]T_i}{2f'b_i\gamma_1 Z_i} \tag{7.14}$$

路堤式挡墙
$$L_{1i} = \frac{[K_f]T_i}{2f'b_i(\gamma_1 Z_i + \gamma_2 h_1)} \tag{7.15}$$

式中　$[K_f]$——拉筋要求的抗拔稳定系数，一般取 1.2～2.0；

　　　f'——拉筋与填土材料的似摩擦系数，可按表 7.2 取值；

　　　b_i——第 i 单元拉筋宽度总和，m。

拉筋的总长度为

$$L_i = L_{1i} + L_{2i} \tag{7.16}$$

式中　L_{2i}——主动区拉筋长度，m。

可按下式计算：

当 $0 \leqslant Z_i \leqslant H_1$ 时　　　　　$L_{2i} = 0.3H$

当 $H_1 < Z_i \leqslant H$ 时　　　　　$L_{2i} = \dfrac{H - Z_i}{\tan\beta}$

式中　β——简化破裂面的倾斜部分与水平面夹角，(°)，$\beta = 45° + \dfrac{\varphi}{2}$。

（2）加筋土挡墙的外部稳定性计算。加筋土挡墙的外部稳定性计算，包括挡墙地基承载力、基底抗滑稳定性、抗倾覆稳定性和整体抗滑稳定性等的验算。验算时，可以将拉筋末端的连线与墙面板之间视为整体结构，其他计算方法与一般重力式挡土墙相同。

把加筋土挡墙看作是一个整体，再将挡墙后面作用的主动土压力用来验算加筋土挡墙底部的抗滑稳定性（图 7.15），基底摩擦系数可按表 7.4 取值，抗滑稳定系数一般取 1.2～1.3。另外，加筋土挡墙的抗倾覆稳定和整体抗滑稳定验算也应进行，其抗倾覆稳定系数一般可取 1.2～1.5，整体抗滑稳定系数一般可取 1.10～1.25。计算方法可参阅有关的规范和资料。

表 7.4　　　　　　　　　　　　　基 底 摩 擦 系 数 μ

地基土分类	μ
软塑黏土	0.25
硬塑黏土	0.30
黏质粉土、粉质黏土、半干硬的黏土	0.30～0.40
砂类土、碎石类土、软质岩石、硬质岩石	0.40

注　加筋体填料为黏质粉土、粉质黏土、半干硬黏土时按同名地基土采用 μ 值。

由于加筋土挡墙是柔性结构，所以不太可能因较大的沉降而导致加筋土结构的破坏。但是，如果拉筋的长度不足，则挡墙的上部可能产生倾斜（图 7.16），这是由于其内部失稳而引起的。

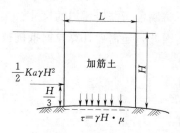

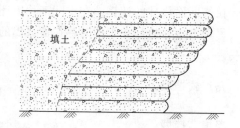

图 7.15 加筋土挡墙底部的滑动稳定性验算   图 7.16 加筋土挡墙的倾斜

图 7.17 为法国 Sere 的立交道路的加筋土挡墙,采用钢筋混凝土镶板作为面板,结果在 15m 长度内差异沉降量大约为 14cm;但却并不影响工程运行。可见,加筋土结构物能容许较大的差异沉降,但一般差异沉降应控制在 1‰范围内。

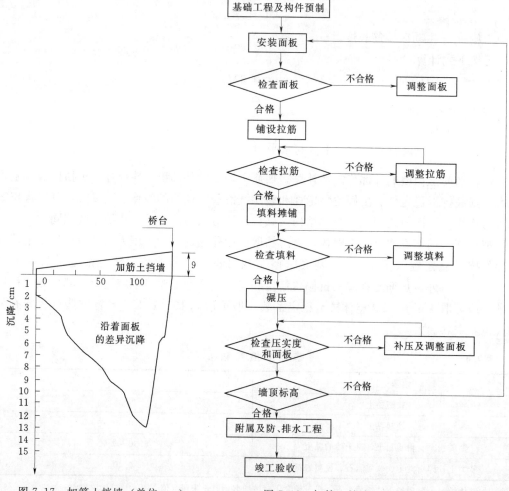

图 7.17 加筋土挡墙(单位:m)   图 7.18 加筋土挡墙工程施工工艺流程

7.2.3 加筋土挡墙的施工

1. 加筋土挡墙施工工艺流程

加筋土挡墙的工程施工,一般可按照图 7.18 所示的工艺流程框图进行。

2. 基础施工

先进行基础开挖，基槽（坑）底平面尺寸一般大于基础外缘 0.3m。当基槽底部为碎石土、砂性土或黏性土时，应整平夯实。对未风化的岩石应将岩面凿成水平台阶状，台阶宽度不宜小于 0.5m，台阶长度除了满足面板安装需要外，高宽比不应大于 1∶2。对风化岩石和特殊土地基，应该按有关规定处理。在地基上浇筑或放置预制基础，一定要将基础做平整，以便使面板能够直立。

3. 面板施工

混凝土面板可以在工厂预制或者在工地附近场地预制，运到施工现场安装。每块面板上都布设了便于安装的插销和插销孔。在拼装最低一层面板时，必须把全尺寸和半尺寸的面板相间地、平衡地安装在基础上。可用人工或机械吊装就位安装面板。安装时单块面板一般可内倾 1/100～1/200 作为填料压实时面板外倾的预留度。为防止相邻面板错位，宜采用夹木螺栓或斜撑固定，直到面板稳定时才可以将其拆除。水平及倾斜误差应该逐层调整，不得将误差累积后才进行总调整。

4. 拉筋的安装

安装拉筋时，应将其垂直于墙面，平放在已经压密的填土上。如果拉筋与填土之间不密贴而存在空隙，则应采用砂垫平，以防止拉筋断裂。采用钢条、钢带或钢筋混凝土作拉筋时，可采用焊接、扣环连接或螺栓与面板连接；采用聚丙烯土工聚合物做拉筋时，一般可以将其一端从面板预埋拉环或预留孔中穿过、折回，再与另一端对齐。聚合物带可采用单孔穿过、上下穿过或左右环孔合并穿过，并绑扎以防止其抽动（图 7.19），不得将土工聚合带在环（孔）上绕成死结，避免连接处产生过大的应力集中。

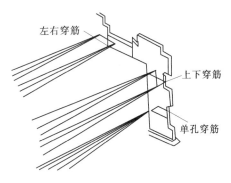

图 7.19　聚丙烯土工聚合物带拉筋穿孔法

5. 填土的压密

填土应根据拉筋竖向间距而分层铺筑和夯实，每层厚度应根据上、下两层拉筋的间距和碾压机具综合决定。在钢筋混凝土拉筋顶面以上，填土的一次铺筑厚度不应该小于 200mm。填土时，为了防止面板受到土压力作用后向外倾斜，应该从远离面板的拉筋端开始，逐步向面板方向进行。采用机械铺筑时，机械距离面板不应小于 1.5m，且其运行方向应与拉筋垂直，并不得在未填土的拉筋上行驶或停车。

填土压实应先从拉筋中部开始，并平行于面板方向，逐步向尾部过渡，而后再向面板方向垂直于拉筋进行碾压。

6. 地面设施施工

如果需要铺设电力或煤气等设施时，必须将其放在加筋土结构物的上面。对于管渠更应注意便于维修，避免以后沟槽开挖时损坏拉筋。输水管道不得靠近加筋土结构物，特别是有毒、有腐蚀性的输水管道，以免水管破裂时水渗入加筋土结构，腐蚀拉筋造成结构物的破坏。

任务 7.3　土工聚合物设计、施工

7.3.1　土工聚合物概述

1. 土工聚合物应用和发展

土工聚合物（geopolymer）是 20 世纪 60 年代末兴起的一种化学纤维品用于岩土工程领域的新型建筑材料，是由聚合物形成的纤维制品的总称。它的用途极为广泛，可用于排水、隔离、反滤和加筋等工程方面。早在 20 世纪 30 年代，土工聚合物已经开始应用于土建工程。1958 年，美国首先将其应用于护岸工程。1970 年，法国开创了土石坝工程中使用土工聚合物的先例，并促使土工聚合物快速发展起来。最近 30 多年土工聚合物发展速度加快，尤其以北美、西欧和日本为最快。1977 年，在法国巴黎举行的第一次国际土工织物会议上，J. P. Giroud 把它命名为"土工织物"（geotextile），并于 1986 年在维也纳召开的第三届国际土工织物会议上将其称为"岩土工程的一场革命"。1983 年，国际土力学与基础工程学会成立了土工织物技术委员会，并已经召开了多次国际土工织物会议。

我国在 20 世纪 60 年代中期开始使用土工聚合物。到 80 年代中期，土工聚合物在我国水利、铁路、公路、军工、港口、建筑、矿冶和电力等领域逐渐推广，并成立了全国范围内的土工合成材料技术协作网暨中国水力发电工程学会土工合成材料专业委员会，从 1986 年开始，每隔 3 年召开一次全国土工合成材料学术会议。

土工聚合物在工程界的广泛应用虽然已有三四十年的时间，但至今国内外对其的技术名称也未得到统一。有的称土工聚合物、土工合成材料（geosythetics）、土工织物（geotextile）等；另对特定的产品，还有专用名称，如土工网（geoweb）、土工格栅（geogrid）和土工垫（geomat）等。由于这些土工制品的原材料都是由聚酰胺纤维（尼龙）、聚酯纤维（涤纶）、聚丙烯腈（腈纶）和聚丙烯纤维（丙纶）等高分子聚合物经加工而合成的，所以采用"土工聚合物"作为其技术总称。

图 7.20 为现场道路工程使用土工聚合物施工示意图。

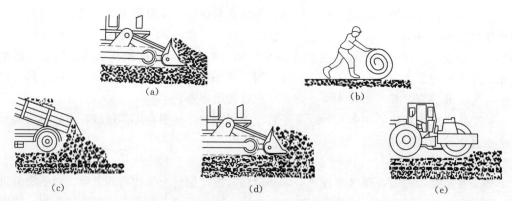

图 7.20　道路工程中使用土工聚合物施工示意图
（a）挖除表土和平整场地；（b）铺开土工聚合物卷材；（c）在土工聚合物上卸砂石料；
（d）铺设和平整筑路材料；（e）压实路基

2. 土工聚合物的类型

土工聚合物包括各种土工纤维（土工织物）、土工膜、土工格栅、土工垫以及各种组合型的复合聚合材料，其产品根据加工制造的不同，可以分为以下几种类型：

（1）有纺型土工织物（woven geotoxtile）。这种土工织物是由相互正交的纤维织成，与通常的棉毛织品相似，其特点是孔径均匀、沿经纬线方向强度大，拉断的延伸率较低。

（2）无纺型土工织物（nonwoven geotextile）。该种土工织物中纤维（连续长丝）的排列是无规则的，与通常的毛毯相似。它一般多由连续生产线生产，制造时先将聚合物原料经过熔融挤压、喷丝、直接平铺成网，然后使网丝联结制成土工织物。联结的方法有热压、针刺和化学黏结等不同的处理方法。前两种方法制成的产品又分别称无纺热黏型和无纺针刺型土工织物。

（3）编织型土工织物（knitted geotextile）。这种土工织物由单股或多股线带编织而成，与通常编制的毛衣相似。

（4）组合型土工织物（composite geotextile）。由前三类组合而成的土工织物。

（5）土工膜（geomembranes）。在各种塑料、橡胶或土工纤维上喷涂防水材料而制成的各种不透水膜。

（6）土工垫（geomat）。由粗硬的纤维丝黏接而成。

（7）土工格栅（geogrid）。由聚乙烯或聚丙烯板通过单向或双向拉伸扩孔制成（图7.21），孔格尺寸为 10～100mm 的圆形、椭圆形、方形或长方形。

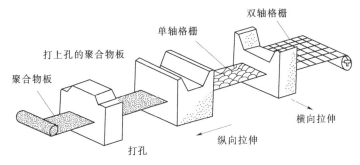

图 7.21　双轴格栅的加工程序

（8）土工网（geonet）。由挤出的 1～5mm 塑料股线制成。

（9）土工塑料排水板。为一种复合型土工聚合物，由芯板和透水滤布两部分组成。滤布包裹在芯板外面，在其间形成纵向排水沟槽。

（10）土工复合材料。由两种或两种以上土工产品组成的复合材料，如土工塑料排水带。

3. 土工聚合物的性能和优缺点

（1）土工聚合物的性能。土工聚合物产品的性能指标主要包括以下几个方面：

1）产品形态。材质及制造方法、宽度、每卷的直径及重量。

2）物理性质。单位面积质量、厚度、开孔尺寸及均匀性。

3）力学性质。抗拉强度、断裂时延伸率、撕裂强度、穿透强度、顶破强度、疲劳强度、蠕变性及聚合物与土体间的摩擦系数等。

4）水理性质。垂直向和水平向的透水性。

5）耐久性。抗老化、抗化学、抗生物侵蚀性、抗磨性、抗温度、抗冻融及干湿变化性能。

土工聚合物产品因制造方法和用途不一，选用时宽度和重量的变化甚大。其宽度为 $1\sim18m$；质量从 $0.1\sim1.0kg/m^2$ 或更大；开孔尺寸（等效孔径）也不相同，无纺型土工织物为 $0.05\sim0.5mm$，编织型 $0.1\sim1.0mm$，土工垫为 $5\sim10mm$，土工格栅及土工网为 $5\sim100mm$。导水性也有差异，大部分编织与热黏型无纺土工聚合物很小，而土工塑料排水带为 $10^{-4}\sim10^{-1}m^2/s$。抗拉强度：大部分常用的无纺型土工织物为 $10\sim30kN/m$（高强度的为 $30\sim100kN/m$）；最常用的编织型土工织物为 $20\sim50kN/m$（高强度的为 $50\sim100kN/m$）；土工格栅 $30\sim200kN/m$（高强度的为 $200\sim400kN/m$）。不同类型的土工织物的拉应力和拉应变关系变化差异很大。

土工聚合物的性能与其使用范围密切相关。

（2）土工聚合物的优缺点。综上所述，可以得知土工聚合物的优点是：质地柔软、重量轻、整体连续性好、施工方便、抗拉强度高、耐腐蚀和抗微生物侵蚀性好、无纺型的当量直径小和反滤性能好。其缺点是：同其原材料一样，未经特殊处理，则土工聚合物抗紫外线能力低，但如果在其上覆盖黏性土或砂石等物，其强度的降低是不大的。另外，聚合物中以聚酯纤维和聚丙烯腈纤维耐紫外线辐射能力和耐自然老化性能为最好。由聚乙烯、聚丙烯原材料制成的土工聚合物，在受保护的条件下，其老化时间可达 50 年（聚酰胺为 $10\sim20$ 年），甚至可达更长年限（如 100 年）。

4. 土工聚合物的作用

土工聚合物在工程上的应用，主要表现在四个方面：排水作用、隔离作用、反滤作用和加固补强作用（表 7.5）。

表 7.5　　　　　　　　　　不同应用领域中土工聚合物基本功能的相对重要性

应用类型	功能			
	隔 离	排 水	加 筋	反 滤
无护面道路	A	C	B	B
海、河护岸	A	C	B	A
粒状填土区	A	C	B	D
挡土墙排水	C	A	D	C
用于土工薄膜下	D	A	B	D
近水平排水	C	A	D	D
堤坝基础加筋	B	C	A	D
加筋土墙	D	D	A	D
堤坝桩基	B	D	A	D
岩石崩落网	D	C	A	D
密封水力充填	B	C	A	A

应用类型	功　能			
	隔　离	排　水	加　筋	反　滤
防冲	D	C	B	A
柔性模板	C	C	C	A
排水沟	B	C	D	A

注　A 为主要功能（控制功能）；B、C、D 为次要、一般、不很重要的功能。

（1）排水作用。某些具有一定厚度的土工聚合物具有良好的三维透水特性。利用这种特性，它除了可作透水反滤外，还可使水经过土工纤维的平面迅速沿水平方向排走，而且不会堵塞，构成水平的排水层。它还可以与其他材料（如粗粒料、排水管、塑料排水板等）共同构成排水系统（图 7.22）或深层排水井。此外，还有专门用于排水的土工聚合材料。

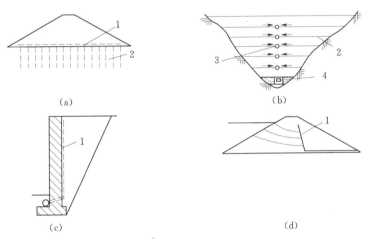

图 7.22　土工聚合物用于排水的典型实例

1—土工聚合物；2—塑料排水带；3—塑料管；4—排水涵管

土工聚合物的排水效果，取决于其在相应的受力条件下导水度（导水度等于水平向渗透系数与其厚度的乘积）的大小，及其所需的排水量和所接触的土层的土质条件。

（2）隔离作用。土工聚合物可以设置在两种不同的土质或材料、或者土与其他材料之间，将它们相互隔离开来，可以避免不同材料的混杂而产生不良效果，并且依靠其优质的特性以适应受力、变形和各种环境变化的影响而不破损。这样，将土工聚合物用于受力结构体系中，必将有助于保证结构的状态和设计功能。在铁路工程（图 7.23）中使用土工聚合物，可以保持轨道的稳定，减少养路费用；将其用于道路工程中，可防止路堤翻浆冒泥；用于材料的储存和堆放，可以避免材料的损失和劣化，而且对于废料还有助于防止污染等。

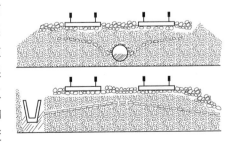

图 7.23　土工聚合物用于铁路工程

199

作为隔离作用的土工聚合物，其渗透性应大于所隔离土的渗透性并不被其堵塞。在承受动荷载作用时，土工聚合物还应具备足够的耐磨性。当被隔离的材料或土层间无水流作用时，也可以使用不透水的土工膜作隔离材料。

（3）反滤作用。在有渗流的情况下，利用一定规格的土工聚合物铺设在被保护的土上，可以起到与一般砂砾反滤层同样的作用，即容许水流畅通而同时又阻止土粒移动，从而防止发生流土、管涌和堵塞（图 7.24）。

多数土工聚合物在单向渗流的情况下，在紧贴土工聚合物的土体中，发生细颗粒逐渐向滤层移动，自然形成一个反滤带和骨架网，阻止土粒的继续流失，最后土工聚合物与相邻接触部分土层共同形成了一完整的反滤系统（图 7.24、图 7.25）。将土工聚合物铺放在上游面块石护坡下面，起反滤和隔离作用，也可将其置于下游排水体周围起反滤作用，或者铺放在均匀土坝的坝体内，起竖向排水作用，这样可以有效地降低均质坝坝体浸润线，提高下游坡坝的稳定性。具有这种排水作用的土工聚合物，在其平面方向需要有较大的渗透系数。

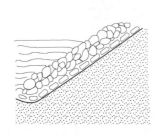 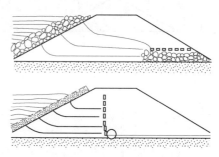

图 7.24　土工聚合物用于护坡工程　　　　图 7.25　土工聚合物用于土坝工程

（4）加固补强作用。利用土工聚合物的高强度和韧性等力学性质，可以分散荷载，增大土体的刚度模量以改善土体；或作为加筋材料构成加筋土以及各种复合土工结构。

1）土工聚合物用于加固补强地基。当地基可能产生冲切剪切破坏时，铺设的土工聚合物将阻止地基中剪切破坏面的产生，从而使地基的承载力提高。

当很软的地基可能产生很大的变形时，铺设的土工聚合物可以阻止软土的侧向挤出，从而减少侧向变形，增大地基的稳定性。在沼泽地、泥炭土和软黏土上建造临时道路，是土工聚合物最重要的用途之一。

2）土工聚合物用作加筋材料。土工聚合物用作土体加筋时，其作用与其他筋材的加筋土相似，通过土与加筋之间的摩擦力使之成为一个整体，提供锚固力保证支挡建筑物的稳定。但土工聚合物是相对柔性的加筋材料。

土工聚合物用于加筋，一般要求有一定的刚度。土工格栅能很好地与土相结合，是一种良好的加筋材料，与金属筋材相比，土工聚合物不会因腐蚀而失效，在桥台、挡墙、护岸、码头支挡建筑物中均得到了成功的应用（图 7.26）。

需要注意的是，在实际工程中应用的土工聚合物，不论作用的主次，总是以上几种作用的综合，隔离作用不一定伴随过滤作用，但过滤作用经常伴随隔离作用。因而，在设计选料时，应根据不同工程应用对象综合考虑对土工聚合物作用的要求。

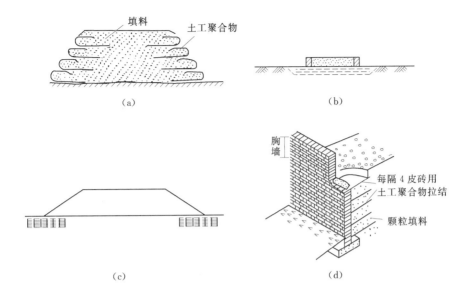

图 7.26　土工聚合物的工程应用

（a）土工聚合物加固路堤；（b）土工聚合物加固油罐地基；（c）土工聚合物
加固路基；（d）砖面土工聚合物加筋土挡墙

7.3.2　土工聚合物的设计计算

这里仅介绍土工聚合物作为加筋材料时的设计。

1. 土工聚合物作为垫层时的承载力

在软土地基的表面上，铺设具有一定刚度和抗拉力的土工聚合物，再在其上面填筑粗颗粒土（砂土或砾石），此时作用荷载的正下方产生沉降，其周边地基产生侧向变形和部分隆起。由于土工聚合物与地基土之间的抗剪阻力能够相对地约束地基的位移；而作用在土工聚合物上的拉力，也能起到支承荷载的作用。此时，地基的极限承载力 p_u 为

$$p_u = Q'_c = \alpha c N_c + 2p\sin\theta + \beta \frac{p}{\tau} N_q \qquad (7.17)$$

式中　　p——土工聚合物的抗拉强度，kN/m；

　　　　θ——基础边缘土工聚合物的倾斜角，一般为 $10°\sim17°$；

　　　　τ——假想圆的半径，一般取 3m，或为软土层厚度的一半，但不能大于 5m；

　　α、β——基础的形状系数，一般取 $\alpha=1.0$，$\beta=0.5$；

N_c、N_q——与内摩擦角有关的承载力系数，一般 $N_c=5.3$，$N_q=1.4$；

　　　　c——土的黏聚力，kPa。

可以看出，公式（7.17）中的第一项是原天然地基的极限承载力；第二项是在荷载作用下，由于地基的沉降使土工聚合物发生变形而承受拉力的效果；第三项是土工聚合物阻止土体隆起而产生的平衡镇压的效果（是以假设近似半径为 r 的圆求得）。图 7.27 中的 q 是塑性流动地基的反力。

实际上，第二项和第三项均为由于铺设土工聚合物而提高的地基承载力。

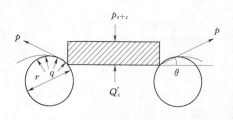

图 7.27　土工聚合物加固地基的承载力
计算假设简图

2. 土工聚合物作加固路堤时的稳定性设计

土工聚合物用作增加填土稳定性时，其铺垫方式有两种：一种是铺设在路基底与填土之间；另一种是在堤身内填土层间铺设。分析时常采用瑞典法和荷兰法两种计算方法。首先按照常规方法找出最危险滑弧的圆参数，以及相应最小安全系数 K_{min}。然后再加入有土工聚合物这一因素。

（1）瑞典法计算模型。瑞典法计算模型是假定土工聚合物的拉应力总是保持在原来铺设的方向。由于土工聚合物产生的拉力 S。就增加了两个稳定的力矩（图 7.28）。如以 O 为力矩中心，则当仍按原来最危险圆弧滑动时，要撕裂土工聚合物，就要克服它的总抗拉强度 S，以及在填土内沿垂直方向开裂而产生的抗力 $S\tan\varphi_1$（φ_1 为填土的内摩擦角），前者的力臂为 a，后者的力臂为 b。

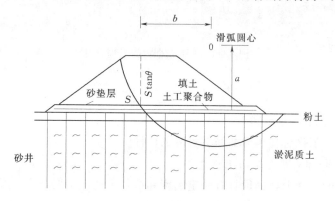

图 7.28　土工聚合物加固软土地基上
路堤的稳定分析（瑞典法）

根据土力学中土坡稳定性分析方法之一的瑞典圆弧法可知，未铺设土工聚合物前的抗滑稳定最小安全系数

$$K_{min} = \frac{M_{抗}}{M_{滑}} \tag{7.18}$$

增加土工聚合物后的安全系数

$$K' = \frac{M_{抗} + M_{土工聚合物}}{M_{滑}} \tag{7.19}$$

故增加的安全系数为

$$\Delta K = \frac{S(a + b\tan\varphi_1)}{M_{滑}} \tag{7.20}$$

当已知土工聚合物的抗拉强度 S 时，便可以求得 ΔK 值。相反，当已知要求增加的 ΔK 值时，就可以求得所需土工聚合物的强度 S，以便选用现成厂商生产的土工聚合物

产品。

　　另外，还需验算土工聚合物范围以外的路堤有无整体滑动的可能。只有当以上两种验算均满足稳定要求时，才可以认为路堤是稳定的。

　　（2）荷兰法计算模型。荷兰法计算模型是假定土工聚合物在和圆弧切割处形成一个与滑弧相适应的扭曲，此时，土工聚合物的抗拉强度 S 每米宽可以认为是直接切于滑弧的（图 7.29）。绕滑动圆心的力矩臂长即等于滑弧半径 R，此时的抗滑稳定安全系数为

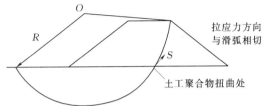

图 7.29　土工聚合物加固软土地基上路堤的稳定分析（荷兰法）

$$K' = \frac{\sum (C_i l_i + Q_i \cos\alpha_i \tan\varphi_1) + S}{\sum Q_i \sin\alpha_i} \qquad (7.21)$$

式中　C_i——填土的黏聚力，kPa；

　　　　l_i——某一分条滑弧的长度，m；

　　　　Q_i——某一分条滑弧的重力，kN；

　　　　α_i——某一分条与滑动面的倾斜角，（°）；

　　　　φ_1——土的内摩擦角，（°）。

　　所以，铺设土工聚合物后增加的抗滑稳定安全系数为

$$\Delta K = \frac{SR}{M_{\text{滑}}} \qquad (7.22)$$

　　由式（7.22）即可确定所需要的 ΔK 值，同样也可推求出土工聚合物的抗拉强度 S 值，再用它来选择土工聚合物产品的型号和规格。

　　国内外的工程实践证明，除非土工聚合物具有在小应变条件下可承受很大的拉应力的性能，否则它还不能使路堤安全系数有很大的增长。用土工聚合物作加筋应具有较高的拉伸强度和抗拉模量，较低的徐变性以及相当的表面粗糙度。据报道，低模量的土工聚合物仅限于较低的堤坝（如 2～5m 高）使用。国外软土地基上加筋堤的高度大多数不高于 10m，一般均在 15m 以下。

7.3.3　土工聚合物的施工

　　1. 土工聚合物的连接方法

　　土工聚合物是按照一定规格的面积和长度在工厂进行定型生产的商品成品，因此，这些材料运输到现场后必须进行连接，可采用搭接、缝合、胶结或 U 形钉钉接等方法连接起来（图 7.30）。

　　（1）搭接法。搭接长度一般在 0.3～1.0m 之间。坚固和水平的路基一般取小值；软弱和不平的地面则需要取大值。在搭接处应尽量避免受力，以防土工聚合物移动。此法施工简便，但用料较多。

　　（2）缝合法。用移动式缝合机将尼龙或涤纶线面对面缝合，缝合处的强度一般可达纤

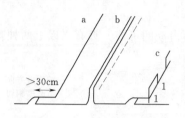

图 7.30 土工聚合物间的连接方法
a—搭接；b—缝合；c—用 U 形钉钉接

维强度的 80%，缝合法施工费时，但可节省材料。

（3）胶结法。采用合适的胶黏剂将两块土工聚合物胶结在一起，最少的搭接长度为 100mm，胶结时间为 2h。其接缝处的强度与土工织物的原强度相同。

（4）U 形钉钉接法。用 U 形钉连接时，其强度低于缝合法和胶结法。

2. 土工聚合物的施工方法

（1）铺设土工聚合物时应注意均匀和平整；在护岸工程坡面上施工时，上坡段土工聚合物应搭接在下坡段土工聚合物之上；在斜坡上施工应保持一定的松紧度。用于反滤层时，要求保证土工聚合物的连续性，不出现扭曲、褶皱和重叠现象。

（2）不要在土工聚合物的局部地方施加过重的局部应力。不能抛掷块石来保护土工聚合物，只能轻铺块石，最好在土工聚合物上先铺一层保护砂层。

（3）土工聚合物的端部应先铺填，中间后填，端部锚固必须精心施工。

（4）第一层铺垫层厚度应在 0.5m 以下，但不能让推土机的刮土板损坏已铺填的土工聚合物，如遇任何情况下土工聚合物损坏，应立即予以修补。

（5）在土工聚合物的存放和施工过程中，应尽量避免长时间的暴晒，促使材料劣化。

土工聚合物在国外的研究和应用比较广泛，相比之下，国内在这方面所做的工作则显得很不足。所以，我们既不能否定这种新材料的应用价值，也不能盲目地简单对待。而是要坚持通过正常的发展程序，对土工聚合物用量较大的，尤其是对于重要的或大型的岩土工程，应用时必须重视系统研究和通过典型试点仔细地进行观测试验，不断总结经验，逐步提高分析计算的理论水平和制定必要的选料，设计和施工所需性能指标的试验方法，建立土工聚合物在各种不同用途中的技术规范和标准。制造商应与应用者协同合作，共同开发适用于各种不同用途的土工聚合物系列产品，特别应重视开发和研究土工聚合物复合材料新产品，避免由于产品的规格或性能不适应而造成其工程应用的失败或经济损失，危害土工聚合物应用技术的提高和推广。

案 例 分 析

土工聚合物工程实例：某油罐加筋垫层工程。

1. 工程概况

某油罐工程位于长江岸边的河漫滩软土地基上，采用浮顶式油罐，油罐容积 2 万 m^3，其内径为 40.5m，高 15.8m。罐体、罐内充水、基础以及场地填土等荷载共计 288kN/m^2。

2. 场地岩土工程简况

建筑场地主要地基土分布自上而下分别如下：

（1）表层土。厚 0.3~0.5m。

（2）黏土层。厚 1.3~2.3m。

（3）淤泥质黏土层。厚度为 12~18m，其不排水抗剪强度为 12~47kPa。

3. 地基处理设计与施工

根据油罐的运行和生产要求，其地基与基础在技术上要求满足以下三点：

（1）地基能承受 288kN/m² 的荷载。

（2）油罐整体倾斜小于等于 0.04～0.05，周边沉降差小于 0.0022，中心与边沿差小于 1/45～1/44。

（3）油罐的最终沉降不超过预留高度。

由此可见，原地基必须进行处理。经分析研究决定，采用土工聚合物加筋垫层和天然地基排水固结充水的预压方案处理油罐下卧的软土地基，方案设计图可如图 7.31 和图 7.32 所示。

土工聚合物加筋垫层由二层碎石袋组成。碎石袋由土工编织袋装入碎石而形成，直径 0.3m，土工编织布的径向抗拉强度为 32kN/m，纬向抗拉强度为 25kN/m，上层

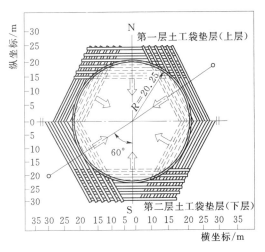

图 7.31　土工聚合物垫层平面构造

直径为 50.5m，下层直径为 64.5m，两层间距 1.9m。每层碎石袋由 3 片互成 60°交错叠合的碎石袋组合而成，每条碎石袋以间距 0.6m 平行铺设。

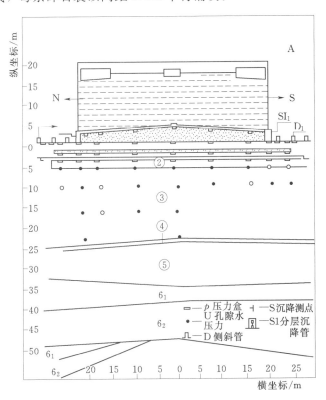

图 7.32　土工聚合物垫层地基剖面及测试件埋设布置

4. 现场观测结果

从填土、施工基础以及多级充水（包括充油投产）过程中各阶段的沉降值见表 7.6。

表 7.6　　　　　　　　　　　　　　　　油罐沉降值

项目	填土期	基础施工	充水试压期				实测[①]总沉降	罐基[②]总沉降
			第一次	第二次	第三次	充油投产		
罐中心沉降值/mm	264	315	1544	158	33	10	2324	1745
罐周边沉降值/mm	178	201	1082	84	90	10	1645	1266
周边累积沉降差/mm			87	94	101	96		
中边沉降差/mm	86	114	462	74	−57	0	679	479
回弹值/mm				23	19			
荷载/(kN/m²)	80.0	130.0	279.6	279.1	279.1	253.8		
持续时间/d	219	72	349	65	60	1		

① 实测总沉降是指垫层底面总沉降。

② 罐基总沉降是指基础施工后产生的总沉降。

分析实测沉降结果可知，采用土工聚合物加筋垫层和排水固结联合处理油罐地基的方法是可行的，并取得了良好的效果。基础底面和环梁的沉降比较均匀，满足油罐基础的设计要求。基础周边沉降为 1.266m＜1.5m（设计要求）；环梁基础倾斜为 1.9%＜5%；基础底板中心和周边的沉降差与油罐直径之比为 0.004＜0.015；滤板最大和最小沉降差与油罐半径之比为 0.011＜0.025。

同时，土工聚合物加筋垫层可以防止垫层的抗拉断裂，保证垫层的均匀性，约束地基土的侧向变形，改善地基的位移场，调整地基的不均匀沉降等。

根据基底压力实测分析，基底压力基本上是均匀的，并与荷载分布的大小一致。荷载通过基础在垫层中扩散，扩散后到达垫层底面的应力分布基本上也是均匀的。按垫层面实测的平均应力计算，扩散角约为 40°。可见，加筋垫层起到了扩散应力和使应力均匀分布的作用。

任务 7.4　土钉设计、施工和质量检验

7.4.1　土钉概述

1. 土钉的概念及发展

土钉（soil nailing）是将拉筋插入土体内部，拉筋尺寸小，全长度与土黏结，并在坡面上喷射混凝土，从而形成土体加固区，其结构似乎于重力式挡墙，用以提高整个边坡的稳定性，适用于开挖支护和天然边坡的加固治理，是一种实用的原位岩土加筋技术。

土钉最先是由法国的 Bouggues 于 1972 年在法国 Versailles 附近的铁道拓宽线路切坡施工中应用的。之后，作为稳定边坡和深基坑开挖支护的方法之一，土钉法在法国得到了广泛应用。20 世纪 70 年代中期，德国、北美等国家开始应用此项技术。我国是从 80 年代开始进行土钉的试验研究和工程实践的，并于 1980 年在山西柳湾煤矿边坡稳定中首次

采用。目前，土钉法这一加筋新技术在我国应用还不普遍，有待进一步开发和推广。

与前述的加筋土挡墙相比，土钉的施工是"自上而下"的分步施工，而加筋土挡墙恰好相反，是"自下而上"（图 7.33）。这对筋体材料的应力分布影响重大，施工期间尤甚。土钉是一种用来改良天然土层的原位加筋技术，不像加筋土挡墙那样，能够预订和控制加筋土填土的性质。土钉技术常包含灌浆技术的使用，使筋体和其周围土层黏结，荷载由浆体传递给土层。在加筋土挡墙中，摩擦力直接产生于筋条和土层间。土钉既可以水平布置，也可倾斜布置。当土钉垂直于潜在滑裂面时，将会充分发挥其抗力；而加筋土挡墙内的拉筋一般为水平设置（或很小角度的倾斜布置）。

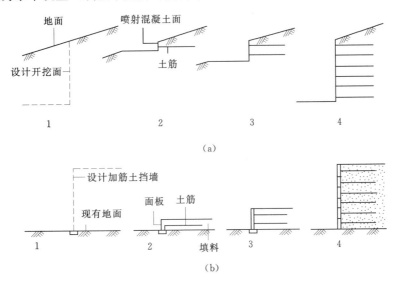

图 7.33　土钉与加筋土挡墙施工程序比较

（a）"自上而下"土钉结构；（b）"自下而上"加筋土挡墙

2. 土钉的类型

按照施工方法，土钉可以分为钻孔注浆型土钉、打入型土钉和射入型土钉三种类型。土钉的施工方法及原理、特点和应用可见表 7.7。

表 7.7　　　　　　　　　　　　　　土钉的施工方法及特点

土钉类别 （按施工方法）	施工方法及原理	特点及应用状况
钻孔 注浆型土钉	先在土坡上钻直径为 100～200mm 的一定深度的横孔，然后插入钢筋、钢杆或钢铰索等小直径杆件，再用压力注浆充实孔穴，形成与周围土体密实黏合的土钉，最后在土坡坡面设置与土钉端部联结的联系构件，并用喷射混凝土组成土钉面层结构，从而构成一个具有自撑能力且能够支挡其后来加固体的加筋域	土钉中应用最多的型式，可用于永久性或临时性的支挡工程中
打入型土钉	将钢杆件直接打入土中。欧洲多用等翼角钢（L50×50×5～L60×60×5）作为钉杆，采用专门施工机械，如气动土钉机，能够快速、准确地将土钉打入土中。长度一般不超过 6m，用气动土钉机每小时可施工 15 根。其提供的摩阻力较低，因而要求的钉杆表面积和设置密度均大于钻孔注浆型土钉	长期的防腐工作难以保证，目前多用于临时性支挡工程

土钉类别 （按施工方法）	施工方法及原理	特点及应用状况
射入型土钉	由采用压缩空气的射钉机以任意选定的角度将直径为 25～38mm、长 3～6m 的光直钢杆（或空心钢管）射入土中。土钉可采用镀锌或环氧防腐套。土钉头通常配有螺纹，以附设面板。射钉机可置于一标准轮式或履带式车辆上，带有一专门的伸臂	施工快速、经济、适用于多种土层，但目前应用尚不广，有很大的发展潜力

工程实践证实，土钉技术的应用受到一定条件的限制。土钉在地下水位低于土坡开挖段或经过降水而使地下水位低于开挖层的情况下采用。为了保证土钉的施工，土层在分层开挖时，应能够保持自立稳定。所以，土钉技术适用于有一定黏结性的杂填土、粉性土、粉土、黄土类土及弱胶结的砂土边坡。此外，当采用喷射混凝土面层或浅层注浆等稳定坡面措施能够保持每一切坡台阶的自立稳定时，也可以采用土钉支挡体系作为稳定边坡的方法。

对砂土边坡，当标准贯入击数低于 10 击或其相对密实度小于 0.3 时，土钉法一般不经济；对不均匀系数小于 2 的级配不良的砂土，不可以采用土钉法；对塑性指数大于 20 的黏性土，必须认真评价其徐变特性后，才可将土钉用作永久性的支挡结构；土钉法不适用于软土边坡，也不适用于在侵蚀性土（如煤渣、矿渣、炉渣、酸性矿物废料等）中作为永久性的支挡结构。另外，土钉技术的理论和实践工作均很不完善，还有待进行比较系统和深入的研究工作。

3. 土钉的特点

土钉作为一种新的加筋施工技术，具有以下的特点：

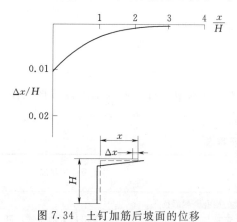

图 7.34 土钉加筋后坡面的位移

（1）对场地邻近建筑物影响小。由于土钉施工采用小台阶逐渐开挖，而且开挖成型后及时设置土钉与面层结构，使面层与挖方坡面紧密结合，土钉与周围土体结合牢固，对土坡的土体扰动较小。而且，由于土坡一般都是快速施工的，可以适应土坡开挖过程中土质条件的局部变化，易于使土坡得到稳定。实测资料表明：采用土钉稳定的土坡，只要产生微小的变形，就可以使土钉的加筋力得到发挥，所以，实测的坡面位移与坡顶变形很小（图 7.34），对相邻建筑物的影响少。

（2）施工机具简单、施工灵活。设置土钉所使用的钻孔型机具和喷射混凝土的设备都是可移动的小型机械，所需场地较小，移动灵活，而且机械的振动小、噪声低，在城市地区施工具有明显的优越性。土钉施工速度快，施工开挖容易成形，在开挖过程中较容易适应不同的土层条件和施工程序。

（3）经济效益较好。根据西欧的统计资料，开挖深度在 10m 以内的基坑，土钉法比锚杆墙方案节省投资 110%～30%。美国的土钉开挖专利报告（ENR1976）指出可节约投资30％左右。国内根据9项土钉工程的经济分析统计，认为可以节约投资30％～50％。

4．土钉的加固机理

土钉是由较小间距的土钉作为土的加筋来加强土体的，形成了一个原位的复合式重力式结构，以便提高整个原位土体的强度并限制其位移，它结合了钢丝网喷射混凝土和岩石锚栓的特点，对边坡提供柔性支挡。土钉的加固机理主要有以下几个方面：

（1）提高原位土体的强度。当自然土坡的直立高度超过其临界高度，或者自然土坡上有较大的超载以及环境因素等改变时，都会引起土坡的失稳。稳定土坡的常规方法是采用被动制约机制的支挡结构，来承受土的侧向土压力，并限制土坡的变形发展。土钉则是在土体内增设一定长度和分布密度的锚固体，其与土体牢固结合而共同工作，以弥补土体强度的不足，增强土坡坡体的自身稳定性，这是属于主动制约机制的支挡体系。国内研究表明，土钉在其加强的复合土体中起箍束骨架的作用，提高了土坡的整体刚度和稳定性；土钉在超载作用下，表现为持续的渐进性破坏。即使在土体内已出现局部的剪切面和张拉裂缝，并随着超载集中程度的增加而扩展，但仍可持续很长时间不发生整体塌滑。

此外，向土钉中进行压力注浆，会使浆液沿着原有地层中的裂隙扩渗，形成网状胶结，必然会增强土钉与周围土体的黏结和整体作用（图7.35）。

（2）土与土钉间的相互作用。土钉与土之间摩擦阻力的发挥，主要是由于二者之间的相对位移而产生的，类似于加筋土挡墙内拉筋与土的相互作用。在土钉加筋的边坡内，也存在着主动区和被动区（图7.36）。主动区和被动区内土体与土钉间摩阻力发挥的方向正好相反，而位于被动区内的土钉则可以起锚固作用。

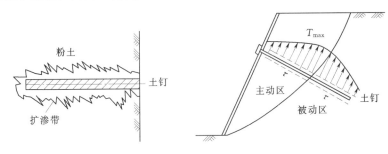

图7.35 土钉浆液的扩渗   图7.36 土与土钉间相互作用

土钉与其周围土体间的极限界面摩阻力取决于土的类型、上覆压力和土钉的设置技术。该问题有待进行深入的理论和试验研究。

（3）面层土压力分布。面层不是土钉结构的主要受力构件，而是土压力传力体系的构件，同时保证土钉不被侵蚀风化。由于面层的施工顺序不同于常规支挡体系，所以，面层上的土压力分布与一般重力式挡墙不同，而比较复杂。

（4）破裂面形式。经试验研究和理论分析，原位加筋土钉复合陡坡的破裂型式如图7.37所示（试验土坡的土质为黄土类粉土和粉质黏土）。图7.37（b）为王步云等建议采用的简化破裂面形式。

5．土钉与加筋挡土墙的比较

主要相同之处：

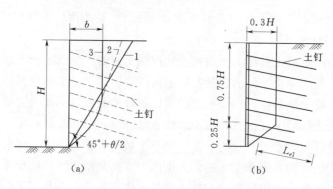

图 7.37　土钉复合陡坡破裂面型式
1—库仑破裂面；2—有限元解；3—实测值

(1) 加筋体（拉筋或土钉）均处于无预应力状态，只有在土体产生位移后，才能发挥其作用。

(2) 加筋体抗力都是由加筋体与土之间产生的界面摩阻力提供的，加筋土体内部本身处于稳定状态，它们承受着其后面外部土体的推力，类似于重力式挡墙的作用。

(3) 面层（加筋土挡墙面板为预制构件，土钉面层是现场喷射混凝土）都较薄，在支撑结构的整体稳定中不起主要作用。

主要不同之处：

(1) 虽然竣工后两种结构外观相似，但其施工程序却截然不同。土钉施工"自上而下"，分步施工；而加筋土挡墙则是"自下而上"。这对筋体应力分布有很大影响，施工期间尤甚。

(2) 土钉是一种原位加筋技术，是用来改良天然土层的，不像加筋土挡墙那样，能够预订和控制加筋土填土的性质。

(3) 土钉技术通常包含使用灌浆技术，使筋体和其周围土层黏结起来，荷载通过浆体传递给土层。在加筋土挡墙中，摩擦力直接产生于筋条和土层间。

(4) 土钉既可水平布置，也可倾斜布置，当其垂直于潜在滑裂面设置时，将会充分地发挥其抗力；而加筋土挡墙内的拉筋一般为水平设置（或以很小角度地倾斜布置）。

6. 土钉与锚杆的比较

表面上，当用于边坡加固和开挖支护时，土钉和预应力土层锚杆间有一些相似之处。的确，人们很想将土钉仅仅当做一种"被支式"的小尺寸土层锚杆。尽管如此，两者间仍有较多的功能差别，例如：

(1) 土层锚杆在安装后一般进行张拉，因此在运行时能理想地防止结构发生各种位移。相比之下，土钉则不予张拉，发生少量（虽然非常小）位移后才可发挥作用。

(2) 土钉长度（一般为 3～10m）的绝大部分和土层相接触，而土层锚杆多通过在锚杆末端固定的部分传递荷载，其直接后果是两者在支挡土体中产生的应力分布不同。

(3) 土钉的安装密度很高（一般每 0.5～5.0m^2 安装一根），因此单筋破坏的后果不严重。另外，土钉的施工精度要求不高，它们是以相互作用的方式形成一个整体。锚杆的设置密度比土钉要小一些。

（4）因锚杆承受荷载很大，在锚杆的顶部需安装适当的承载装置，以减小出现穿过挡土结构面而发生"刺入"破坏的可能性。而土钉则不需要安装坚固的承载装置，其顶部承担的荷载小，可由安装喷射混凝土表面的钢垫来承担。

（5）锚杆往往较长（一般 15~45m），因此需要用大型设备来安装。锚杆体系常用于大型挡土结构，如地下连续墙和钻孔灌注桩挡墙，这些结构本身也需要大型施工设备。

7.4.2　土钉的设计计算

与重力式挡土墙的设计一样，土钉结构必须保持在内力和外力作用下的稳定。因此，土钉支挡体系的设计一般应包括以下几个方面：

（1）根据土坡的几何尺寸（深度、切坡倾角）、土的性质和超载情况等，估算土坡潜在破裂面的位置。

（2）土钉的型式、截面积、长度、间距和设置倾角。

（3）验算土钉结构的内外部稳定性。

具体的设计计算过程如下。

1. 土钉的几何尺寸设计

在初步设计阶段，首先应根据土坡的设计几何尺寸和可能的破裂面位置等作出初步选择，包括土钉的孔径、长度和间距等基本参数。

（1）土钉的长度。已有工程的土钉实际长度均小于土坡的垂直高度。经抗拔试验证明，当土坡高度小于 12m 时，对同类土质土坡采用相同的施工工艺，当土钉长度达到土坡垂直高度时，再增加土钉长度对其承载力提高不明显。Schlosser（1982）认为，当土坡倾斜时，倾斜面使侧向压力降低，故通常采用的土钉长度约为坡面垂直高度的 60%~70%。

（2）土钉的孔径和间距。土钉的孔径一般可以根据成孔机械选定。国外对钻孔注浆型土钉，其直径一般为 76~150mm；国内曾经采用的土钉钻孔直径为 100~200mm。

土钉的间距包括水平间距（行距）和垂直间距（列距）。王步云等认为：对钻孔注浆型土钉，应该按照 6~8 倍的土钉钻孔直径选定土钉的水平间距和垂直间距，而且应满足式（7.23）

$$S_x S_y = k d_h L \tag{7.23}$$

式中　S_x、S_y——土钉的水平间距（行距）、垂直间距（列距）；

　　　d_h——土钉的钻孔直径；

　　　L——土钉的长度；

　　　k——注浆工艺系数，对一次压力注浆工艺，可取 1.5~2.5。

（3）土钉主筋的直径。打入型土钉一般采用低碳角钢，钻孔注浆型土钉一般采用高强度实心钢筋，筋材也可以用多根钢绞线组成的钢绞索，以增强土钉中筋材与砂浆的握裹力和抗拉强度。王步云等建议用经验公式（7.24）估算：

$$d_b = (20 \sim 25) \times 10^{-3} \sqrt{S_x S_y} \tag{7.24}$$

式中　d_b——土钉筋材的直径。

2. 内部稳定性分析

有关土钉结构内部稳定性的分析方法，国内外有几种不同的设计计算方法，主要有：美国的 Davis 法，英国的 Bridle 法和德国法及法国法等。国内有王步云提出的方法。这些方法的设计计算原理均考虑土钉被拔出或被拔断。在此，限于篇幅仅介绍国内王步云的设计计算方法。

（1）抗拉断裂极限状态。在面层土压力作用下，土钉将承受抗拉应力，为保证土钉结构内部的稳定性，土钉的主筋应具有一定安全系数的抗拉强度。所以，土钉主筋直径应满足式（7.25）

$$\frac{\pi d_b^2 f_y}{3E_i} \geqslant 1.5 \tag{7.25}$$

$$E_i = q_i S_x S_y$$

$$q_i = m_e K \gamma h_i$$

式中　f_y——主筋的抗拉强度设计值；

E_i——第 i 列单根土钉支承范围内面层上的土压力；

q_i——第 i 列土钉处的面层土压力；

h_i——土压力作用点至坡顶的距离，当 $h_i > \dfrac{H}{2}$ 时，取 $h_i = 0.5H$；

H——土坡垂直高度；

γ——土的重度；

m_e——工作条件系数。对使用期不超过两年的临时性工程，$m_e = 1.0$；对使用期超过两年的永久性工程，$m_e = 1.2$；

K——土压力系数，取 $K = \dfrac{1}{2}(K_0 + K_a)$。其中的 K_0、K_a 分别为静止、主动土压力系数。

（2）锚固极限状态。同样，在面层土压力作用下，土钉内部潜在滑裂面后的有效锚固段应具有足够的界面摩阻力而不被拔出。所以，土钉结构的安全系数应满足式（7.26）

$$\frac{F_i}{E_i} \geqslant K \tag{7.26}$$

$$F_i = \pi \tau d_b L_{ei}$$

式中　F_i——第 i 列单根土钉的有效锚固力；

L_{ei}——土钉的有效锚固段长度，计算断面如图 7.37（b）所示；

τ——土钉与土之间的极限界面摩阻力，应通过抗拔试验确定，在无实测资料时，可参考表 7.8 取值；

K——安全系数，取 1.3～2.0，对临时性工程取小值，永久性工程取大值。

表 7.8　　　　　　　　　不同土质中土钉的极限界面摩阻力 τ 值

土　类	τ/kPa
黏　土	130～180
弱胶结砂土	90～150
粉质黏土	65～100
黄土类粉土	52～55
杂填土	35～40

注　适用于一次注浆的土钉。

7.4.3 土钉的施工技术

1. 开挖和护面

土钉支护的基坑应分步开挖,分步开挖的深度主要取决于暴露坡面的"自立"能力,在粒状土中的开挖深度一般为 0.5~2.0m,对超固结黏性土而言,开挖深度可以较大。

鉴于土钉的施工设备,分步开挖至少要保证宽度为 6m。开挖长度则取决于交叉施工期间能够保证坡面稳定的坡面面积。对变形要求很小的开挖,可以按两段长度先后施工,长度一般为 10m。

开挖出的坡面须光滑、规则,尽可能减小支护土层的扰动。开挖完毕须尽早支护,以免出现土层剥落式松弛(可事先进行灌浆处理)。在钻孔前一般须进行钢筋网安装和喷射混凝土的施工。在喷射混凝土前可将一根短棒打入土层中,作为测量混凝土喷射厚度的标尺。对临时性工程,最终坡面面层厚度为 50~150mm;而永久性工程则为 150~250mm。根据土钉类型、施工条件和受力过程的不同,可做成一层、两层或多层的表层。

根据工程规模、材料和设备性能,可以进行"干式"和"湿式"喷射混凝土。通常规定最大粒径为 10~15mm,并掺入适量外加剂,以使混凝土加速固结。另外,喷射混凝土通常在每步开挖的底部预留 300mm 厚,以便下一步开挖后安装钢筋网等。

2. 排水

应该事先沿坡顶开挖排水沟排除地表水。一般对支挡主体有 3 种主要的排水方式:

(1)浅部排水。通常使用直径 100mm、长 300~400mm 的管子将坡后水迅速排除,其间距按地下水条件和冻胀破坏的可能性而定。

(2)深部排水。用管径 50mm 的开缝管做排水管,上斜 5°或 10°,长度大于土钉长度,其间距决定于土体和地下水条件,一般坡面面积大于 3m² 布设一个。

(3)坡面排水。喷射混凝土之前,贴着坡面按一定水平间距布置竖向排水设施,间距一般为 1~5m,这取决于地下水条件和冻胀力的作用。竖向排水管在每步开挖底部有一个接口,贯穿于整个开挖面,在最底部由泄水孔排入集水系统,并且应保护好排水道,以免混凝土渗入。

3. 土钉布设

大多数情况下,可以按照土层锚杆技术规范和条例进行土钉的施工。

(1)成孔。国内都采用多节螺纹钻头干法成孔。钻机为 YTN-87 型土锚钻机,成孔直径 100~150mm,钻孔最大深度 60m,可以在水平和垂直方向间任意钻进。

用打入法设置土钉时不需要预先钻孔。对含块石的黏土或很密的胶结土,直接打入土钉不适宜;而在松散的弱胶结粒状土中应用打入法设置土钉时也要注意,以免引起土钉周围土体局部的结构破坏而降低土钉与土之间的黏结应力。

国外常见的钻孔方法有复合钻进和螺旋钻进,这两种钻孔方法各具特点,适用于不同的土层情况。

(2)清孔。钻孔结束后,孔内残留及松动的废土应清除干净,常用 0.5~0.6MPa 的压缩空气清孔。若孔内土层较干燥,应逐步湿润孔壁,以便清孔。

(3)放置筋材。放置钢杆件,一般多用 Ⅱ 级螺纹钢筋或 Ⅳ 级精轧螺纹钢筋,尾部设置弯钩,并每隔 3m 在其上焊置一个托架,以便使钢筋居中。

（4）注浆。注浆是保证土钉与周围土体紧密黏合的关键步骤，在孔口处设置止浆塞（图7.38）并旋紧，使其与孔壁紧密贴合。将注浆管一端插入其上的注浆口，另一端与注浆泵连接，边注浆边向孔口方向拔管，直到注满浆液为止。保证水泥砂浆的水灰比为0.4～0.5之内，注浆压力保持在0.4～0.6MPa。当压力不足时，可以从补压管口补充压力。

注浆结束后，放松止浆塞，将其与注浆管一并拔出，再用黏性土或水泥砂浆（细石混凝土）充填孔口。

另外，可在水泥砂浆（细石混凝土）中掺入一定量的膨胀剂，防止其在硬化过程中产生干缩裂缝，提高防腐性能；为提高水泥砂浆的早期强度，加速硬化，也可加入速凝剂，常用的速凝剂有红星一号速凝剂（711型速凝剂）；掺入量为2.5%左右。

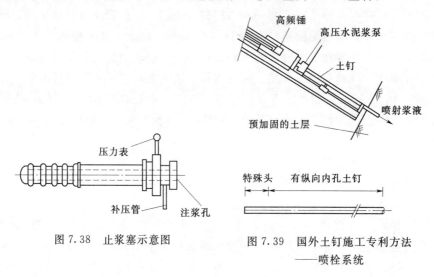

图7.38 止浆塞示意图　　　　图7.39 国外土钉施工专利方法
　　　　　　　　　　　　　　　　　　——喷栓系统

国外已报道了具有高速度的土钉施工专利方法——"喷栓"系统（图7.39）。该方法是采用高达20MPa的压力，将浆液通过土钉尖的小孔进行喷射，将土钉安装或打入土中，喷出的浆液如同润滑剂一样，有利于土钉的贯入，并在其凝固后提供较高的钉土黏结力。

4. 防腐处理

在标准环境中，对临时的支护工程，一般仅用灌浆作为土钉的锈蚀防护层（有时在钢筋表面加一层环氧涂层）即可。对永久性支护工程，在筋外加一层至少5mm厚的环状塑料护层，以提高土钉的防腐能力。

7.4.4 质量检验

与土层锚杆不同，不必对土钉进行逐一质量检验。这说明土钉的整体效能是主要的。在每步开挖阶段，必须挑选土钉进行拉拔试验，用以检验设计假定的土钉与土的黏结力。Louis（1986）建议，在工程施工之前：对工程中的每一类别土，必须安装4～5个短的土钉进行拉拔试验。

埋设应力计，可以量测单个土钉的应力分布及其变化规律，为设计者提供必不可少的反馈信息。土钉顶部埋设压力盒也可获得有益的数据。

对土钉支护系统整体效能最为主要的观测是对墙体或斜坡在施工期间和施工后的变形观测。对土体内部变形的监测，可以在坡面后不同距离的位置布设测斜管进行观测。而坡面位移可以直接测出。

目前，土钉技术已经成功地应用于挡土墙、边坡加固和隧道入口加固等新建工程，以及加筋土挡墙的修复、重力式砌石挡土墙的修复、失稳土坡加固和锚杆墙的修复等治理工程中。限于篇幅，这些内容在此不作介绍，读者可查阅有关的文献和资料。毫无疑问，随着理论研究和实践经验的积累总结，土钉加筋新技术必将在工程建设中得到进一步的发展和应用。

案 例 分 析

土钉工程实例：

【案例 1】 英国 Bradford 干砌石挡土墙的修复——钻孔注浆型土钉。

英国近 200 年来，在西 Yorkshire 及其邻县修建了上万千米的挡土构筑物，Bradford 附近段为长 125m 的干砌石挡土墙（图 7.40）。挡墙高 2～3m，用于支挡土坡和回填料，修建在风化的砂岩基上。一些墙段的循环破坏和倒塌，给交通部门带来了管理问题：挡墙倒塌带来人身安全，并阻塞交通，而且清理和修复工作的费用很高。经过评估土钉的实用和经济效益后，决定采用钻孔注浆型土钉对挡土墙进行修复。

具体施工过程如下。

1. 排水

在高出道路路面 300mm 处，按照 2m 的水平间距钻孔，这组钻孔直径为 50mm，起临时排水作用。在喷射混凝土和安装土钉后，又在高出路面 300mm 和 1500mm 处钻出两排直径为 115mm 的永久性排水孔，其间距为 3m，直通到墙后。

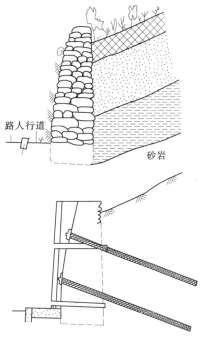

图 7.40 英国 Bradford 砌石
重力式挡墙修复

2. 修复墙面

用带有加筋墩的单面砖墙修复倒塌的墙面。墙后孔隙用水泥砂浆填实，水泥砂浆体内掺加速凝外掺剂。在土钉施工过程中，在干砌石墙面上加一层轻型钢丝网，然后喷射二层 50mm 厚的混凝土，最后形成中心距为 15m 的竖向施工接缝。

3. 土钉施工

用履带式钻机钻土钉孔，直径为 115mm，每一个土钉控制 2.5m² 的面积。主筋直径为 16mm，具有较高的强度，并在端部弯出一个钩。采用水灰比为 0.45 的纯净水泥浆液。在孔口使用带波纹的塞套，以防止浆液在砌石段水平流失。待灌浆完毕浆体凝固后再装顶板，并对每一个土钉施加额定应力。经过对 3 个土钉的拉拔试验证实，土钉与土黏结很好，超过设计要求。

4. 砌筑新的石墙

再砌筑新的砌石墙墙面，完成挡墙的最后一道工序。

该工程的成功经验表明，钻孔注浆型土钉对于修复干砌石墙不需要拆除原来的墙体，具有很高的技术和经济价值。

【**案例 2**】　山西柳湾煤矿边坡土钉加固工程。

山西柳湾煤矿生产调度楼位于陡坡边缘，由于场地限制及生产工艺的要求，需要切成一个陡坡，陡坡的垂直高度 H 为 10.2m，长度近 40m，坡角 α 为 80°，而且是一坡到顶。边坡的土质为黄土状粉质黏土，土质较均匀，其主要的物理力学性质指标列于表 7.9 中。

表 7.9　边坡土的主要物理力学指标

指标	含水量 $\omega/\%$	重度 γ /(kN/m³)	孔隙比 e	塑性指数 I_p	液性指数 I_L	内摩擦角 $\varphi/(°)$	黏聚力 c /kPa
采用值	15.0	17.6	1.01	11.7	0	23	15

天然土坡的稳定性验算得出的土坡稳定安全系数为 0.9，不能满足工程要求，因而决定采用土钉支挡体系。

土钉采用钻孔注浆型，间距为 1.2m，土钉的杆长为 9m。采用 $\phi25mm$ 的螺纹钢筋作土钉。

采用原位抗拔试验测定土钉的极限界面摩阻力，试验结果见表 7.10。

表 7.10　实践土钉的极限界面摩阻力

垂直压力 /kPa	土钉参数		极限抗拔力 /kN	摩阻力 τ /kPa
	直径/mm	长度/m		
55	12	3	58	52.1
63	12	3	61	53.9
83	12	3	62	54.8
83	12	7	142	52.0
85	20	7.1	237	53.2
85	20	4.28	146	54.3
88	20	10	340	54.1
95	10	9	150	53.1
124	20	9	302	53.4
128	20	9	306	54.1

注　采用一次压力注浆施工工艺。

同时，对该工程进行了变形监测工作，其结果列于表 7.11 和表 7.12 中。

表 7.11　坡顶面垂直变形

测点编号	N_0	N_1	N_2	N_3	N_4
测点间距/m		1	1	1	1
垂直变形/mm	2.54	2.50	1.80	0.00	0.00

表 7.12　　　　　　　　　　　　　　　坡 面 水 平 变 形

测点编号	测点间距/m	水平位移 δ/mm	$\dfrac{\delta}{H}\times10^{-3}$
N_0		6.90	0.7
N_5	2	8.00	0.8
N_6	2	2.00	0.2
N_7	2	1.00	0.1
N_8	2	0.00	0

注　H 为坡高。

土钉的极限界面摩阻力离散性很小，表明施工质量良好。

该土钉墙已经使用了十多年，性能良好。

【案例 3】　隧道入口和邻近边坡的土钉加固。

隧道入口和邻近边坡的土钉加固如图 7.41 所示。

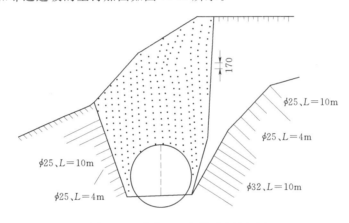

图 7.41　隧道入口和邻近边坡加固

项 目 小 结

加筋法地基处理项目主要包括加筋土挡墙、土工聚合物和土钉技术。

加筋挡土墙概述部分介绍了加筋挡土墙的应用与发展，作用机理和适用范围；设计部分介绍加筋挡土墙的基本构造、加筋挡土墙内部稳定性和外部稳定性和验算；施工部分介绍了工艺流程及施工要点。

土工聚合物概述部分介绍了土工聚合物的应用与发展、作用和类型、优缺点及作用机理；设计部分介绍土工聚合物作为垫层确定承载力和土工聚合物作加固路堤时的稳定性设计；施工部分主要为土工聚合物的连接方法和施工方法。

土钉技术在概述部分介绍土钉的概念、发展、类型、特点、土钉的加固机理以及土钉和加筋挡土墙、锚杆的比较；土钉的设计与重力式挡土墙的设计一样，包括估算土坡潜在破裂面的位置、确定土钉的几何尺寸和验算土钉结构的内外部稳定性。

思 考 及 习 题

1. 什么是加筋法? 加筋法的机理是什么?

2. 加筋土挡墙有何优点?

3. 土工合成材料有哪些种类? 土工合成材料有哪些功能?

4. 土钉与加筋土挡墙有哪些相同与不同之处?

项目 8　其他条件地基处理方法

教学目标

1. 了解山区地基的特点；熟悉土岩组合地基的处理原则及措施；掌握岩石地基承载力和变形的评价；掌握岩溶和土洞地基处理方法。

2. 了解特殊土的类型，及其在我国的分布范围。熟悉特殊土的基本特征及主要的工程特征和力学性质。掌握膨胀土、湿陷性黄土和红黏土地基土的地基处理方法。掌握膨胀土、湿陷性黄土的施工方法。

3. 掌握重力坝、拱坝和土石坝的地基处理方法。

任务 8.1　山区地基处理技术

8.1.1　山区地基的特点

山区地基由于工程地质条件复杂，与平原地基相比，具有如下特点：

（1）存在较多的不良物理地质现象。山区经常遇到的不良物理地质现象，有滑坡、崩塌、断层、岩溶、土洞以及泥石流等。这些不良物理地质现象的存在，对建筑物构成直接的或潜在的威胁，给地基处理带来困难，若处理不当就有可能带来严重损害。

（2）岩土性质比较复杂。山区除岩石外，还可遇见各种成因类型的土层，如山顶的残积层、山麓的坡积层、山谷沟口的洪积和冲积层，在西南山区局部还存在第四纪冰川形成的冰渍层。这些岩土的力学性质往往差别很大，软硬不均，分布厚度也不均匀，构成山区不均匀岩土地基。

（3）水文地质条件特殊。南方山区一般雨水丰富，建筑时如需破坏天然排水系统，应考虑暴雨形成的洪水的排泄问题。北方山区由于天然植被较差、雨水集中、在山麓地带汇水面积大，如风化物质丰富，就应注意暴雨携带泥沙形成泥石流的防治问题。山区地下水常处于不稳定状态，受大气降水影响较大，设计施工均应考虑这一特点。

（4）地形高差起伏较大。山区地形高差一般较大，往往沟谷纵横，陡坡很多，因而平整场地时土石方工程量大，大挖大填必然给地基处理带来很多困难。

以上山区地基的特点主要表现为地基的不均匀性和场地的不稳定性两个方面，对不均匀地基若不妥善处理，势必引起建筑物不均匀沉降，使建筑物开裂、倾斜甚至破坏。在山区不良地质现象特别发育地段，一般不容许选作建筑场地，若因特殊需要必须使用这类场地时，应采取可靠的防治措施。

8.1.2　土岩组合地基

1. 土岩组合地基的界定

在建筑物地基的主要受力范围内，如存在下列情况之一时则属于土岩组合地基：

（1）下卧基岩表面坡度较大（＞10％）的地基。

（2）石芽密布并有局部出露的地基。

（3）大块孤石或个别石芽外露的地基。

这类地基在山区建设中较为常见，它的主要特征是地基在水平方向和竖直方向均有不均匀性。针对土岩地基的不同情况，应结合上部结构的特点采取相应的措施。

2. 下卧基岩表面坡度较大的地基

这类地基在山区较为普遍，设计时除要考虑由于上覆土层厚薄不均使建筑物产生不均匀沉降外，还要考虑地基的稳定性，也就是上覆土层有无沿倾斜的基岩面产生滑动的趋势。建筑物不均匀沉降的大小除与荷载的大小、分布情况和建筑结构形式等有关外，主要取决于下列三个因素：岩层表面的倾斜方向和程度、上覆土层的力学性质以及岩层的风化程度和压缩性等。在一般情况下又以前两个因素为主。当下卧基岩单向倾斜时，建筑物的主要危险是倾斜。评价这类地基主要是根据下卧基岩的埋藏条件和建筑物的性质而定。根据《建筑地基基础设计规范》（GB 50007—2011）规定：单向倾斜的下卧基岩表面允许坡度值的经验数据见表 8.1。当建筑物的结构类型和地质条件满足表 8.1 要求时，可不进行变形验算和地基处理。对于不能满足此表要求的地基，应验算变形。当计算变形值超过地基容许变形值时，宜选用调整基础宽度、埋深或采用褥垫等方法进行处理。

表 8.1　下卧基岩表面容许坡度值

上覆土层的承载力标准值 f_k/kPa	4 层和 4 层以下的砌体承重结构，3 层和 3 层以下的框架结构	具有 150kN 和 150kN 以下吊车的一般单层排架结构	
		带墙的边柱和山墙	无墙的中柱
≥150	≤15%	≤15%	≤30%
≥200	≤25%	≤30%	≤50%
≥300	≤40%	≤50%	≤70%

建在这类地基上的建筑物基础产生不均匀沉降时，裂缝多出现在基岩出露或埋藏较浅的部位。为防止建筑物开裂，基础下土层的厚度应不小于 30cm，以便能调整变形的作用。当建筑物位于冲沟部位，下卧基岩往往相向倾斜，成为八字形，若岩层表面的倾斜平缓，而上覆土层的性质又较好时，对于中小型建筑物，可只采取某些结构措施以适当加强上部结构的刚度，而不必处理地基。若下卧基岩的表面向两边倾斜时，地基的变形条件对建筑物最为不利，往往在双斜面交界部位出现裂缝，最简单的处理办法就是在这些部位用沉降缝隔开。

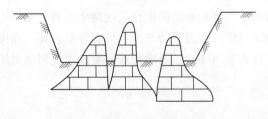

图 8.1　石芽密布地基

3. 石芽密布并有局部出露的地基

地基中有石芽密布的情况多发生在岩溶地区，如图 8.1 所示。在贵州、广西、云南等地最多。一般基岩起伏较大，石芽之间多被红黏土所充填。用一般勘探方法是不易查清基岩面的起伏变化情况的，因此，基础埋置深度要按基坑开挖后的地基实际情况确定。

这类地基的变形问题，目前还无法在理论上进行计算。实践表明：由于充填在石芽间的红黏土承载力标准值通常较高，压缩性较低，因而变形较小；由于石芽限制了岩间土的侧向膨胀，变形量总是小于同类土在无侧限压缩时的变形量。在岩溶地区，气候温湿多雨，土的饱和度多在 85％以上，容易失水收缩。调查表明，建筑在这种地基上的大量中小型建筑物，虽然没有进行过地基处理，但至今使用正常。

根据上述情况，《建筑地基基础设计规范》（GB 50007—2011）规定：如石芽间距小于 2m，其间充填的是硬塑或坚硬状态的红黏土，当房屋为 6 层和 6 层以下的砌体承重结构、3 层及 3 层以下的框架结构或具有 150kN 及 150kN 以下吊车的单层排架结构、其基底压力小于 200kPa 时，可不作地基处理。如不能满足上述条件，可利用经检验稳定性可靠的石芽作为墩式基础；也可在石芽出露部位（在基础底面范围以内）凿去 30～50cm，再回填可压缩性土作为褥垫。当石芽间有较厚软弱土层时，可用碎石、土夹石等进行置换。

4. 大块孤石或石压出露的地基

这类地基的变形条件对建筑物最为不利，如不妥善处理，极易造成建筑物开裂。对于这种地基，如土的承载力标准值大于 150kPa，房屋为单层排架结构或一、二层砌体承重结构时，只在基础与岩石接触的部位采用厚度不小于 50cm 的褥垫进行处理；对于多层砌体承重结构，应根据土质情况，结合结构措施综合处理。

在处理地基时，应使局部部位的变形条件与其周围的变形条件相适应，否则就可能造成不良后果。如周围柱基的沉降都很小，就应对个别石芽少处理，甚至不处理（仅把石芽打平）；反之，就应该处理石芽。

大块孤石常出现在山前洪积层中或冰渍层中，在这类地层上勘探时，不要把孤石误认为基岩。孤石除可用褥垫处理外，有条件时可利用它作为柱子或基础梁的支墩。

5. 山区不均匀土岩组合地基的处理

土岩组合地基的处理在山区建设中占有重要的地位，抓好这个环节，既能保证工程质量，又能节约建设资金。一些工程采用了以下一些处理原则，取得了较好效果。

（1）充分利用上覆土层，尽量采用浅埋基础。尤其在上覆持力层特性较下卧层为好时，更应优先考虑。

（2）充分考虑地基、基础和上部结构的共同工作，采用地基处理和建筑、结构措施相结合的综合办法来解决不均匀地基的变形问题。

（3）应从全局出发来考虑处理措施。如基底标高处即为不均匀岩土地基，既可以考虑在土质地基部分采取加固措施以适应岩质地基的要求，也可以在岩质地基部分凿去 30～50cm，换填可压缩性土来适应土质地基部分变形，以减少沉降差；调整建筑物的基底压力以达到调整沉降差的目的。

对不均匀土岩地基的处理包括地基处理与结构措施两个部分，分述如下。

（1）地基处理。不均匀土岩地基的处理方法可概括为两类：一类是改造压缩性较高的地基，使它和压缩性较低的地基相适应，多采用桩基、局部深挖、换土及梁、板、拱跨越等方法，这类处理方法一般效果较好，但耗资较多；另一类是改造压缩性较低的地基，使它与压缩性较高的地基相适应，如采用褥垫就有较好效果。具体方法的选用应根据条件和经济比较等各方面综合考虑后决定。褥垫在处理山区不均匀土岩地基中是简便易行而又较为可靠的方法，它主要用于有局部岩层出露而大部分为土层的地基，对条形基础效果较好，它能调整土岩交界部位地基的相对变形，避免由于该处应力集中而使墙体出现裂缝。

褥垫处理示意如图8.2所示。其施工的一般方法和要求是：

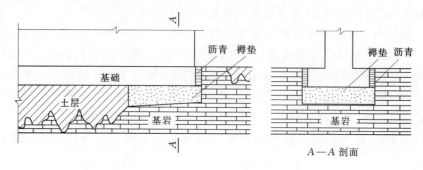

图8.2　褥垫构造图

1）挖出露在基底的岩石凿去一定的厚度，基岩应凿成斜面，基槽要稍大于基础宽度并在基础周围与岩石之间涂上沥青。

2）回填可压缩性的材料，并分层夯实。褥垫材料一般采用粗砂、中砂、土灰碎石（碎石含量占20％～30％）、炉渣和黏性土等。但应注意：利用炉渣（颗粒级配相当于角砾时）做褥垫调整沉降幅度较大，而且不受水的影响，性质比较稳定，所以效果最好；利用黏性土做褥垫，调整沉降虽然灵活性较大，但应采取防止水分渗入的措施，以免影响褥垫的质量；如采用松散材料做褥垫，浇筑混凝土基础时，应防止水泥渗入胶结，以免褥垫失去作用。

3）褥垫的厚度视需要调整的沉降量大小而定，一般取30～50cm，可不进行计算，但须注意不可使地基产生过大的变形。

（2）结构措施。位于软硬相差比较悬殊地基上的建筑物，为了防止不均匀沉降所产生的危害，可以采用沉降缝或加强建筑物刚度等结构措施。

当建筑物体型较为复杂或长度较大时，宜用沉降缝将建筑物分开。

对多层砖石承重结构的底层，应适当加密横墙。在建筑物两端和沉降缝两侧都不宜布置大开间，以免削弱房屋刚度。

当有局部软土存在，可能使建筑物发生倾斜时，可用调整基础埋深或基底面积来调整不均匀沉降。

必须指出，加强上部结构刚度的效果也是有限的，当地基变形超过一定限度以后，基础和上部结构的共同作用也无法适应变形，建筑物仍然可能产生裂缝。因此，必要时应同时处理地基以控制不均匀沉降。

采用装配式简支结构，较能适应地基的不均匀变形。

8.1.3　岩石地基

1．岩石地基承载力与压缩性

岩石地基的承载力特征值除取决于岩石类别外，还与其风化程度有较大关系，一般可按岩基载荷试验方法确定，对微风化及中等风化的岩石即完整、较完整和较破碎的岩石，也可根据室内饱和单轴抗压强度确定其承载力。按饱和单轴抗压强度确定岩石地基承载力的计算式（8.1）如下：

$$f_a = \psi_r \times f_{rk} \tag{8.1}$$

式中　f_a——岩石地基承载力特征值，kPa；

　　　f_{rk}——岩石饱和单轴抗压强度标准值，kPa，可按《建筑地基基础设计规范》（GB 50007—2011）附录 J 确定；

　　　ψ_r——折减系数，根据岩石完整程度以及结构面的间距、宽度、产状和组合，由地区经验确定。无经验时，对完整岩体可取 0.5；对较完整岩体可取 0.2～0.5；对较破碎岩体可取 0.1～0.2。

上述折减系数未考虑施工因素及建筑物使用后风化作用的继续；对于黏土页岩，在确保施工期及使用期间不致遭水浸泡时，也可采用天然湿度的试样，不进行饱和处理。

对破碎、极破碎的岩石地基承载力特征值，可根据地区经验取值，无地区经验时，可根据平板载荷试验确定。

岩基载荷试验采用的承压板一般为直径 300mm 的圆形刚性承压板，当基岩埋藏较深时，也可采用钢筋混凝土桩，但桩周需采取措施以消除桩身与土之间的摩擦力。根据试验所得的压缩曲线可确定比例界限及极限荷载。对微风化及强风化岩，安全系数取 3.0；对中等风化岩需根据岩石裂隙发育情况确定，并与比例界限荷载比较，取二者中之小值。参加统计的试验点不应少于 3 点，取最小值作为岩石地基承载力标准值。

除强风化岩外，其他岩石地基承载力不进行基础埋深及基底宽度的修正，标准值即为设计值。

作岩石单轴抗压强度的试样，其尺寸一般为 ϕ50mm×100mm，数量不少于 6 个，并应进行饱和处理。试验时，按 500～800kPa/s 的速度加载，直到试样破坏为止。根据参加统计的一组试样的试验值计算其平均值 u_{fr} 和标准差 σ_{fr}，然后按下式计算其饱和单轴抗压强度的标准值 f_{rk}：

$$f_{rk} = u_{fr} - 1.645\sigma_{fr} \tag{8.2}$$

未风化及微风化岩石的压缩性很小，实际上可以认为是不可压缩的。随着风化程度的增加，压缩性有所增高。但由于一般工业与民用建筑物的基底压力都不大，所以对中等风化岩石地基的变形量仍可忽略不计。某些强风化岩石的压缩性较高，如有的黏土岩加荷到 600～700kPa 时，变形量可达 2～3cm，如利用其作为超高层建筑物地基，由于荷载很大，仍需考虑地基变形问题。

2. 岩石地基的利用

岩石地基的特点是整体性强、下部支承可靠、强度高、压缩性低（对某些易风化的软质岩石则是例外），但要注意节理、裂隙、风化等对其工程性质的影响，并应注意场地稳定性问题。设计时，应结合现场工程地质条件及建筑物性质全面综合考虑。当岩层坚硬、整体性较好、裂隙较少时，可省去基础，把荷载通过墙、柱直接传到岩石上。若为预制钢筋混凝土柱，可把岩石凿成杯口，将柱直接插入，然后用强度等级为 C20 的细石混凝土将柱周围空隙填实，使其与岩层联成整体。杯口深度要满足柱内钢筋的锚固要求。如岩层整体性较差，则一般仍要做混凝土基础，但杯口底部厚度可适当减少到 8～10cm。

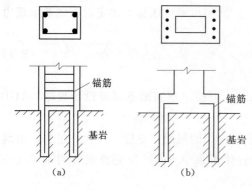

图 8.3　岩石地基利用图

对现浇的钢筋混凝土柱，如为中心受压或小偏心受压，可将柱子钢筋直接插入基岩作锚桩，如图 8.3（a）所示；对大偏心受压柱，为了承受拉力，当岩层强度较低时，可作大放脚，以便布置较多的锚桩，如图 8.3（b）所示。对某些设备基础，也可将地脚螺栓直接埋设在岩石中，利用岩层作为设备的基础。

3. 岩石锚杆基础

岩石锚杆基础可用于直接建造在基岩上的柱基，以及承受拉力或水平力较小的建筑物基础。它是在基岩内凿孔，孔内放入螺纹钢筋，然后用强度等级不低于 M30 的水泥砂浆或细石混凝土将孔洞灌填密实，使锚杆基座与基岩连成整体。

锚杆按形状分为圆柱形和扩大式两种（图 8.4），前者在建筑工程中应用较多，施工比较简便，但抗拔力较小；后者在钢筋下部焊有钢板，能承受较大的抗拔力。锚杆按受力状态又可分为普通锚杆和预应力锚杆两种，后者抗拔力大，但施工较复杂，目前应用还不广泛。

锚杆孔的直径 d_1，按成孔方法而定，一般取 $3d$（d 为锚杆直径），但不小于 $d+50mm$，以便于将砂浆捣固密实。锚杆孔中心距不应小于 $6d_1$（对完整的基岩），如图 8.4 所示，随着基岩情况的不良，此距离还需相应增加。

锚杆的抗拔力由下列 4 个因素决定：锚杆的强度、锚杆与砂浆的黏结力、砂浆与岩石间的黏结力、岩石抗拔能力。

锚杆孔的成孔方法有：①人工打钎，孔径仅 30～40mm；②风钻成孔，此法设备简单、施工方便，成孔速度快，孔径可达 45～70mm，孔深可达 2m 左右；③地质钻机成孔，孔径可达 90～110mm，孔深可达 100m。

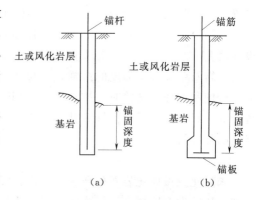

图 8.4　锚杆孔型式
（a）圆柱式锚杆孔；（b）扩大式锚杆孔

成孔要求位置准确，孔身垂直，在埋设钢筋前应将锚杆孔清理干净。砂浆一般为 1：1～1：1.5 水泥砂浆，强度等级不低于 M10（或 C30 细石混凝土），水灰比控制在 0.4～0.5，坍落度为 3～5cm。为了提高黏结力，可采用膨胀水泥或在砂浆中掺入 1‰水泥用量的铝粉。

8.1.4　岩溶和土洞地基处理技术

岩溶（或称喀斯特）指可溶性岩石经水的长期作用所形成的各种奇特地质形态。如石灰岩、泥灰岩、大理岩、石膏、盐岩受水作用可形成溶洞、溶沟、暗河、落水洞等一系列形态。土洞一般指岩溶地区覆盖土层中，由于地表水或地下水的作用形成的洞穴。

1. 岩溶地基处理技术

我国的可溶性岩分布很广，在南北方均有成片或零星的分布，其中以云南、广西、贵州分布最广。其规模与地下水作用的强弱程度和时间关系密切，如有的整座小山体内被溶洞、溶沟所掏空。

岩溶地区的工程地质勘察工作，重点是揭示岩溶的发育规律、分布情况和稳定程度，查明溶洞、溶蚀裂隙和暗河的界限以及场地内有无涌水、淹没的可能性，对建设场地的适宜性作出评价。对于地面石芽、溶沟、溶槽发育、基岩起伏剧烈，其间有软土分布的情况；或是存在规模较大的浅层溶洞、暗河、漏斗、落水洞的情况；或是溶洞水流通路堵塞造成涌水时，有可能使场地暂时淹没的情况，均属于不良地质条件的场地，一般情况下，应避免在该地段从事建筑。

岩溶地区的地基基础设计，应全面、客观地分析与评价地基的稳定性，如基础底面以下的土层厚度大于 3 倍单独基础的底宽，或大于 6 倍条形基础底宽，且在使用期间不可能形成土洞时；或基础位于微风化硬质岩石表面，对于宽度小于 1m 的竖向溶蚀裂隙和落水洞近旁地段，可不考虑岩溶对地基的稳定影响。当溶洞顶板与基础底面之间的土层厚度小于 3 倍单独基础底宽或 6 倍条形基础底宽时，应根据洞体大小、顶板形状、岩体结构及强度、洞内充填情况以及岩溶水活动等因素进行洞体稳定性分析。如地质条件符合下列情况之一时，可以不考虑溶洞对地基的稳定性影响，但必须按土岩组合地基的要求设计：①溶洞被密实的沉积物填满，其承载力超过 150kPa，且不存在被水冲蚀的可能性；②洞体较小，基础尺寸大于洞的平面尺寸，并有足够的支承长度；③微风化硬质岩石中，洞体顶板厚度接近或大于洞跨。

对地基稳定性有影响的岩溶洞隙，应根据其位置、大小、埋深、围岩稳定性和水文地质条件综合分析，因地制宜采取处理措施：①对洞口较小的洞隙，宜采用镶补、嵌塞与跨盖的方法处理；②对洞口较大的洞隙，宜采用梁、板和拱结构跨越处理，也可采用浆砌块石等堵塞措施；③对规模较大的洞隙，可采用洞底支撑或调整柱距等方法处理；④对于围岩不稳定、风化裂隙破碎的岩体，可采用灌浆加固或清爆填塞等措施。

2. 土洞地基处理技术

土洞是岩面以上的土体在水的潜蚀作用下，遭到迁移流失而形成。根据地表水和地下水的作用可将土洞分为：①地表水形成的土洞，由于地表水下渗，土体内部被冲蚀而逐渐形成土洞或导致地表塌陷；②地下水形成的土洞，当地下水位随季节升降频繁或人工降低地下水位时，水对结构性差的松软土产生潜蚀作用而形成的土洞。由于土洞具有埋藏浅、分布密、发育快、顶部覆盖土层强度低的特征，因而对建筑物场地或地基的危害程度往往大于溶洞。

在土洞发育和地下水强烈活动于岩土交界面的岩溶地区，工程勘察应着重查明土洞和塌陷的形状、大小、深度及其稳定性，并预估地下水位在建筑物使用期间变化的可能性以及土洞发育规律。施工时，需认真做好钎探工作，仔细查明基础下土洞的分布位置及范围，再采取处理措施。

对土洞常用的处理措施有：

（1）由地表水形成的土洞或塌陷地段，当土洞或陷坑较浅时，可进行挖填处理，边坡应挖成台阶形，逐层填土夯实；当洞穴较深时，可采用水冲砂、砾石或灌注 C15 细石混凝土，灌注时，需在洞顶上设置排气孔。另外，应认真做好地表水截流、防渗、堵漏工作。

（2）由地下水形成的塌陷及浅埋土洞，先应清除底部软土部分，再抛填块石做反滤层，面层可用黏性土夯填；深埋土洞可采用灌填法或采用桩、沉井基础。

采用灌填法时，还应结合梁、板或拱跨越办法处理。

任务 8.2　特殊土地基处理技术

8.2.1　湿陷性黄土地基处理

1. 湿陷性黄土的定义和分布

在上覆土层自重应力作用下，或者在自重应力和附加应力共同作用下，因浸水后土的结构破坏而发生显著附加变形的土称为湿陷性土，属于特殊土。有些杂填土也具有湿陷性。这里所说的黄土泛指黄土和黄土状土。湿陷性黄土分为自重湿陷性黄土和非自重湿陷性黄土两种。前者指在上覆自重压力作用下受水浸湿发生湿陷的湿陷性黄土；后者是指只有在大于上覆土自重压力下（包括附加压力和土自重压力）受水浸湿后才会发生湿陷的湿陷性黄土。

在我国，湿陷性黄土占到黄土总面积的 60%，约为 38 万 km²，而且又多出现在地表浅层，如晚更新世及全新世新黄土或新堆积黄土是湿陷性黄土主要土层，主要分布在黄河中游山西、陕西、甘肃大部分地区及河南西部，其次是宁夏、青海、河北的一部分地区，新疆、山东、辽宁等地局部也有发现。

2. 湿陷性黄土物理力学性质

（1）湿陷性黄土的物理性质。

1）颗粒组成。不同地质时代的黄土，其颗粒组成不同。

2）干重度。变化范围一般在 11.4～16.9kN/m³ 之间。干重度是衡量黄土密实程度的一个重要指标，与土的湿陷性也有较明显的关系。一般情况下，干重度越小，湿陷性越强；反之，则弱。

3）孔隙比。变化范围一般在 0.85～1.24 之间，大多数在 1.0～1.1 之间。孔隙比是影响黄土湿陷性的主要指标之一，在其他条件相同的情况下，土的孔隙比越大，湿陷性越强。

4）天然含水量。土的天然含水量与湿陷性和承载力的关系都十分密切。含水量低时，湿陷性强烈，但土的承载力却较高，随着含水量的增大，湿陷性逐渐减弱。

5）饱和度。湿陷性黄土的饱和度在 15%～77% 之间变化，多数为 40%～50%，亦即处于稍湿状态。稍湿状态的黄土，其湿陷性一般比很湿的土要强。随着饱和度的增加，湿陷性减弱。当饱和度接近于 80% 时，湿陷性就基本消失。

6）液限。是决定黄土性质的另一个重要指标。当液限在 30% 以上时，黄土的湿陷性较弱，且多为非自重湿陷性黄土。当液限小于 30% 时，则湿陷一般较强烈。液限越高，黄土的承载力也越高。

（2）湿陷性黄土的力学性质。

1）压缩性。压缩性是土的一项重要工程性质，它反映地基土在外荷载作用下所产生的压缩变形的大小。对湿陷性黄土来说，压缩变形是指地基土在天然含水量条件下受外荷作用时所产生的变形，它不包括地基受水浸湿后的湿陷变形。湿陷性黄土的压缩性质指标我国目前仍用压缩系数 a 压缩模量 E_s 和变形模量 E_0 来表示。我国湿陷性黄土的压缩系数介于 $0.1\sim1.0\mathrm{MPa}$ 之间，除受土的天然含水量影响外，地质年代也是一个重要因素。Q_2 和 Q_3 早期黄土，其压缩性多为中等偏低，或低压缩性，而 Q_3 晚期和 Q_4 黄土，多为中等偏高压缩性。新近堆积黄土一般具有高压缩性，且其峰值往往在压力不到 $200\mathrm{kPa}$ 时出现，压缩系数最大值达 $1.0\sim2.0\mathrm{MPa}^{-1}$。

2）抗剪强度。黄土的抗剪强度主要取决于土的含水量和密实程度。含水量越低，密实程度越高，则抗剪强度越大。当黄土的天然含水量低于塑限时，水分变化对强度影响最大，随含水量的增加，土的内摩擦角和黏聚力都降低较多，但当天然含水量大于塑限时，含水量对抗剪强度的影响减小，而超过饱和含水量时，抗剪强度变化不大。当土的含水量相同，则密实程度越大，即土的干重度越大，抗剪强度越大。在浸水过程中，黄土湿陷处于发展状态，此时，土的抗剪强度降低最多，但当黄土的湿陷压密过程已基本结束，此时土的含水量虽然很高，但抗剪强度却高于湿陷过程。因此，湿陷性黄土处于地下水位变动带时，其抗剪强度最低，而处于地下水位以下的黄土，抗剪强度反而高些。

3. 湿陷性黄土评价

黄土湿陷性评价指系统地确定黄土的湿陷性，划分黄土自重湿陷性和非自重湿陷性的类别，对湿陷性黄土的湿陷程度进行分级以及判定黄土湿陷性的起始压力等工作。此外黄土的湿陷性评价还包括确定湿陷性黄土的分布范围、深度界限与厚度大小，区分湿陷性强烈程度及其在地层中的规律性等。

（1）湿陷性判定。

1）湿陷系数。黄土的湿陷性判定多用室内侧限压缩试验所得的湿陷系数来判定。试验方法基本同一般土，所不同的是在规定压力作用下压缩稳定后开始浸水，计算土样在浸水前后压缩稳定后的高度，求出湿陷系数 δ_s，用来判定黄土是否具有湿陷性，黄土的湿陷系数按式（8.3）计算：

$$\delta_s = \frac{h_p - h'_p}{h_0} \tag{8.3}$$

式中　h_p——保持天然含水量和结构的土样，在侧限条件下加压到规定压力 p（kPa）时，压缩稳定后的高度，mm；

　　　h'_p——上述加压稳定后的土样，在浸水作用下压缩稳定后的高度，mm；

　　　h_0——土样的原始高度，mm。

测定湿陷系数时的垂直压力，自基础底面（初步勘察时，自地面下 1.5m）算起，10m 以内的土层压力用 $200\mathrm{kPa}$；10m 以下至非湿陷性土层顶面，应用其上覆土的饱和自重压力（当大于 $300\mathrm{kPa}$ 时，仍用 $300\mathrm{kPa}$）。当基底压力大于 $300\mathrm{kPa}$ 时，宜按实际压力测定的湿陷系数来判定黄土的湿陷性。

δ_s 小于 0.015 时，定为非湿陷性黄土；当 δ_s 不小于 0.015 时，定为湿陷性黄土。

2）湿陷起始压力。黄土湿陷起始压力 p_{sh} 是指使黄土出现明显湿陷所需的最小外部压力，此数值在地基设计中是很有用处的。例如，在荷载不大的情况下，可以使基础底面的压力小于或等于土的湿陷起始压力，从而可以避免湿陷的产生。湿陷起始压力采用室内压缩试验确定，湿陷系数 $\delta_s = 0.015$ 对应的压力作为湿陷起始压力。

（2）场地湿陷类型确定。自重湿陷性黄土在没有外荷载作用下，浸水后也会迅速发生剧烈的湿陷，甚至一些很轻的建筑物也难免受其害；而在非自重湿陷性黄土地区，这种情况就很少见。所以对两种类型的湿陷性黄土地基所采取的设计和施工措施应有所区别。在黄土地区勘察中，应按实测自重湿陷量或计算自重湿陷量判 Δzs 定建筑场地的湿陷类型。自重湿陷量不大于 7cm 时，应定为非自重湿陷性黄土场地；自重湿陷量大于 7cm 时，应定为自重湿陷湿黄土场地。

计算自重湿陷量按下式计算：

$$\Delta_{zs} = \beta_0 \sum_{i=1}^{n} \delta_{zsi} h_i \tag{8.4}$$

$$\delta_{zsi} = \frac{h_z - h_z'}{h_0}$$

式中　δ_{zsi}——第 i 层土在上覆土的饱和自重压力下的自重湿陷系数 δ_{zsi}；

　　　h_z——保持天然湿度和结构的第 i 个土样，加压至土的饱和自重压力时，下沉稳定后的高度；

　　　h_z'——上述加压稳定后的土样，在浸水作用下，下沉稳定后的高度；

　　　h_0——第 i 个土样的原始高度；

　　　h_i——第 i 层土的厚度，cm；

　　　β_0——因地区而异的土质修正系数。根据湿陷性黄土地区建筑规范取值。

（3）湿陷等级确定。黄土地基的湿陷等级，应根据基底下各土层累计的总湿陷量和自重湿陷量的大小等因素综合判定。

黄土地基总湿陷量 Δ_s 按式（8.5）计算：

$$\Delta_s = \sum_{i=1}^{n} \delta_{si} h_i \beta \tag{8.5}$$

式中　δ_{si}——第 i 层土的湿陷系数；

　　　h_i——第 i 层土的厚度；

　　　β——考虑基底下地基土的侧向挤出和浸水机会等因素的修正系数，根据湿陷性黄土地区建筑规范取值。

总湿陷量自基础底面以下算起，在非自重湿陷性黄土场地，累计至基底下 5m（或压缩层）深度为止；在自重湿陷性黄土场地，对一类、二类建筑应穿过湿陷性土层，累计至非湿陷性土层顶面；对三类、四类建筑当基底下的湿陷性土层厚度大于 10m 时，累计深度按当地经验确定。

黄土地基的湿陷等级通过表 8.2 判定。

228

表 8.2　　　　　　　　　　　　　湿陷性黄土地基的湿陷等级

湿陷类型 Δ_{zs}/mm Δ_s/mm	非自重湿陷场地	自重湿陷场地	
	$\Delta_{zs}\leqslant 70$	$70<\Delta_{zs}\leqslant 350$	$\Delta_{zs}>350$
$50<\Delta_s\leqslant 300$	Ⅰ级（轻微）	Ⅱ级（中等）	—
$300<\Delta_s\leqslant 700$	Ⅱ级（中等）	*Ⅱ或Ⅲ级	Ⅲ级（严重）
$700<\Delta_s$	—	Ⅲ级（严重）	Ⅳ级（很严重）

*　当湿陷量的计算值大于 600mm，自重湿陷量的计算值大于 300mm 时，可判为Ⅲ级，其他情况可判为Ⅱ级。

4. 湿陷性黄土地基的处理

对湿陷性黄土地基的处理主要改善土的性质和结构，减少水的渗水性、压缩性，控制湿陷性的发生，部分或全部消除它的湿陷性。在明确地基湿陷性黄土层的厚度、湿陷性类型、等级后，应结合建筑物的工程性质、施工条件和材料来源等，采取必要的措施，对地基进行处理，满足建筑物在安全、使用方面的要求。

桥梁工程中，对较高的墩、台和超静定结构，应采用刚性扩大基础、桩基础或沉井等形式，并将基础底面设置到非湿陷性土层中；对于一般的大中桥梁，重要的道路人工构造物，如属Ⅱ级非自重湿陷性地基或各级自重湿陷性黄土地基，也应将基础置于非湿陷性黄土层或全部湿陷性黄土层进行处理并加强结构措施；如属Ⅰ级非自重湿陷黄土，也应对全部湿陷性黄土层进行处理或加强结构措施；小桥涵及其附属工程和一般道路人工构造物视地基湿陷程度，可对全部湿陷性土层进行处理，也可消除地基的部分湿陷性或仅采取结构措施。

对于均匀沉降不敏感的建筑结构尽可能采用简支梁结构形式，或加大基础刚度使受力均匀；对长度较大且体型复杂的建筑物，也可采用沉降缝将其分为若干独立单元。

按处理厚度可分为全部湿陷性黄土层处理和部分湿陷性黄土层处理。对于非自重湿陷性黄土地基，应自基底处理至非湿陷性土层顶面（或压缩层下限），或者以土层的湿陷起始压力来控制处理厚度；对于自重湿陷性黄土地基，处理范围应是全部湿陷性黄土层的厚度。对于部分湿陷黄土层，可只处理基础底面以下适当深度的土层，因为该部分土层的湿陷量一般占总湿陷量的大部分。处理厚度视建筑类别、土的湿陷等级、厚度，基底压力大小而定，一般对非自重湿陷性黄土地基为 1～3m，自重湿陷性黄土地基为 2～5m。

对湿陷性黄土地基的处理，在大多数情况下主要目的是为了消除黄土的湿陷性，但同时提高了黄土地基的承载力。常用的处理湿陷性黄土地基的方法及适用范围见表 8.3。

表 8.3　　　　　　　　　　　　湿陷性黄土地基的常用地基处理方法

方法名称	适用范围
砂石垫层法	处理厚度小于 2m，要求下卧土质良好，水位以下施工时应降水，局部或整片处理
灰土垫层法	处理厚度小于 3m，要求下卧土质良好，必要时下设素土垫层，局部或整片处理
强夯法	厚度 3～12m 的湿陷性黄土、人工填土或液化砂土，环境许可，局部或整片处理
挤密桩法	厚度 5～15m 湿陷性黄土或人工填土，地下水位以上，局部或整片处理
预浸水法	湿陷严重程度的自重湿陷黄土，可消除距地面 6m 以下土的湿陷性，对距地面 6m 以内的土应采用垫层等处理方法

续表

方法名称	适　用　范　围
振冲碎石桩或深层水泥搅拌桩	厚度 5～15m 的饱和黄土或人工填土，局部或整片处理
单液硅化或碱液加固法	一般用于加固地面以下 10m 范围内地下水位以上的已有结构物地基，单液硅化法加固深度可达 20m，适用于局部加固
旋喷桩法	一般用于加固地面以下 20m 范围内的已有结构物地基，适用于局部处理
桩基础法	厚度 5～30m 的饱和黄土或人工填土

5. 湿陷性黄土地基设计计算要点

(1) 湿陷性黄土地基允许承载力。经灰土垫层（或素土垫层）、重锤夯实处理后，地基土承载力应通过现场测试或根据当地建筑经验确定，其允许承载力一般不宜超过 250kPa（素土垫层为 200kPa）。垫层下如有软弱下卧层，也需验算其强度。对各种深层挤密桩、强夯等处理的地基，其承载力也应做静载荷试验来确定。

(2) 沉降计算。进行湿陷性黄土地基的沉降计算时，除考虑土层的压缩变形外，对进行消除全部湿陷性处理的地基，可不再计算湿陷量（但仍应计算下卧层的压缩变形）；对进行消除部分湿陷性处理的地基，应计算地基在处理后的剩余湿陷量；对仅进行结构处理或防水处理的湿陷性黄土地基，应计算其全部湿陷量。压缩沉降及湿陷量之和如超过沉降允许值时，必须采取减少沉降量、湿陷量的措施。

8.2.2　膨胀土地基处理

膨胀土地基是指黏粒成分主要由强亲水性矿物组成，同时具有显著的吸水膨胀和失水收缩两种变形特征的黏性土。其黏粒成分主要是以蒙脱石或以伊利石为主，并在北美、北非、南亚、澳洲、中国黄河流域及其以南地区均有不同程度的分布。膨胀土一般强度较高，压缩性低，容易被误认为是良好的天然地基。实际上，由于它具有较强烈的膨胀和收缩变形性质，往往威胁建筑物和构筑物的安全，尤其对低层轻型房屋、路基、边坡的破坏作用更甚。膨胀土地基上的建筑物如果开裂，则不易修复。

我国自 1973 年开始，对这种特殊土进行了大量的试验研究，形成了较系统的理论和较丰富的工程经验，于 1987 年颁布了《膨胀土地区建筑技术规范》，使勘察、设计、施工等方面的工作有章可循，对保证建筑物的安全和正常使用具有重要作用。2012 年 12 月《膨胀土地区建筑技术规范》（GB 50112—2013）经住房与城乡建设部以公告第 1587 号批准、发布，自 2013 年 5 月 1 日起正式实施，原《膨胀土地区建筑技术规范》（GBJ 112—87）废止。

1. 膨胀土的一般特征

(1) 分布特征。膨胀土多分布于二级或二级以上的河谷阶地、山前和盆地边缘及丘陵地带，一般地形坡度平缓，无明显的天然陡坎，如分布在盆地边缘与丘陵地带的膨胀土地区有云南蒙自、鸡街、广西宁明、河北邯郸、河南平顶山、湖北襄樊等地，而且所含矿物成分以蒙脱石为主，胀缩性较大；分布在河流阶地或平原地带的膨胀土地区有安徽合肥、山东临沂、四川成都、江苏、广东等地，且多含有伊利石矿物。在丘陵、盆地边缘地带，膨胀土常分布于地表，而在平原地带的膨胀土常被第四纪冲积层所覆盖。

（2）工程地质特征。膨胀土的黏粒含量很高，粒径小于 0.002mm 的胶体颗粒含量往往超过 20%，塑性指数 I_p 大于 17，且多在 22～35 之间；天然含水量与塑限接近，液性指数 I_L 常小于零，呈坚硬或硬塑状态；膨胀土的颜色有灰白、黄、黄褐、红褐等色，并在土中常含有钙质或铁锰质结核。

1）结构特征。膨胀土多呈坚硬-硬塑状态，结构致密，成棱形土块者常具有胀缩性，棱形土块越小，胀缩性越强。膨胀土裂隙有竖向、斜向和水平向三种。竖向裂隙常出露地表，干旱年可见贯通的地裂隙，裂隙宽度不一，随深度的增加而逐渐减小。裂隙间多充填有灰绿、灰白色黏土，裂面有蜡状光泽，有时可见土体间相对运动的擦痕。在自然风化应力作用侵蚀下，浅层滑坡发育。自然条件下坡度较缓，开挖时，坑壁易风化剥落。遇雨则塌方。斜交剪切裂隙越发育，胀缩性越严重。

2）边坡破坏。膨胀土边坡滑动分为：浅层型、平缓型和渐近型。其滑坡发生和发展大致分四个阶段，即风化和裂隙进一步发育阶段、局部破坏阶段、大变形和滑动发展阶段、连续滑动与牵引式滑坡阶段。

3）胀缩变形特征。膨胀土胀缩变形具有季节性，裂隙同样具有季节性，干旱季常出现地裂，长可达数十米，深数米，雨季闭合。

（3）膨胀土物质成分。

1）矿物成分。矿物成分是组成膨胀土的主要物质基础。膨胀土的矿物成分包括碎屑与黏土矿物两类。碎屑成分主要有石英、长石、云母，其次为方解石、硬石膏；黏土矿物主要有蒙脱石、伊利石，其次为高岭石、多水高岭石、蛭石、绿泥石等。

我国的膨胀土多以伊利石及伊利石-蒙脱石的泥层矿物为主。

对于膨胀土而言，只要土中蒙脱石的含量超过 5%，就会对土的工程性质产生影响；若大于 10%，土的膨胀潜势即有明显表现；若大于 30%，则土的胀缩性及强度特性基本上全由蒙脱石控制。我国主要地区膨胀土中蒙脱石矿物有效含量，一般都大于 10%，大多在 18%～44% 间。

2）化学成分。膨胀土的化学成分，主要有 SiO_2、Al_2O_3 和 Fe_2O_3；其次为 MgO、CaO、K_2O 和 Na_2O，而 TiO_2、MnO 和 P_2O_5 等含量则甚少。其中 SiO_2 占化学总成分的 50% 以上，Al_2O_3 一般占 15%～25%，Fe_2O_3 一般占 4%～10%，而 SiO_2、Al_2O_3 和 Fe_2O_3 三者之含量大多占化学总成分的 73%～86%，占绝对优势。这与我国膨胀土大多以伊利石为主，一部分以蒙脱石为主的特点基本一致。

3）粒度成分。由于前面所述膨胀土的矿物成分、化学成分的特点，决定了膨胀土的粒度成分必定以黏粒为主，其次是粉粒。实验表明，我国膨胀土中小于 0.005mm 的黏粒含量，一般平均含量在 50% 以上，最低在 30% 以上；其次是 0.05～0.005mm 的粉粒含量，一般也在 25%～50% 之间。

4）交换离子与水溶盐。我国各种成因类型的膨胀土，其交换阳离子成分几乎都包括 K^+、Ca^{2+}、Mg^{2+} 等碱金属和碱土金属。大都以 Ca^{2+} 为主，其阳离子交换量大多为 12.71～39.18mmol/100g 土，一般均占交换性盐总量的 58%～81%。

此外，膨胀土中还有一定量的水溶性盐分，主要包括易溶性氯化物中的 $NaCl$，硫酸盐中的 Na_2SO_4 和 $MgSO_4$，重碳酸盐中的 $NaHCO_3$ 和 $Ca(HCO_3)_2$ 等。

231

（4）膨胀土的主要工程特性。

1）多裂隙性。膨胀土中普遍发育有各种特定形态的裂隙，形成土体的裂隙结构，这是膨胀土区别于其他土类的重要特性之一。

膨胀土的裂隙按成因类型，分为原生裂隙和次生裂隙。前者具有隐蔽特点，多为闭合状的显微结构，次生裂隙多由原生裂隙发育而成，有一定继承性，但多张开状，上宽下窄成 V 形外貌。

膨胀土中的裂隙一般至少有 2～3 组以上，不同裂隙组合形成膨胀土多裂隙结构体。这些裂隙结构的特征，表现在平面上大多呈一定规则的多边形分布。在空间上主要有三种裂隙，即陡倾角的垂直裂隙、缓倾角的水平裂隙及斜交裂隙。其中前两者尤为发育，这些裂隙将膨胀土体分割成一定几何形态的块体，如棱柱体、棱块体、短柱体等。

研究表明，膨胀土中的裂隙通常是由于构造应力与土的胀缩效应所产生的张力应变形成，水平裂隙大多由沉积间断与胀缩效应所形成的水平应力差形成。

2）超固结性。膨胀土的超固结性，是土体在地质历史过程中曾经承受过比现在上覆压力更大的荷载作用，并已达到完全或部分固结的特性，这是膨胀土的又一重要特性。但并不是说所有膨胀土都一定是超固结土。

膨胀土在地质历史过程中向超固结状态转化的因素很多，但形成超固结的主要原因是由于上部卸载作用的结果。

3）胀缩性。膨胀土吸水后体积增大，可能使其上部建（构）筑物隆起。若失水则体积收缩，伴随土中出现开裂，可能造成建（构）筑物开裂与下沉。

一般认为收缩与膨胀这两个过程是可逆的，但已有研究表明，在干湿循环中的收缩量与膨胀量并不完全可逆。

在膨胀土地基上建筑物常见的裂缝有：山墙上对称或不对称的倒八字形缝，这是因为山墙两侧下沉量较中部大的缘故；外纵墙外倾并出现水平缝；胀缩交替变形引起的交叉缝等（图 8.5）。

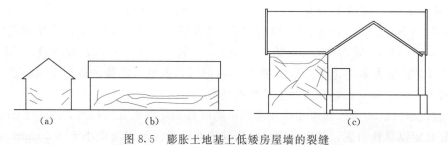

图 8.5　膨胀土地基上低矮房屋墙的裂缝
（a）山墙对称斜裂缝；（b）外纵墙水平裂缝；（c）墙面交叉裂缝

4）崩解性。膨胀土浸水后其体积膨胀，在无侧限条件下则发生吸水湿化。不同类型的膨胀土，其湿化崩解是不同的。这同土的黏土矿物成分、结构及胶结性质和土的初始含水状态有关。

一般由蒙脱石组成的膨胀土，浸水后只需几分钟即可崩解。

2. 膨胀土地基的勘察要求

膨胀土地基勘察，除应满足一般工程勘察要求外，还需着重揭示下列内容：

（1）查明膨胀土的地质时代、成因和胀缩性能，对于重要的和有特殊要求的建筑场地，必要时应进行现场浸水载荷试验，进一步确定地基土的性能及其承载力。

（2）查明场地内有无浅层滑坡、地裂、冲沟和隐状岩溶等不良地质现象。

（3）调查地表水排泄、积聚情况，植被影响，地下水类型和埋藏条件，多年水位和变化幅度。

（4）调查当地多年的气象资料，包括降水量和蒸发量、雨季和干旱持续时间、气温和地温等情况，并了解其变化特点。

（5）注意了解当地建设经验，分析建筑物（群）损坏的原因，考察成功的工程措施。

3. 膨胀土地基评价

（1）膨胀土的工程特性指标——自由膨胀率。将人工制备的烘干样浸泡于水中，经充分吸水膨胀稳定后所增加的体积与原体积之比，称为自由膨胀率，按下式计算：

$$\delta_{ef} = \frac{V_w - V_0}{V_0} \times 100\% \tag{8.6}$$

式中　δ_{ef}——自由膨胀率；

　　　V_w——土样在水中膨胀稳定后的体积；

　　　V_0——土样的原有体积。

（2）膨胀土地基的评价。

1）膨胀土的判别。当具有如前所述膨胀土的一般特征，且自由膨胀率 $\delta_{ef} \geqslant 40\%$ 的土，应判定为膨胀土。

2）膨胀潜势。由于自由膨胀率能综合反映亲水性矿物成分、颗粒组成、膨胀特征及其危害程度，因此可用自由膨胀率评价膨胀土膨胀性能的强弱（表 8.4）。

表 8.4　　　　　　　　　　膨　胀　潜　势

膨　胀　潜　势	自由膨胀率 δ_{ef}/%
弱	$40 \leqslant \delta_{ef} < 65$
中	$65 \leqslant \delta_{ef} < 90$
强	$\delta_{ef} \geqslant 90$

（3）膨胀土地基的胀缩等级。根据地基的膨胀、收缩变形对低层砖混房屋的影响程度，可评价地基的胀缩等级，见表 8.5。表中地基的分级变形量 S_c 系指膨胀变形量、收缩变形量和胀缩变形量。在判定地基胀缩等级时，应根据地基可能发生的某一种变形计算分级变形量 S_c，见地基变形计算。

表 8.5　　　　　　　　　　膨胀土地基胀缩等级

地基胀缩等级	分级胀缩变形量 S_c/mm
Ⅰ	$15 \leqslant S_c < 35$
Ⅱ	$35 \leqslant S_c < 70$
Ⅲ	$S_c \geqslant 70$

4. 膨胀土地基设计计算

建筑场地按地形地貌条件分为两类。平坦场地：地形坡度小于 5°；或地形坡度大于 5°、小于 14°的坡脚地带和距坡肩水平距离大于 10m 的坡顶地带。坡地场地：地形坡度约大于 5°；或地形坡度虽小于 5°，但同一座建筑物范围内局部地形高差大于 1m。

膨胀土地基设计，一般规定如下：

1）位于平坦场地上的建筑物地基，应按变形控制设计。

2）位于坡地场地上的建筑物地基，除按变形控制设计外，尚应验算地基的稳定性。

3）基底压力要满足承载力要求。

4）地基变形量不超过容许变形值。

（1）地基承载力。膨胀土地基承载力的确定，应考虑土的膨胀特性、基础大小和埋深、荷载大小、土中含水量变化等影响因素。目前确定承载力的途径一般有两种：

1）现场浸水载荷试验确定。即在现场按压板面积开挖试坑，试坑面积不小于 0.5m²，坑深不小于 1m，并在试坑两侧附近设置浸水井或浸水槽。试验时先分级加荷至设计荷载并稳定，然后浸水使其充分饱和，并观测其变形，待变形稳定后，再加荷直到破坏。通过该试验可得到压力与变形的 $p\text{-}S$ 曲线，可取破坏荷载的一半作为地基承载力特征值。在对变形要求严格的一些特殊情况下，可由地基变形控制值取对应的荷载作为承载力特征值。

2）由三轴饱和不排水剪强度指标确定。由于膨胀土裂隙比较发育，剪切试验结果往往难以反映土的实际抗剪能力，宜结合其他方法确定承载力特征值。

膨胀土地区的基础设计，应充分利用土的承载力，尽量使基底压力不小于土的膨胀力。另外，对防水排水情况好，或埋深较大的基础工程，地基土的含水量不受季节变化的影响，土的膨胀特性就难以表现出来。此时可选用较高的承载力值。

（2）地基变形计算。膨胀土地基的变形，除与土的膨胀收缩特性（内在因素）有关外，还与地基压力和含水量的变化（外在因素）情况有关。地基压力大，土体则不会膨胀或膨胀小；地基土中的含水量基本不变化，土体胀缩总量则不大。而含水量的变化又与大气影响深度、地形、覆盖条件等因素相关。如气候干燥，土的天然含水量低，或基坑开挖后经长时间曝晒的情况，都有可能引起（建筑物覆盖后）土的含水量增加，导致地基产生膨胀变形。如果建房初期土中含水量偏高，覆盖条件差，不能有效地阻止土中水分的蒸发，或是长期受热源的影响，如砖瓦窑等热工构筑物或建筑物，就会导致地基产生收缩变形。在亚干旱、亚湿润的平坦地区，浅埋基础的地基变形多为膨胀、收缩周期性变化，这就需要考虑地基土的膨胀和收缩的总变形。总之，膨胀土地基在不同条件下表现为不同的变形形态，可归纳为 3 种：上升

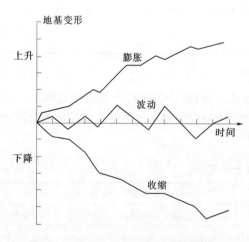

图 8.6　膨胀土地基上房屋的位移形态

型变形、下降型变形和波动型变形（图8.6）。

在设计时应根据实际情况确定变形类型，进而计算相应的变形量，并将其控制在容许值范围之内。《膨胀土地区建筑技术规范》（GB 50112—2013）规定：

1）地表下1m处地基土的天然含水量等于或接近最小值时，或地面有覆盖且无蒸发可能，以及建筑物在使用期间，经常有水浸湿的地基，仅计算膨胀变形量。

2）地表下1m处地基土的天然含水量大于$1.2I_p$（塑限），或直接受高温的地基，仅计算收缩变形量。

3）其他情况按胀缩变形量计算。

5. 膨胀土地基的工程措施

（1）建筑设计措施。

1）场址选择。应选择地面排水畅通或易于排水处理，地形条件比较简单，土质均匀的地段。尽量避开地裂、溶沟发育，地下水位变化大以及存在浅层滑坡可能的地段。

2）总平面布置。竖向设计宜保持自然地形，避免大开大挖，造成含水量变化大的情况出现。做好排水、防水工作，对排水沟、截水沟应确保沟壁的稳定，并对沟进行必要的防水处理。根据气候条件、膨胀土等级和当地经验，合理进行绿化设计，宜种植吸水量和蒸发量小的树木、花草。

3）单体建筑设计。建筑物体型应力求简单，并控制房屋长高比，必要时可采用沉降缝分隔措施隔开。屋面排水宜采用外排水，雨水管不应布置在沉降缝处，在雨水量较大地区，应采用雨水明沟或管道进行排水。做好室外散水和室内地面的设计，根据胀缩等级和对室内地面的使用要求，必要时可增设石灰焦渣隔热层、碎石缓冲层，对Ⅲ级膨胀土地基和使用要求特别严格的地面，可采取混凝土配筋地面或架空地面。此外，对现浇混凝土散水或室内地面，分格缝不宜超过3m，散水或地面与墙体之间设变形缝，并以柔性防水材料嵌缝。

（2）结构设计措施。

1）上部结构方面。应选用整体性好，对地基不均匀胀缩变形适应性较强的结构，而不宜采用砖拱结构、无砂大孔混凝土砌块或无筋中型砌块等对变形敏感的结构。对砖混结构房屋，可适当设置圈梁和构造柱，并注意加强较宽的门窗洞口部位和底层窗台砌体的刚度，提高其抗变形能力。对外廊式房屋宜采用悬挑外廊的结构形式。

2）基础设计方面。同一工程房屋应采用同类型的基础形式。对排架结构可采用独立柱基，将围护墙、山墙及内隔墙砌在基础梁上，基础梁下应预留100～150mm的空隙并进行防水处理。对桩基础，其桩端应伸入非膨胀土层或大气影响急剧层下一定长度。选择合适的基础埋深，往往是减小或消除地基胀缩变形的有效途径，一般情况埋深不小于1m，可根据地基胀缩等级和大气影响强烈程度等因素按变形确定，对坡地场地，还需考虑基础的稳定性。

3）地基处理。应根据土的胀缩等级、材料供给和施工工艺等情况确定处理方法，一般可采用灰土、砂石等非膨胀土进行换土处理。对平坦场地上Ⅰ、Ⅱ级膨胀土地基，常采用砂、碎石垫层处理方法，垫层厚度不小于300mm，宽度应大于基底宽度，并宜采用与垫层材料相同的土进行回填，同时做好防水处理。

（3）施工措施。膨胀土地区的施工，应根据设计要求、场地条件和施工季节，认真制定施工方案、采取措施，防止因施工造成地基土含水量发生大的变化，以便减小土的胀缩变形。做好施工总平面设计，设置必要的挡土墙、护坡、防洪沟及排水沟等，确保场区排水畅通，边坡稳定。施工储水池、洗料场、淋灰池及搅拌站应布置在离建筑物10m以外的地方，防止施工用水流入基坑。基坑开挖过程中，应注意坑壁稳定，可采取支护、喷浆、锚固等措施，以防坑壁坍塌。基坑开挖接近基底设计标高时，宜在其上部预留厚150～300mm土层，待下一工序开始前再挖除。当基坑验槽后，应及时做混凝土垫层或用1:3水泥砂浆喷、抹坑底。基础施工完毕后，应及时分层回填夯实，并做好散水。要求选用非膨胀土、弱膨胀土或掺入石灰等材料的土作为回填土料，其含水量宜控制在塑限含水量的1:1～1:2倍范围内，填土干重度不应小于15.5kN/m³。

8.2.3 红黏土地基处理

红黏土是指石灰岩、白云岩等碳酸盐类岩石，在湿热气候条件下经长期风化作用形成的一种以红色为主的黏性土。我国红黏土多属于第四纪残积物，也有少数原地红黏土经间歇性水流搬运再次沉积于低洼地区，当搬运沉积后仍能保持红黏土基本特征，且液限大于45%者称为次生红黏土。

红黏土是一种物理力学性质独特的高塑性黏土，其化学成分以 SiO_2、Fe_2O_3、Al_2O_3 为主，矿物成分以高岭石或伊利石为主。主要分布于云南、贵州、广西、湖南、湖北、安徽部分地区。

1. 红黏土工程性质和特性

（1）主要物理力学性质。含有较多黏粒（$I_p = 20 \sim 50$），孔隙比较大（$e = 1.1 \sim 1.7$）。常处于饱和状态（$S_r > 85\%$），天然含水量（30%～60%）与塑限接近，液性指数小（$-0.1 \sim 0.4$），说明红黏土以含结合水为主。因此，尽管红黏土的含水量高，却常处于坚硬或硬塑状态，具有较高的强度和较低的压缩性。

（2）红黏土的胀缩性。有些地区的红黏土受水浸湿后体积膨胀，干燥失水后体积收缩。

（3）红黏土的分布特征。红黏土的厚度与下卧基岩面关系密切，常因岩石表面石芽、溶沟的存在，导致红黏土的厚度变化很大。因此，对红黏土地基的不均匀性应给予足够重视。

（4）含水量变化特征。含水量有沿土层深度增大的规律，上部土层常呈坚硬或硬塑状态，接近基岩面附近常呈可塑状态，而基岩凹部溶槽内红黏土呈现软塑或流塑状态。

（5）岩溶、土洞较发育，这是由于地表水和地下水运动引起的冲蚀和潜蚀作用造成的结果。在工程勘察中，需认真探测隐藏的岩溶、土洞，以便对场地的稳定性作出评价。

2. 红黏土地基设计要点

确定合适的持力层，尽量利用浅层坚硬、硬塑状态的红黏土作为地基的持力层。控制地基的不均匀沉降。当土层厚度变化大，或土层中存在软弱下卧层、石芽、土洞时，应采取必要的措施，如换土、填洞、加强基础和上部结构刚度等，使不均匀沉降控制在允许值范围内。

控制红黏土地基的胀缩变形。当红黏土具有明显的胀缩特性时，可参照膨胀土地基，采取相应的设计、施工措施，以便保证建筑物的正常使用。

任务8.3　坝　基　处　理

8.3.1　重力坝的地基处理

修建在岩基上的重力坝，其坝址由于经受长期的地质作用，一般都有风化、节理、裂隙等缺陷，有时还有断层、破碎带和软弱夹层，所有这些都需要采取适当的有针对性的工程措施，以满足建坝要求。坝基处理时，要综合考虑地基及其上部结构之间的相互关系，有时甚至需要调整上部结构形式，使其与地基工作条件相协调。地基处理的主要任务是防渗和提高基岩的强度和整体性。

1. 重力坝对地基的要求

重力坝对经过处理后的坝基应满足下列要求：①应具有足够的抗压和抗剪强度，以承受坝体的压力；②应具有良好的整体性和均匀性，以满足坝基的抗滑稳定要求和减少不均匀沉降；③应具有足够的抗渗性和耐久性，以满足渗透稳定的要求和防止渗水作用下岩体变质恶化。

统计资料表明：重力坝的失事有40%是因为地基问题造成的。地基处理对重力坝的经济、安全至关重要，要与工程的规模和坝体的高度相适应。

2. 坝基的开挖与清理

坝基开挖与清理的最终目的是将坝体坐落在坚固、稳定的地基上。开挖的深度根据坝基应力、岩石强度、完整性、工期、费用、上部结构对地基的要求等综合研究确定。坝高超过100m时，可建在新鲜、微风化或弱风化下部的基岩上；坝高在100～50m时，坝可建在微风化至弱风化中部的基岩上；坝高小于50m时，可建在弱风化中部至上部的基岩上。同一工程中的两岸地形较高部位的坝段，对岩基要求可适当放宽。

坝段的基础面上、下游高差不宜过大，并开挖成略向上游倾斜的锯齿状。若基础面高差过大或向下游倾斜时，应开挖成带钝角的大台阶状。两岸岸坡坝段基岩面，尽量开挖成有足够宽度台阶状，以确保坝体的侧向稳定，对于靠近坝基面的缓倾角、软弱夹层，埋藏不深的溶洞、溶蚀面等局部地质缺陷应予以挖除。开挖至距基岩面0.5～1.0m时，应采用手风钻钻孔，小药量爆破，以免破坏基础岩体，遇到风化的页岩、黏土岩时，应留有0.2～0.3m的保护层，待浇筑混凝土前再挖除。

坝基开挖后，在浇混凝土前，要进行彻底、认真的清理和冲洗：清除松动的岩块、打掉凸出的尖角，封堵原有勘探钻洞、探井、探洞，清洗表面尘土、石粉等。

3. 坝基的加固处理

坝基加固的目的：①提高基岩的整体性和弹性模量；②减少基岩受力后的不均匀变形；③提高基岩的抗压、抗剪强度；④降低坝基的渗透性。岩基的加固方法有固结灌浆和对断层破碎带的处理等。

（1）坝基的固结灌浆。当基岩在较大范围内节理裂隙发育或较破碎而挖除不经济时，可对坝基进行低压浅层灌浆加固，这种灌浆称为固结灌浆，固结灌浆可提高基岩的整体性和强度，降低地基的透水性。工程试验表明，节理裂隙较发育的基岩固结灌浆后，弹性模量可提高 2 倍以上。一般在坝体浇筑 5m 左右时，采用较高强度等级的膨胀水泥浆进行固结灌浆。

固结灌浆的范围一般主要根据坝基的地质条件、岩石破碎程度及坝基受力情况而定。当岩基较好时，可仅在坝基上、下游应力较大的一定范围内进行固结灌浆；坝基岩石普遍较差且具有可灌性时，则对坝基全面进行固结灌浆。防渗帷幕上游的坝基也应进行固结灌浆。断层破碎带及影响带应适当加强固结灌浆。固结灌浆孔一般布置在应力较大的坝踵和坝趾附近，以及节理裂隙发育和破碎带范围内，一般用梅花形和方格形布置。孔距、排距和孔深取决于坝高和岩基的构造情况，一般为 3～4m 左右。固结灌浆孔的深度应根据坝高和开挖后的地质条件确定，一般为 5～8m。对局部地区及坝基应力较大的高坝基础，可适当加深。帷幕上游区可根据帷幕深度采用 8～15m。灌浆孔的直径用风钻成孔，直径为 32～50mm。固结灌浆通常在坝体混凝土浇筑前进行，但在帷幕上游区及地质缺陷部位，应在有 3～4m 混凝土盖重的情况下施工。灌浆前必须充分清洗基岩裂隙。固结灌浆宜在基础部位混凝土浇筑后进行，固结灌浆压力要在不掀动基岩的原则下取较大值，无混凝土盖重时取 0.2～0.4MPa；有盖重时为 0.4～0.7MPa，视盖重厚度而定。特殊情况应视灌浆压力而定。

（2）坝基断层破碎带的处理。断层破碎带的强度低、压缩变形大，易产生不均匀沉降导致坝体开裂，若与水库连通，使渗透压力加大，易产生机械或化学管涌，危及大坝安全。处理时，先把断层破碎带一定深度范围内的软弱岩石和充填物全部挖除掉（断层破碎带的两侧挖至较完整的岩体）。如果组成物质主要为坚硬构造岩，挖除即可；如果是软弱构造岩，则再回填混凝土，这就是常说的混凝土塞或混凝土拱的处理方法（图 8.7）。对于宽度小于 2～3m 的断层破碎带，混凝土塞的高度应为 1～1.5 倍断层破碎带的宽度，以保证坝体作用在原破碎带上的压力可以通过混凝土塞（或拱）传到两旁完整的岩石上。与水库连通的断层破碎带，还必须做好防渗处理，以免库水沿着断层破碎带渗漏而危及坝的安全。

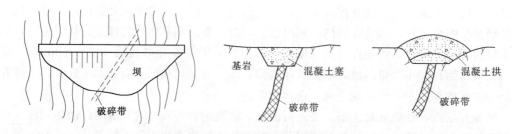

图 8.7　断层破碎带处理

4. 坝基防渗处理

重力坝坝基防渗处理的主要目的是：防止渗透破坏、降低坝基面的渗透压力及减少渗漏量。处理方法有帷幕灌浆和齿墙。当裂隙比较发育时，做混凝土齿墙很有效，但深齿墙施工困难，因而很少采用，通常都采用帷幕灌浆。如基岩表面裂隙发育，可用浅齿墙和帷幕灌浆相结合的方法。

帷幕灌浆是在岩基内平行坝轴线钻一排或几排孔，用高压将水泥浆灌入孔中，并把周围裂隙充填起来，胶结成整体，形成一道防渗帷幕。当坝下相对隔水层埋藏较深或分布无规律时，可采用悬挂式帷幕，帷幕深度约为 0.3～0.7 倍水头。当坝基下有明显隔水层且埋藏较浅时，防渗帷幕应深入到隔水层内 3～5m。防渗帷幕靠近坝上游面布置，自河床向两岸延伸，伸入两侧岸坡的范围、深度以及方向应根据工程地质及水文地质条件确定。

帷幕的防渗标准和相对隔水层的透水率应根据不同坝高采用下列控制标准：当坝高大于 100m 时，透水率 $q=1～3Lu$；当坝高 100～50m 时，透水率 $q=3～5Lu$；当坝高小于 50m 时，透水率 $q=5Lu$。透水率单位（Lu）是指水压力为 1MPa 时，每米钻孔长度内注入水流量为 1L/min 时，其透水率为 1Lu。

帷幕由一排或几排灌浆孔组成。一般坝高 100m 以上的坝可采用两排，中、低坝可采用一排，对地质条件较差的地段，可考虑增加排数以加强防渗帷幕。当帷幕由几排灌浆孔组成时，一般仅将其中的一排孔钻孔至设计深度，其他各排孔的深度取设计深度的 1/2～1/3。帷幕孔距一般为 1.5～3m，排距比孔距略小。施工时，采用逐步加密法，开始孔距可大些，然后在中间加检查孔，如检查孔吸水率仍大于允许值，则将检查孔作为灌浆孔继续灌浆，直至满足要求为止。

帷幕灌浆必须在坝体浇筑到一定厚度作为盖重后进行，以保证岩基表层的灌浆压力。但为了使坝能连续浇筑，帷幕灌浆一般在廊道内进行。帷幕灌浆的压力应通过试验确定，通常在表层部分，灌浆压力一般不小于 1～1.5 倍坝前水头；孔底部分不宜小于 2～3 倍坝前水头，但以不抬动坝体混凝土和不破坏坝体岩体为原则。灌浆材料一般多采用普通硅酸盐水泥，灌浆时浆液由稀逐渐变稠。

5. 坝基排水

降低坝基底面的扬压力，可在防渗帷幕后设置主排水孔幕和辅助排水孔幕。坝基排水与帷幕灌浆相结合是降低坝基渗透压力的重要措施。重力坝排水通常采用排水孔幕，主排水孔幕在防渗帷幕下游一侧，在坝基面处与防渗帷幕的距离应大于 2m。主排水孔幕一般向下游倾斜，与帷幕成 10°～15° 夹角。主排水孔孔距为 2～3m，孔径约为 150～200m，孔径过小容易堵塞，孔深可取防渗帷幕深度的 0.4～0.6 倍，高中坝的排水孔深不宜小于 10m。

主排水孔幕在帷幕灌浆后施工。排水孔穿过坝体部分要预埋钢管，穿过坝基部分待帷幕灌浆后才能钻孔。渗水通过排水沟汇入集水井，自流或抽排向下游。

辅助排水孔幕高坝一般可设 2～3 排；中坝可设 1～2 排，布置在纵向排水廊道内，孔距约 3～5m，孔深 6～12m。有时还在横向排水廊道或在宽缝内设排水孔，纵横交错、相互连通就构成了坝

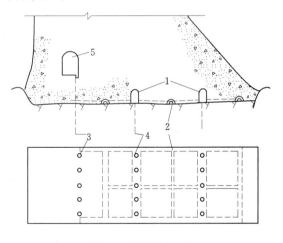

图 8.8 基础排水系统

1—坝基排水廊道；2—半圆形排水管；3—主要排水孔；
4—辅助排水孔；5—灌浆廊道

基排水系统,如图8.8所示。

6. 两岸处理

岸坡部分的坝体是建在开挖后的斜坡上的。因此,开挖后的河岸边坡应稳定。如果有顺坡的剪切裂隙,要校核岸坡沿裂隙是否稳定,否则应将岸坡削平缓。如果坝体是沿着山脊与河岸连接的,则应校核水库蓄水时,坝头河岸的稳定性,必要时开挖河岸,使坝头嵌入河岸内,或在山脊下游做混凝土支撑。

重力坝与岸坡的连接,当河岸岩基坡度平缓时比较简单,其处理方式与河床坝段相同。当河岸坡度较陡时,接头应认真设计,使岸坡坝段能各自保持自身的侧向稳定,不沿山坡下滑。如核算结果不稳定,可按坝段将河岸开挖成台阶形,台阶应位于坝体横缝部位[图8.9(a)],必要时坝体横缝位置可根据开挖的平台形状加以调整,平台宽度约为坝段宽度的30%~50%或更大。台阶应避免开挖成锐角或高差很大的陡坡,以免坝体发生应力集中而使坝体产生裂缝[图8.9(b)]或使坝体混凝土与基岩不能紧密结合。如果河岸十分陡峭,只是开挖台阶很陡,为了使坝段混凝土与岸坡连接好,可先在岸壁做钢筋混凝土层锚系,在钢筋混凝土和坝段之间做成正规的临时性温度缝,设键槽及采用灌浆设施。或者把混凝土直接与岸坡相接,加设许多锚系钢筋[图8.9(c)],承受温度应力。

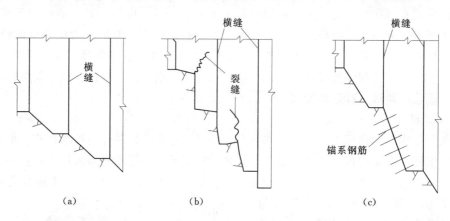

图8.9 重力坝与河岸的连接

8.3.2 拱坝的地基处理

拱坝的坝基处理措施与重力坝基本相同,但要求更高,并有其特殊要求。

1. 坝基开挖

拱坝对坝基的要求较重力坝高,拱坝坝基应尽量开挖至新鲜或微风化的基岩,重力坝基也应尽量开挖至微风化或弱风化的中、下部基岩。开挖后周边地基的轮廓要求平顺,并尽可能使左右岸对称。开挖面应比较平整,一般要求起伏度不超过0.3m,最下面0.3~0.5m的岩石应采用风镐开挖,不能使用爆破,以免损伤岩基。

为了保证坝肩的稳定,拱端内弧面的切线与拱座基岩面等高线交角应不小于30°,并使拱端传来的推力尽量垂直于基岩接触面,因此,两岸拱座宜开挖成径向面[图8.10(a)]。对于较厚的拱坝,或岩石等高线与坝体对称中线大致平行时,如沿半径方向开挖,则开挖量可能太大,此时可将基岩开挖成如图8.10(b)所示折线形,但应避免开挖成阶

梯状 [图 8.10 (c)]，以免在岩石尖角处因应力集中而使坝体产生裂缝。当基岩**强度较低**时，可将基岩开宽，使拱端局部加厚，以加大基岩的受力面积 [图 8.10 (d)]。**如岸坡坝头下游岩体单薄，可将基岩开挖成深槽，并将拱端嵌入岩体槽内** [图 8.10 (e)]。

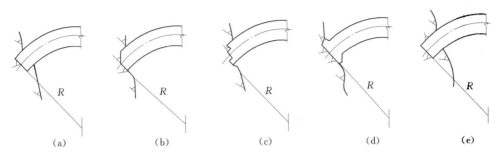

图 8.10 拱坝坝头开挖

2. 固结灌浆和接触灌浆

为了提高岩基的强度和完整性，应对岩基进行固结灌浆。一般情况下，应对坝基进行全面灌浆。对于比较完整坚硬的基岩，可在坝基上、下游设置一至数排固结灌浆**孔**，对节理裂隙发育的基岩，需向坝基外上、下游适当扩大固结灌浆孔范围。固结灌浆**孔的孔深**，应根据坝高及地质条件确定，通常为 5～8m，必要时适当加深，帷幕上游区根据帷幕深度确定，宜采用 8～15m，孔距通常为 3～4m，视基岩裂隙情况而定。固结灌浆的**压力**，在保证不掀动岩石的情况下，宜采用较大值，主要根据地质情况并结合工程类比拟定，**必要时进行灌浆试验论证。**

为了提高坝基接触面的抗剪强度，防止沿基础接触面渗漏，一般应在大于 50°～60°的陡壁面、基岩中开挖的所有的槽、井、洞等回填混凝土的顶部、上游坝基的**接触面等**部位进行接触灌浆。有条件时，可以利用帷幕灌浆孔及固结灌浆孔进行接触灌浆。

3. 防渗帷幕

帷幕线的位置（包括向两岸延伸的帷幕）应布置在压应力区，且靠近上游面。岩溶地区的帷幕线宜布置在岩溶发育微弱地带。

防渗帷幕的孔深、排数、孔距及孔向等与重力坝基本相同，可参见重力坝部分。

应特别重视拱坝两岸拱座部位帷幕灌浆，其帷幕线深入岸坡内的长度和方向**应详细研究，**具体的考虑原则可参见《混凝土拱坝设计规范》(SL 282—2003)。

4. 坝基排水

排水孔幕应在防渗帷幕下游侧，一般只设 1 排主排水孔，必要时加设 1～3 **排辅助排水孔**。对于地质条件较差的坝基，设置排水孔时应防止渗透变形。中、低高度的**薄拱坝**经论证可不设坝基排水。高坝以及两岸地形陡峻、地质条件复杂的中坝，宜在两岸**布置多层排水平洞**，在平洞内钻设排水孔。

主排水孔的孔距一般采用 2～3m，孔深一般为帷幕深的 0.4～0.6 倍，坝高 50m 以上的坝基主排水孔，孔深不应小于 10m。坝基内有裂隙承压水层或较大的成层透水区时，除加强防渗措施外，排水孔宜穿透此部位。副排水孔的孔距一般采用 3～5m，孔深一般为 6～12m。

5. 断层破碎带和软弱夹层处理

坝基和拱座范围内的断层破碎带和软弱夹层，应根据其所在部位、产状、宽度、断层组成物质以及有关实验资料，分析研究其对坝体和地基的应力、变形、稳定和渗漏的影响，并结合施工条件，采用适当的方法进行专门处理。选择处理方案时，宜将坝体和岩基一起研究。1 级、2 级拱坝或高坝工程的处理方案，应通过有限元分析或模型试验论证；中、低坝可参照其他工程的经验，综合研究后确定。

一般情况下，拱座部位的断层破碎带比坝基部位的断层破碎带对拱坝的安全影响大；缓倾角的断层比陡倾角的断层危害性严重；位于坝趾附近的断层破碎带比位于坝踵附近的断层破碎带对坝体的应力和稳定更为不利；断层破碎带宽度越大，对坝体应力和稳定的影响也越严重。

断层破碎带和软弱夹层的具体措施和防治措施可参见有关文献。

8.3.3　土石坝地基处理

土石坝对地基的要求虽比混凝土坝低，但土石坝坝基的承载力、变形和抗渗能力一般不如混凝土坝，故地基处理仍十分重要，必须重视。

土石坝地基处理的目的是满足渗流、静力和动力稳定、变形三方面的要求。即控制渗流量和保证地基土在渗流条件下的渗透稳定性；保证坝基具有足够的强度，不致使坝体和坝基发生局部或整体滑动；控制沉降量和不均匀沉降量在允许范围内，以保证坝的安全运行。

1. 砂砾石坝基处理

砂砾石坝基通常都有足够的承载能力和抗剪强度，主要是解决渗漏问题，保证地基渗流稳定，控制渗流量。处理方法有垂直防渗和水平防渗两类。垂直防渗一般采用截水槽、混凝土防渗墙和灌浆帷幕；水平防渗主要采用铺盖。在坝后有时还采取排水减压措施。归纳起来就是上防、中截、下排以及各项措施的综合应用。根据国内经验，这些措施中，中截（垂直防渗）一般是比较彻底且可靠的方法。

（1）垂直防渗。针对不同的坝基砂砾石覆盖层深度，采用下列不同的垂直防渗措施。

1）截水槽。当砂砾石层深度在 15m 以内，宜采用截水槽，它是最简单和最有效的一种坝基防渗措施。截水槽是均质坝体和斜墙或心墙向透水坝基中的延伸部分，对于均质坝，多设在距上游坝脚 1/3～1/2 坝底宽度处。截水槽应贯穿整个河床并延伸至两岸。截水槽底应直达不透水层，槽中回填与大坝防渗体相同的土料，分层压实，与坝体防渗设施连成整体。截水槽底宽由回填土料的允许渗透坡降（一般砂壤土为 3，壤土为 3～5，黏土为 5～10）及土料与基岩接触面抗渗流冲刷的允许坡降确定。槽底最小宽度由施工方法和施工机械而定，一般不小于 3.0m。边坡应根据开挖后坝基的稳定性而定，一般不大于1:1～1:1.5。截水槽可根据情况设置过滤层或反滤层。

截水槽底部与不透水层接触面是防渗的薄弱环节。当不透水层为基岩时，为了防止因槽底的接触面发生集中渗流而造成的冲刷破坏，可在基岩上建混凝土或钢筋混凝土齿墙［图 8.11 (a)］。若岩石较破碎，应在齿墙下进行帷幕灌浆。中小型工程也可在截水槽底的基岩面上挖一条齿槽［图 8.11 (b)］，以延长接触面的渗径，加强截水槽与基岩的连接。若不透水层为土层，则将截水槽底部嵌入不透水层 0.5～1.0m 即可［图 8.11 (c)］。

截水槽与岩石接触面若做齿墙，则齿墙嵌入基岩内，上部尺寸应根据沿渗径的接触允许渗透坡降（壤土为 3，黏土约为 5）而定。沿齿墙长度方向每隔 15～20m 设缝，缝内设止水，齿墙侧面坡度不陡于 1:0.1，以利于和回填土的结合（图 8.12）。截水槽回填时，应在齿墙表面和齿槽岩面抹以黏土浆。

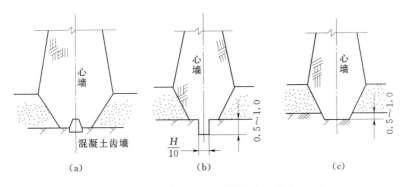

图 8.11　截水槽与不透水层的结合（单位：m）

2）混凝土防渗墙。砂砾石层深度在 80m 以内时可采用混凝土防渗墙。它是用冲击钻或其他机具平行坝轴线方向分段打成圆孔或槽型孔，在孔中注入黏土浆固壁，每打完一段孔后即在孔中浇筑水下混凝土，这样分段打孔、分段浇筑成混凝土防渗墙（图 8.13）。

混凝土防渗墙的厚度应根据防渗和强度要求确定。根据目前的施工条件，墙的厚度一般限于 0.6～0.8m，最厚可达 1.3m（用冲击钻造孔，1.3m 直径已近钻孔的极限）。墙的允许渗透坡降一般以 80～100 作为控制上限值。墙底应嵌入基岩 0.5～1.0m。顶端插入坝身防渗体的高度宜为 1/10 坝高，高坝可适当降低，低坝不得少于 2m。为了防渗墙具有一定的柔性，能适应一定的变形，同时也便于二期孔的钻

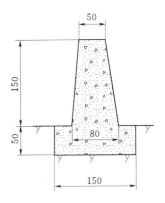

图 8.12　混凝土齿墙
（单位：cm）

进，通常在混凝土内掺入不超过 30％的黏土。混凝土的强度等级一般为 C9～C14，抗渗标号一般为 W4～W6。

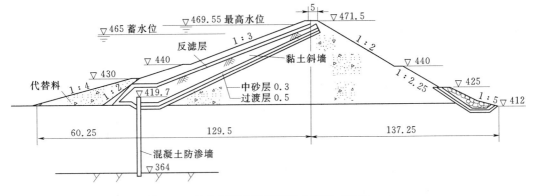

图 8.13　具有混凝土防渗墙的土石坝（单位：m）

243

由于防渗墙两侧透水层的沉降，有可能使墙顶两侧的土体出现危及大坝安全的裂缝。防止办法是将墙顶做成楔形，并在墙顶及其附近填筑含水量高于塑限的土料。混凝土防渗墙的强度计算方法很多，但由于防渗墙竖向埋于地下，地层情况复杂，地基的弹性模量、泊松比等参数难以精确确定，一些计算假定和计算结构往往与实际情况有一定的出入。虽然目前随着有限元分析方法的发展，对防渗墙的结构计算有较大改进，计算时采用了各种非线性模型，但还需与实际观测资料进行相互验证。另外，关于墙身混凝土的耐久性，由于游离氧化钙在渗透水流作用下被带走，致使混凝土出现质地变松而丧失强度和防渗性的溶蚀问题，也尚待进一步研究解决。

混凝土防渗墙适用于任何透水地基，从细砂到砾石层均可采用，深度可达 $60\sim80\mathrm{m}$，国外最深的已达 130m 以上。其优点是防渗效果好，施工进度快，省工。但需要有一定的机械设备，施工技术要求较高，质量较难控制。

3) 灌浆帷幕。砂卵石层很深时，可采用灌浆帷幕，或在深层采用灌浆帷幕，上层采用明挖回填黏土截水槽或混凝土防渗墙。它是用钻孔并将水泥浆或水泥黏土浆压入砾石之间的孔隙中，胶凝成的防渗帷幕（图 8.14）。国外已有帷幕深度达 170m 的成功经验。

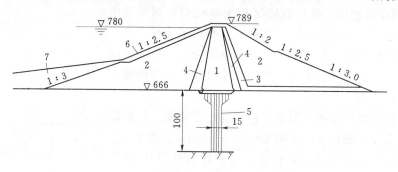

图 8.14　法国谢尔邦松坝（单位：m）
1—心墙；2—透水坝壳；3—下游排水设施；4—过渡段；
5—灌浆帷幕；6—护坡；7—上游护脚

水泥黏土灌浆的优点是：既适用于较深的砂砾石层，也适用于局部不便于用其他防渗方法施工的地层，而且还可以作为其他防渗结构的补强措施；缺点是：工艺较复杂，费用偏高，有时地表需加压重，否则灌浆质量达不到要求，而且对某些地层的可灌性差。砂砾石地基是否适合于灌浆，宜先按可灌比 M 判别其可灌性，也可按渗透系数或小于 0.1mm 的颗粒含量判别。可灌比 M 按式（8.7）计算：

$$M=\frac{D_{15}}{d_{85}} \tag{8.7}$$

式中　D_{15}——受灌地层中小于此粒径的土重占总重的 15%；

　　　d_{85}——灌注材料中小于此粒径的重量占总重量的 85%。

一般认为，$M<5$，不可灌浆；$M=5\sim10$，可灌性差；$M>10$，可灌水泥黏土浆；$M>15$，可灌水泥浆。如果渗透系数判别，则 $K>10^{-1}\mathrm{cm/s}$，可灌入水泥浆；$K>10^{-2}\mathrm{cm/s}$，可灌入水泥黏土浆。如果小于 0.1mm 颗粒含量判别，则该颗粒含量小于 5% 时，一般均能灌注水泥黏土浆。对所有砂层和砂砾石层，采用化学灌浆都是可行的。常用的化学灌浆材料有硅酸钠、铬木素及丙凝等。化学灌浆材料往往都有一定的毒性，应用时要特别注意。

灌浆帷幕的厚度根据其允许渗透比降（一般小于 3～4）确定。灌浆的孔距、排距和灌浆压力应根据现场试验确定。

在水泥黏土浆液的配合比中，水泥约占水泥和黏土总量的 20%～50%（按质量计），灌浆结束 28d 的强度可达 0.4～0.5MPa。

灌浆完毕后，应将表层 5～7cm 未固结好的砂砾石挖除，再在上面做混凝土防渗墙或黏土截水槽，并与坝身防渗体连接。

（2）水平防渗铺盖。铺盖是防渗斜墙、心墙或均质坝体向上游的延伸部分（图 8.15）。铺盖不能完全截断渗流，只能延长渗径，可将坝基渗透坡降和渗流量控制在允许范围内。一般应与下游排水设施联合应用。国内工程用铺盖做坝基防渗，既有成功的实例，也有失败的实例，故采用铺盖进行渗流控制要慎重。对高中坝、复杂地层、渗透系数较大和防渗要求较高的工程更应慎重选用。铺盖填土的渗透系数应小于 10^{-6}cm/s，并至少小于地基渗透系数的 1/100。铺盖长度应根据地基特性和防渗需要由计算确定，最长一般不超过 6～8 倍水头，再长其防渗效果不能显著增加。铺盖厚度由土料的允许渗透比降确定，由上游向下游逐渐加厚。上游最小厚度可取 0.5～1.0m，与斜墙或心墙连接处应适当加厚，以防止由于坝体与铺盖之间的少量不均匀沉降而导致铺盖断裂，厚度由渗流计算确定。铺盖与下面的砂砾石地基之间，应根据需要设置反滤层或垫层。铺盖顶面要有保护，以防蓄水前发生干裂及运用期间的波浪作用和水流冲刷而导致破坏。

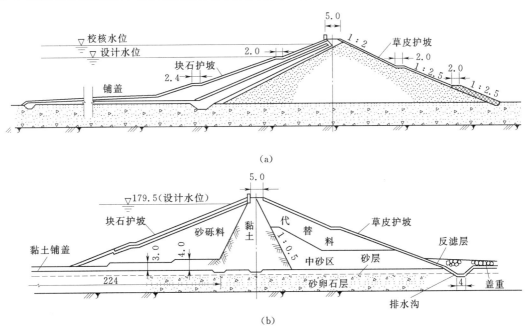

图 8.15 具有铺盖的土坝（单位：m）
(a) 带铺盖的斜墙坝；(b) 带铺盖的心墙坝

（3）坝基排水。当坝基中渗透水流有可能引起坝下游渗透变形、沼泽化、坝体浸润线过高时，宜设置坝基排水设施。坝基排水设施应根据坝基地质情况，并结合坝体排水按以下情况选用。

对于透水性均匀的单一坝基以及上层渗透系数大于下层渗透系数的双层结构坝基，可采用水平排水垫层，也可结合下游坝坡的贴坡排水体在坝脚处设反滤排水沟［图8.15(b)］。

对于表层为透水性很小的黏性土，而下面为较浅、较均匀的透水层时，宜将弱透水层挖穿做反滤排水暗沟，并与坝底水平排水垫层相连，将水导出。此外，也可在下游坝脚处做反滤排水沟。反滤排水暗沟的位置宜设在下游坝基1/4坝底宽度以内，坝外的反滤排水沟及排水减压井应设在靠近坝脚处。坝外反滤排水沟宜采用明式，并与地面水的排水沟分开，避免冲刷和泥沙淤塞。坝基反滤排水暗沟、水平排水垫层及反滤排水沟断面均应由计算或试验确定，并做好反滤层。

对表层弱透水层太厚，或透水层成层性较显著时，宜设深入强透水层的减压井。图8.16为我国黄壁庄水库上坝下游减压井布置示意图。坝基表层为3～4m壤土层，减压井设置前，下游坝址附近涌砂及沼泽化均很严重，设置减压井后，解决了下游沼泽化的问题，下游坝趾也不再发生管涌冒砂现象。减压井系统的结构和构造如图8.17所示。排水减压井系统设计包括井径、井深、出口水位，并计算渗流量及井间渗透水压力，使其小于允许值。井管进入透水层的深度为透水层厚度的50%～100%，其出口高程应尽量低，但不得低于排水沟底面。井径宜大于150mm，井管开孔率宜为10%～20%。

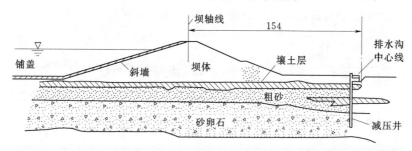

图8.16　黄壁庄水库减压井布置示意图（单位：m）

下游坝脚渗流逸出处，若地表相对不透水层不足以抵抗剩余水头，可采用透水盖重。透水盖重的延伸长度和厚度由渗透稳定计算或试验确定。

2. 岩石坝基处理

由于土石坝对地基强度的要求不高，一般岩基都有足够的承载力，因此岩基处理主要是防渗。当岩石坝基有较大的透水性、软弱夹层、风化破碎或有化学溶蚀，以致通过地层的渗透影响坝体和坝基的稳定、渗透稳定以及水库收益时，应对坝基进行处理。对于断层破碎带等不良地质构造，即使高土石坝，也不需要过多地考虑承载力和不均匀沉降的问题，而应注重了解其中填充物的性质和紧密程度以及两侧围岩的岩性，研究其抗渗稳定性和抗溶蚀的性能。

土石坝对岩石地基处理的原则和重力坝相同，只是要求低一些。常用的处理措施是帷幕灌浆和固结灌浆，其灌浆方式、对浆液的要求、灌浆结束标准等按照《水工建筑物水泥灌浆施工技术规程》（SL 62—94）执行，其他要求参见《碾压式土石坝设计规范》（SL 274—2001）。

3. 易液化、软黏土和湿陷性黄土坝基处理

（1）细砂等易液化坝基。坝基中的细砂等地震时易液化的土料对坝的稳定性危害很大，特别是对地震区坝基中可能发生液化的无黏性土和少黏性土，应按《水利工程地质勘察规范》（GB 50287—2008）进行地震液化可能性评价。对判别可能液化的土层，应挖除、换土。在挖除比较困难或很不经济时，可采取人工加密措施，使之达到与设计地震烈度相适应的密实状态。对浅层可能液化的土层，宜采用表面振动加压密；对深层可能液化的土层，宜用振冲、强夯等方法加密。

（2）软黏土坝基。软黏土一般不宜作为坝基。经过技术经济论证，采取处理措施后，可修建较低的均质坝和心墙坝。软黏土坝基的处理措施是尽量挖除。当厚度较大、分布较广、难以挖除时，可用打砂井、插塑料排水板、加荷预压、真空预压、振冲置换，以及调整施工速率等措施处理。

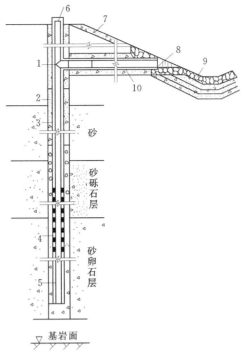

图 8.17　减压井构造示意图
1—混凝土三通；2—回填土；3—升水管；4—滤水管；
5—沉淀管；6—混凝土井帽；7—碎石护坡；
8—出水口；9—反滤排水沟；
10—混凝土出水管

（3）湿陷性黄土坝基。与软黏土类似，湿陷性黄土地基上也不适宜建坝，只有经过充分论证其沉降、湿陷对土石坝的危害，且做好处理后才可建低坝。一般的处理措施是挖除、翻压或通过强夯以消除其湿陷性，经过论证也可通过预先浸水处理，使湿陷量大部分在建坝前或施工期完成。

案 例 分 析

【案例1】　某住宅小区土岩组合地基方案设计。

1. 工程概况

新都住宅小区的建筑场地原为工厂厂区，旧建筑物已全部拆除，场地平坦、宽阔，其中9～15号楼为二组大底盘，三塔楼形式建筑，总高35.3m（13层），结构类型为带一层转换层的短股剪力墙结构体系，主要转换层柱网尺寸为5.7m×7.9m，柱底最大轴力设计值6100kN。连接体部分柱网尺寸为75m×7.8m，柱底最大轴力设计值2710kN。该场地土层厚薄不均、性质不同，自上而下的土层分别是：①杂填土厚0.5～1.0m；②硬塑状黏土（$f_{ak}=180$kPa，$E_S=27.5$MPa）厚1.0～1.2m；③可塑状黏土（$f_{ak}=130$kPa，$E_S=5.5$MPa）厚0～2.2m，局部缺失；④软塑状黏土（$f_{ak}=60$kPa，$E_S=2.0$MPa）厚1.0～2.5m；⑤流塑状黏土（$f_{ak}=30$kPa，$E_S=1.0$MPa）厚0～2.1m，局部缺失。土层以下为

基岩，为石炭系下统岩关组炭岩，但是基岩面深浅不一：浅 2.5m，深 9.2m，基岩 $f_{ak}=4000kPa$，$q_{pk}=8000kPa$。基底标高部分位于基岩下，部分位于土层上。根据地质勘察报告，该场地岩溶发育，而且存在不均匀性，钻探中发现普遍存在溶沟、溶洞等不良地质条件。这是一个土层厚度不均匀，还存在流塑软土；基岩承载力较高，但又存在不良地质的土岩组合地基，加之上部结构为复杂高层建筑结构，单柱荷载较大。

2. 软土和土岩组合地基处理方案设计

对于土岩组合地基，可用的方法很多，设计中应根据工程的实际情况，综合应用设置褥垫法、设置沉降缝、后浇带法等方法，可使地基承载力和不均匀沉降均能控制在允许范围内，达到最佳技术经济效果。新都住宅小区工程为软土和岩石组合的地基，在地表的硬壳层下为厚度不均的软土，基底标高大部分位于基岩下，局部位于土层上，其基岩承载力较高，但又存在溶沟、溶洞，而上部结构为复杂高层建筑结构，单柱荷载较大。经过多次方案比较、评审，最后采用"独立基础＋人工挖孔桩"基础方案：在基岩面埋深较浅的部分，挖除软土，将柱基础直接落在基岩上；对于基岩面埋深较大的部分，则采用人工挖孔桩，一柱一桩，桩端落在基岩上。这样的基础方案适合该工程特点和场地特点：①基础直接落在基岩上，基岩承载力较高，满足高层建筑荷载大的要求；②落在基岩上的基础不存在地基变形问题，即满足了高层建筑基础必须做到基础总沉降量和差异沉降量满足规范规定允许值的要求；③采用该方案后工程主楼与连接体之间不设永久缝，仅设后浇带用以解决收缩和温度应力。同时，这样的基础方案传力明确、质量可靠、造价较低。

由于该场地下土层厚度不均，基岩中又存在溶沟、溶洞等诸多不良地质现象，而且在设计阶段，是很难掌握非常详细的场地的地质条件的，因此设计中还要求无论是直接落在基岩上的柱下独立基础还是人工挖桩孔基础，均应对持力层灰岩进行超前钻探，查明基底 5m（独立基础）或 3d（桩基础）范围内基岩的完整性。施工中，勘察、施工、监理应准确提供每一个溶沟溶洞的平面尺寸、走向、深度与基础的相对关系、两侧基岩的稳定性、可靠性等书面性资料。对于在施工中发现的溶洞、溶沟，制定了以下 4 条处治原则：①对外露的、浅层的溶沟、溶洞、裂隙，采取挖填置换的方法处理。能全部清除洞内泥土的全部清除，将洞壁（沟壁）表面凿毛，然后用混凝土回填。当难以清除洞隙内泥土时，也要尽量清除，清除深度不少于 1m，然后回填毛石、碎石、浇筑混凝土，并加大基础底面积，使之跨越洞隙。②对外露的较深、较大的溶洞，当洞底岩石稳定可靠时，则改用桩基，将桩穿过洞体，使桩尖落在洞底岩石上。③对未外露的在 5m 或 3d 深度范围内的洞隙、溶洞，采用灌注填塞。④对未外露的较大的溶洞，采用在洞内设置高压旋喷桩的处理方法，用旋喷桩支顶溶洞顶板，使之稳定。

【案例 2】 在湿陷性黄土地基上采用旋喷桩加固既有厂房。

1. 工程概况

兰州某三跨连续单层工业厂房，建于 20 世纪 60 年代，建筑面积 1 万 m^2，$12m \times 7.8m$ 柱网，钢筋混凝土薄壳屋面，12m 跨腹梁。中列钢筋混凝土柱承重，独立基础；边列混凝土墙承重，条形基础。

该场地位于Ⅲ级自重湿陷性黄土地区，当时对湿陷性黄土未作彻底处理。由于车间内用水量大，地下管沟因年久失修而渗漏，最后导致基础不均匀沉陷，最大沉陷量达 30cm

以上。边列承重墙严重开裂，最大裂缝宽度达 25mm，长度达 16m，车间被迫停产。

2. 加固方案

加固方案采用在独立柱基上钻孔，再用单管高压喷射注浆形成的旋喷桩基础进行托换，如图 8.18 所示。另外，砖墙承重改为柱承重，条形基础采用高压旋喷桩、混凝土承台托换的方案，如图 8.19 所示。设计高压旋喷桩径 600mm，桩端位于卵石层上，桩端扩大头直径 800mm，桩长约 15m。

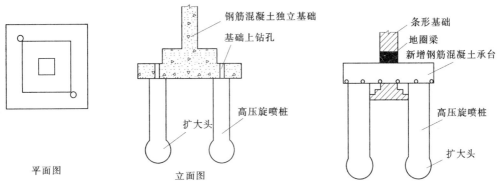

平面图　　　　　　　立面图

图 8.18　独立柱基加固方案　　　　　图 8.19　条形基础加固方案

扩大头采取复喷法成型（即下部 1m 桩旋喷后下降钻杆，使钻头喷嘴回到桩底重复旋喷一次高压水泥浆），其强度为单喷法水泥土强度的 2～2.5 倍。两组单桩承载力试验结果为：单桩极限承载力分别为 1676kN 和 1225kN，已满足设计要求。

3. 施工参数及施工顺序

通过对试桩进行开挖检验外观和桩径，以及采用动测法对桩进行检验，证明旋喷桩满足设计要求，从而确认以下施工参数：送浆压力 23MPa，送浆速度 62～65L/min，旋转速度 20r/min，提升速度 20cm/min；浆液配合比为水泥：水：氯化钠：三乙醇胺＝1：1：0.005：0.0005。

施工开始前，根据旧房基础沉陷情况及竖向承重结构破坏程序，作好屋盖结构及梁端的支撑，避开或处理地下电缆和上下水管沟，切断车间电源，搬迁设备，施工程序如下：

（1）将钻机安装在设计孔位上，并保持垂直。

（2）一般黄土用 76 型振动钻孔机成孔，遇坚硬的地层和混凝土基础时，可使用地质钻机钻孔。

（3）将装有喷嘴的喷管插入预定深度，对振动钻机插管和钻孔两道工序可合二为一。地质钻机钻完后须拔出岩芯管，换旋喷管再插入预定深度。为防止泥沙堵塞喷嘴，并防止加剧黄土湿陷，插管时由注水改为送压缩空气（空压机排气压力为 0.8MPa），边插管边喷射。

（4）旋喷管插入预定深度以后，即按设计配合比搅拌浆液，并按试验确定的施工参数，边旋转边提升旋喷管。

4. 质量检验与加固效果

（1）开挖检查。等浆液具有一定强度后，即可开挖检查固结体的垂直度、直径、扩大

249

头形状等，其允许倾斜不得大于 1.5%，桩中心位移不大于 50mm。

（2）旋喷桩养护 28d 后，采用动测法检验桩身质量，确定单桩承载力并检查桩身断裂情况。

（3）桩顶嵌入承台长度不小于 50mm。

采用高压旋喷法基础托换，工艺简单，技术可行。可省去挖土、填方、运输的工作量，缩短工期，成本比钻孔灌注桩低 1/3 左右。若采用"拆除重建"的方案，仅拆房费用估计为 20 万～30 万元，再加重新建设费，其费用将成倍增加。

该工程采用高压旋喷桩，计划工期 50d，基础托换与土建加固等全部计划工期 120d。实际高压旋喷桩 40d，旋喷桩累计长度约 2000m，投资约 20 万元。全部土建加固 90d 完成，提前 30d 恢复生产。

【案例 3】 湖北孝感中学教学楼挖孔桩托换加固。

1. 工程概况

该教学楼为三层砖混结构，条形基础位于膨胀土地区。东端原为水塘回填，土质松软，施工中仅将基础稍加变动加大加深，未作彻底处理。地面排水沟紧靠墙脚，时有渗漏。

建成使用后，东端墙角严重开裂，底层最为显著，裂缝宽度达 10mm 以上，但由于圈梁的作用，裂缝向二楼延伸时减弱。

2. 挖孔桩托换设计和施工

为了教室使用安全，确定采用挖孔桩托换方案处理（图 8.20）。

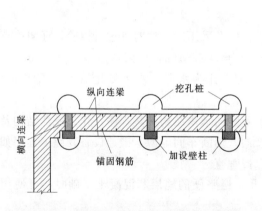

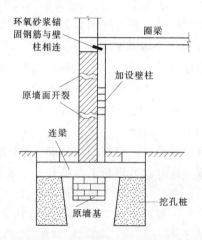

图 8.20 孝感中学教学楼采用挖孔桩托换　　　图 8.21 挖孔桩托换构造图

在东端开裂严重部位加设钢筋混凝土壁柱，并与二楼圈梁以锚固钢筋相连支托以上荷载，由柱传递给挖孔桩。一楼开裂墙体用环氧砂浆填塞，其自重由连梁传给挖孔桩。挖孔桩成孔直径 1000mm，采用 1/2 红砖护壁，净桩径为 760mm。桩底按设计要求局部扩大，桩长为 6m，用 C15 混凝土灌注孔内，如图 8.21 所示。托换处理后已恢复正常使用。

项 目 小 结

本部分把山区地基、特殊土地基和坝基处理作为一个项目。

关于山区地基处理技术，主要介绍山区地基的特点，土岩组合地基的界定及采用的地基处理方法和结构措施，岩石地基承载力和变形稳定的评价及岩石地基的利用，岩溶和土洞常用的地基处理方法。

对于特殊土地基，主要介绍膨胀、湿陷性黄土和红黏土地基的评价及用到的地基处理方法。

坝基处理部分，主要介绍重力坝、拱坝和土石坝的坝基处理方法及相应的工程措施。

思 考 及 习 题

1. 简述山区地基的特点。

2. 土岩组合地基是如何界定的，其相应的处理方法有哪些？

3. 如何对岩石地基进行评价？

4. 岩溶和土洞常见的处理措施有哪些？

5. 膨胀土的主要工程特性有哪些，如何评价膨胀土地基？

6. 如何判定和评价黄土的湿陷性？湿陷性黄土地基有哪些处理方法？

7. 阐述坝基处理中常见的方法。

项目 9　地基处理监测与检验方法

教学目标

1. 熟悉地基处理现场监测与质量检验的目的。

2. 熟悉地基处理现场监测与质量检验的内容与方法。

3. 熟悉现场监测与质量检验应注意的问题。

4. 掌握地基水平位移及沉降观测方法，单桩竖向静载荷试验、天然地基载荷试验和复合地基载荷试验的试验方法及承载力确定方法。熟悉地基土应力测试、静力触探和动力触探在地基处理工程监测中的应用。

任务 9.1　地基处理监测与检验方法选用

目前各种地基处理方法在工程实践中得到了大量应用，取得了显著的技术效果和经济效益。但是由于地基处理问题的复杂性，一般还难以对每种方法进行严密的理论分析，还不能在设计时作精确的计算与设计，往往只能通过施工过程中的监测和施工后的质量检验来保证工程质量。因此，地基处理现场监测和质量检验测试是地基处理工程的重要环节。

地基处理施工过程中的现场监测对某些地基处理方法来说是很重要的，有时甚至是必不可少的。例如，强夯处理施工时的振动监测和排水固结法施工中的孔隙水压力监测。

为有效控制地基处理的施工质量，规范对每一种地基处理方法都规定了施工过程中的检测方法。对地基处理的效果检验，应在地基处理施工结束后，经过一定时间休止恢复后再进行。因为地基加固后有一个时效作用，复合地基的强度和模量的提高往往需要一定的时间。效果检验的方法有：载荷试验、钻孔取样、静力触探试验、动力触探试验、标准贯入试验、取芯试验等。有时需要采用多种手段进行检验，以便综合评价地基处理效果。

9.1.1　现场监测与质量检验的目的

（1）为工程设计提供依据。

（2）作为大面积施工的控制和指导。

（3）为地基处理工程验收提供依据。

（4）为理论研究提供实验依据。

9.1.2　现场监测与质量检验的内容与方法

（1）地基与桩体强度。包括单桩和复合地基静载荷试验、标准贯入试验、静力触探与动力触探试验、桩身高应变检测、钻芯法等。

（2）地基变形。包括地基沉降与水平位移测试。

（3）应力监测。包括土压力和孔隙水压力测试。

（4）桩身完整性。采用桩身低应变检测和声波透射法测试。

（5）动力特性。采用波速测试、地基刚度测试等。

监测项目见表 9.1。

表 9.1　　　　　　　　　　　监 测 项 目 表

监 测 项 目		仪 器 名 称
沉降	地表沉降	地表型沉降仪（沉降板）
	地基深层沉降	深层沉降标
	地基分层沉降	深层分层沉降标
水平位移	地面水平位移	水平位移边桩
	地基土体水平位移	地下水平位移标
应力	地基孔隙水压力	孔隙水压力计
	土压力	土压力盒
	承载力	载荷试验仪
其他	地下水位	地下水位观测仪
	出水量	单孔出水量计

9.1.3 现场监测与质量检验应注意的问题

为了检验地基处理的效果，通常在同一地点分别在处理前后进行测试，以进行对比，并注意以下问题：

（1）前后两次测试应尽量使用同一仪器、同一标准进行。

（2）由于各种测试方法都有一定的适用范围，因此必须根据测试目的和现场条件，选择最有效的方法。

（3）无论何种方法，都有一定的局限性，故应尽可能采用多种方法，进行综合评价。

（4）测试位置应尽量选择有代表性的部位，测试数量按有关规定要求进行。

现场测试一般具有直观、代表性强、工效高、避免取样运输过程中的扰动等优点，但也有不能测定土的基本参数和不易控制应力状态等不足之处，故有时仍需辅以一定的室内试验。

任务 9.2　地基水平位移及沉降观测

9.2.1 测斜仪

1. 测斜仪的用途

测斜仪是一种有效且精确地测量土层内部水平位移或变形的工程监测仪器。应用其工作原理同样可以监测临时或永久性地下结构周壁的水平位移。

测斜仪分为固定式和活动式两种。固定式系将测头固定埋设在结构物内部的固定点上；活动式即先埋设带导槽的测斜管，间隔一定时间将测头放入管内沿导槽滑动，测定斜度变化，计算水平位移。

2. 测斜仪的分类及特点

活动式测斜仪按测头传感元件不同，可细分为滑动电阻式、电阻应变片式、钢弦式及伺服加速度计式。

滑动电阻式测斜仪的特点是测头坚固可靠，缺点是测量精度不高；电阻应变片式测斜仪的优点是产品价格便宜，缺点是量程有限，耐用时间不长；钢弦测斜仪的特点是受湿度、湿度和外界环境的干扰影响较小；伺服加速度计式测斜仪具有精度高、量程大和可靠性好等特点。

3．测斜仪的组成

活动式测斜仪由四大部分组成：

（1）装有重力式测斜传感元件的测头。

（2）测读仪。

（3）电缆。

（4）测斜管。

4．埋设与观测要点

（1）导管的埋设。

1）首先用钻探工具钻成合适口径的孔，然后将导管放入孔内。导管连接部分应防止污泥进入，导管与钻孔壁之间用砂填充。

2）在连接导管时，应将孔槽对准，使纵向的扭曲减小到最小程度。放入导管时，应注意十字形槽口对准所测的水平位移。

3）为了消除土的变形对导管产生的负摩擦的影响，除使导管接头处相对移动外，还可在管外涂润滑剂等。

4）在可能的情况下，应尽量将导管埋入硬层中，作为固定端。否则导管顶端应校正。

5）管子埋好后，需停留一段时间，使钻孔中的填土密实，贴紧导管。

（2）测定方法。

1）将测头的感应方向对准水平位移方向的导槽，放至导管的最底部。

2）将电缆线与接收指示器连接，打开开关。

3）指示器读数稳定后，提升电缆线到欲测位置。每次应保证在同一位置处进行测读。

4）将测头提升至管口处，旋转 180°，再按上述步骤进行测量，这样可消除测斜仪本身的固有误差。

5．资料整理

根据指示器反映的倾斜角进行计算，得出每个区段的位移量，以底部固定端或管口校正值为基点，将各区段的位移量累计起来，得出水平位移曲线，如图 9.1 所示。

为了了解水平位移随地面荷载变化的趋势，应将相应的观测值绘于同一图上，以便分析水平位移的趋势。图 9.1 反映了实测的大面积加荷引起水平位移沿深度分布的情况，以 10 月 16 日为基准线，11 月 2 日地面荷载为 100kPa，11 月 12 日地面荷载为 140kPa。

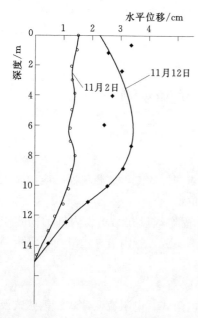

图 9.1　土体水平位移图

9.2.2 分层沉降仪

分层沉降仪可用来监测由开挖、打桩等地下工程引起的周围深层土体的垂直位移（沉降或隆起）的变化。

1. 分层沉降仪的组成

分层沉降仪由两大部分组成：地面接收仪器和地下材料埋入部分。

（1）测头部分。

（2）测量电缆部分。

（3）接收系统。

（4）绕线磁环。

2. 使用方法（以 CJY80 沉降仪为例）

测量时，拧松绕线盘后面的止紧螺丝，让绕线盘转动自由后，按下电源按钮，手持电缆，将测头放入沉降管中，缓慢地向下移动。当测头穿过土层中的磁环时，接收系统的蜂鸣器便会发出连续不断的蜂鸣声，此时读出电缆在管口处的深度数值，像这样由上向下地测量到孔底，称为进程测读。当从该沉降管内收回测量电缆时，测头也会通过土层中的磁环，接收系统的蜂鸣器再次发出蜂鸣声，此时需读出测量电缆在管口处的深度数值，如此测量到孔口，称为回程测读。磁环在土层中的实际深度 S_i 可用式（9.1）计算：

$$S_i = \frac{J_i + H_i}{2} \tag{9.1}$$

式中　S_i——i 测点孔口的实际深度，mm；

　　　J_i——i 测点在进程测读时距孔口的深度，mm；

　　　H_i——i 测点在回程测读时距孔口的深度，mm。

任务 9.3　地基土应力测试

9.3.1 土压力计

地基中的应力测试，是测定土体在受力情况下土压力和孔隙水压力值及其消散速度和程度，以便计算地基土的固结度，推算土体强度随时间变化的规律，控制施工速度。

1. 土压力计的基本条件

（1）必须要有足够的强度和耐久性。

（2）能够灵敏、准确地反映土压力的变化，并具有再现性。

（3）加压、减压时线性良好。

（4）应力集中的影响要小。

（5）对温度变化的影响要稳定。

（6）在整个测量过程中，土压力计和二次仪表均应稳定可靠。

2. 土压力计的分类

按原理分：有液压式、气压平衡式、电气式（包括差动电阻式、电阻应变式、电感式等）、钢弦式。

目前国内常用的土压力计有差动电阻式和钢弦式。

3. 埋设要点

（1）埋设土压力计时，应该注意对土体的扰动，与结构物固定的程度（接触式土压力计），膜盒与土的接触情况，并作记录。

（2）埋设土中土压力计时，要注意回填土的性状应与周围土体一致，否则会引起土压力的重新分布，如图 9.2 所示。

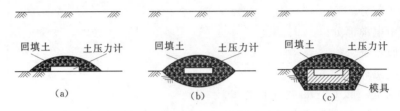

图 9.2　土中土压力计的埋设方法

（3）接触式土压力计埋设方法，应根据不同工程对象采用不同的方法，在结构物侧面安装土压力计时，应在混凝土浇筑到预定标高处，将土压力计固定到预测的位置上，土压力计承压面必须与结构物表面齐平。在结构物基底上埋设土压力计时，要先将土压力计埋设在预测的混凝土块内，整平地面，然后将土压力计放上，并将预制块浇筑在基底内。

（4）除膜盒的埋设外，电缆线的埋设也是至关重要的，否则在施工中容易遭受破坏。各测头电缆按一定路线集中于观测站中，并将土压力计的编号、规格及埋设位置、时间等记入考证表内。

4. 观测和资料整理

（1）差动电阻式土压力计。

1）将比例电桥安放平稳，逐个接通集线箱上各个电缆插头，按操作步骤读电阻值及电阻比。

2）测量时，在调节电桥平稳过程中，如检流计指针有反常情况，或与前次观测值相差很大时，应中止观测，进行检查。检查内容有：电桥本身、集线箱接线处是否接触良好、总电阻和分线电阻等。

3）将观测的数据记入记录表中。

4）将观测及计算数据，以土压力为纵坐标，时间为横坐标绘制土压力变化过程线。

（2）钢弦式土压力计。

1）钢弦式土压力计的观测，一般采用频率接收器。

2）按动电钮，交流电源向土压力计内电磁铁输入瞬时脉冲电流，起振钢弦。同时，电钮接通标准钢弦的电磁铁电路，标准钢弦也起振。电磁振荡通过电子射线管，反映到荧光屏上。调节测微螺旋，通过杠杆装置改变标准钢弦的张力，使其振荡平稳的变化。当两钢弦同频率振动时，荧光屏上的成像由椭圆变成一条静止的直线，这时从测微圆盘上的刻度读出频率数，从而换算出土压力计所受的应力。

3）整理资料，绘制土压力变化过程线。

9.3.2　孔隙水压力计

1. 理想孔隙水压力计具备的条件

（1）必须有足够的强度和耐久性。

（2）要求测头处的孔隙水体积不改变或改变不大，亦即测量的延滞时间要短。

（3）读数稳定，这对长期观测的仪器特别重要。

（4）测头体积要小，外形平整光滑，以便在压入埋设时尽可能地减小对土体的扰动和原有应力的改变。

（5）测量方便，设备费用低廉。

2. 孔隙水压力的主要类型

孔隙水压力计的形式有：液压式、电气式（包括黏着型电阻式、电感式及差动电阻式）、钢弦式及气压平衡式等。

3. 埋设要点

一般采用以下三种方法：

（1）钻孔埋设法。在埋设地点用钻探机具钻孔，达到要求的深度或标高后，先在孔底填入部分干净砂，将测头放入，再在测头周围填砂，最后用膨胀性黏土将上部钻孔全部封好。

（2）压入法。如果土质较软，可将测头缓缓压入埋设标高。若有困难时，可先成孔至埋设标高以上1m处，再将测头压入。上部也全部严密封好。

（3）设置法。此法适用于填土工程中，在填土过程中随时埋入。

采用钻孔法时，土体的原有孔隙水压力降至零。同时测头周围填砂，不可能达到原有土的密度。因此，测头周围土体产生变形，这就大大地影响了孔隙水压力测量精度。而压入法对土体的局部扰动相当大，所引起的超孔隙水压力也很大。不论哪一种方法，都不可避免地要改变土体中的孔隙水压力。因此最好是在施工前较早地埋好仪器。

4. 观测和资料整理

（1）差动电阻式和钢弦式孔隙水压力计的观测和土压力计的观测相同。

（2）液压封闭双管式孔隙水压力计。观测前，先用无气水充水排气。为了避免气泡溶入水中，可在压力库中放一球胆，充水时将气压入球胆。充水压力不宜过大，否则测头附近的土产生冲刷。在连续观测中，若有气泡产生，也要适当排除。

应用连接器时，要采用合理的操作方法。首先，参考上次的读数，估计预测的压力进行预调，并给以一定的平衡时间，才能得出准确的数据。

（3）将观测的成果及时记入记录表内，并随时计算、校核、整理分析，绘制孔隙水压力与荷载关系曲线以及孔隙水压力等值线，提出对设计、施工的意见和建议。

任务9.4 载 荷 试 验

载荷试验是在一定面积的承压板上（或桩顶上）向地基土（或桩）逐级施加荷载，并观测每级荷载下地基土（或桩）的变形特征。其优点是对地基土基本不产生扰动。利用其成果确定地基（或桩）的承载力是可靠的，既可直接用于工程设计，也可用于检验施工效果，另外对于预估建筑物的沉降也很有效。

载荷试验可分为地基载荷试验和单桩载荷试验。

单桩载荷试验分为单桩竖向静载荷试验和单桩水平向静载荷试验。由于单桩水平向静载荷试验在地基处理工程中应用较少，因此，本书仅介绍单桩竖向静载荷试验。

地基载荷试验可分为天然地基载荷试验和复合地基载荷试验。天然地基载荷试验按试验深度分为浅层载荷试验和深层载荷试验。深层载荷试验按承压板形状分为深层平板载荷试验和螺旋板载荷试验。由于深层载荷试验在地基处理工程中应用较少，因此，本书仅介绍天然地基的浅层平板载荷试验和复合地基载荷试验。

9.4.1　单桩竖向静载荷试验

1. 试验开始时间

（1）预制桩。如果地基土为砂土，则应在预制桩打入或压入 7d 后，方可进行载荷试验。如果地基土为黏性土，则视土的强度恢复情况而定，一般应在 15d 后方可进行载荷试验。对于饱和软黏土，不得少于 25d。

（2）灌注桩。对灌注桩进行静载荷试验，应在桩身混凝土达到设计强度后才能进行。这样，试验结果才符合桩的实际情况。

2. 试验加载装置

加载反力装置宜采用锚桩，当采用堆载时应遵守以下规定。

（1）堆载加于地基的压应力不宜超过地基承载力特征值。

（2）堆载的限值可根据其对试桩和对基准桩的影响确定。

（3）堆载量大时，宜利用桩（可利用工程桩）作为堆载的支点。

（4）试验反力装置的最大抗拔或承重能力应满足试验加载的要求。

压力由千斤顶提供，千斤顶的反力由锚桩承担，或由压重平台的重物施加。试桩、锚桩（压重平台支座）和基准桩之间的中心距离应符合表 9.2 的规定。

表 9.2　　　　　　　　试桩、锚桩和基准桩之间的中心距离

反力系统	试桩和锚桩 （或压重平台支座墩边）	试桩与基准桩	基准桩与锚桩 （或压重平台支座墩边）
锚桩横梁反力装置	≥4d 且>2.0m	≥4d 且>2.0m	≥4d 且>2.0m
压重平台反力装置			

注 d 为试桩或锚桩的设计直径，取其较大者（如试桩或锚桩为扩底桩时，试桩与锚桩的中心距尚不应小于 2 倍扩大端直径）。

3. 试验加载方式

单桩竖向静载荷试验的加载方式，应按慢速维持荷载法。

4. 荷载分级

（1）加载分级。加载时，荷载分级不应小于 8 级，每级加载量宜为预估极限荷载的 1/8～1/10。

（2）卸载分级。卸载时，每级卸载值为加载值的 2 倍。

5. 沉降测读及稳定标准

桩顶沉降观测宜用百（千）分表。

（1）加载时沉降测读。每级加压后，测读桩沉降量的间隔时间，初始为 5min、10min、15min 时各测读一次，以后每 15min 读一次，累计 1h 后每隔 0.5h 读一次。

（2）稳定标准。在每级荷载作用下，桩的沉降量连续两次在 1h 内小于 0.1mm 时可

视为稳定。

（3）卸载时沉降测读。卸载后隔 15min 测读一次，读两次后，隔 0.5h 再读一次，即可卸下一级荷载。全部卸载后，隔 3～4h 再测读一次。

6．试验终止加载的条件

符合下列条件之一时可终止加载。

（1）当荷载-沉降（Q-s）曲线上有可判定极限承载力的陡降段，且桩顶总沉降量超过 40mm。

（2）$\dfrac{\Delta s_{n+1}}{\Delta s_n} \geqslant 2$，且经 24h 尚未达到稳定。

（3）25m 以上的非嵌岩桩，Q-s 曲线呈缓变型时，桩顶总沉降量大于 60～80mm。

（4）在特殊条件下，可根据具体要求加载至桩顶总沉降量大于 100mm。

说明：①Δs_n 为第 n 级荷载的沉降增量；Δs_{n+1} 为第 $n+1$ 级荷载的沉降增量；②桩底支承在坚硬岩（土）层上，桩的沉降量很小时，最大加载量不应小于设计荷载的 2 倍。

7．单桩竖向极限承载力的确定

单桩竖向极限承载力应按下列方法确定：

（1）作荷载-沉降（Q-s）曲线和其他辅助分析所需的曲线。

（2）当曲线陡降段明显时，取相应于陡降段起点的荷载值作为极限承载力。

（3）当 $\dfrac{\Delta s_{n+1}}{\Delta s_n} \geqslant 2$，且经 24h 尚未达到稳定时，取第 n 级荷载值作为极限承载力。

（4）当 Q-s 曲线呈缓变型时，取桩顶总沉降量 $s = 40mm$ 所对应的荷载值作为极限承载力。当桩长大于 40m 时，宜考虑桩身的弹性压缩。

（5）按上述方法有困难时，可结合其他辅助分析方法综合判定。对桩基沉降有特殊要求者，应根据具体情况选取。

（6）参加统计的试桩，当满足其极差不超过平均值的 30％时，可取其平均值为单桩竖向极限承载力。极差超过平均值的 30％时，宜增加试桩数量并分析离差过大的原因，结合工程具体情况确定极限承载力。

（7）将单桩竖向极限承载力除以安全系数 2，为单桩竖向承载力特征值。

9.4.2 天然地基平板载荷试验

浅层平板载荷试验的目的是确定地基土层的承压板下应力主要影响范围内的承载力。浅层平板载荷试验只适用于地表浅层地基和地下水位以上的地层。

1．试验设备

（1）承压板。为符合轴对称的弹性理论解，平板载荷试验宜采用圆形刚性承压板。板的尺寸应根据土的软硬或岩体裂隙密度来选用。国外采用的标准承压板直径为 0.305m。土的浅层平板载荷试验的承压板面积不应小于 0.25m²，根据国内的实际经验，一般采用 0.25～0.5m²。对软土和粒径较大的填土，其承压板面积不应小于 0.5m²，否则，容易发生歪斜。对碎石土，要注意碎石的最大粒径，对硬的裂隙性黏土及岩层，要注意裂隙的影响。

（2）加载装置。加载装置包括压力源、载荷台架或反力构架。加载方式有两种，即堆重加荷和油压千斤顶反力加载。

(3) 沉降观测装置。沉降观测装置有百分表、沉降传感器或水准仪等,其精度不应低于±0.01mm。要满足所规定的精度要求和线性特性等条件。承压板的沉降量观测精度影响沉降稳定标准。

2. 试验方法

(1) 试坑。浅层平板载荷试验的试坑宽度或直径不应小于承压板宽度或直径的3倍,试坑底的试验土层应避免扰动,保持其原状结构和天然湿度,并在承压板下铺设不超过20mm的砂垫层找平,保证承压板与土之间有良好的接触,并尽快安装试验设备。

为了保证试验的地基土的天然湿度与原状结构,应注意以下几点:

1) 试验前应在坑底预留20~30cm的原土层,待试验开始时再挖去,并立即放下载荷板。

2) 对软黏土或饱和的松散砂,在承压板周围应预留20~30cm厚的原土作为保护层。

3) 在试坑底板标高低于地下水位时,应先将水位降到坑底标高以下,并在坑底铺设2cm厚的砂垫层,再放下承压板,等水位恢复以后进行试验。

(2) 加荷方式。加荷方式应采用分级维持荷载沉降相对稳定法(常规慢速维持荷载法)。有地区经验时,可采用分级加荷沉降非稳定法(快速法)或等沉降速率法。加荷等级宜取10~12级,并不应少于8级,荷载量观测精度不应低于最大荷载的±1%。

(3) 沉降测读。

1) 加荷沉降观测时间间隔。对慢速维持荷载法,每级荷载施加后,间隔5min、5min、10min、10min、15min、15min测读一次沉降,以后间隔30min测读一次沉降。

2) 沉降稳定标准。当在连续2h内,即4次测读的沉降量使得1h的累计沉降量不大于0.1mm时,则认为沉降已达相对稳定标准,方可施加下一级荷载。

3) 卸荷沉降测读:当需要卸载观测回弹时,每级卸载量可为加荷增量的2倍,历时1h,每隔15min观测一次。荷载完全卸载后,继续观测3h。

(4) 试验终止条件。一般情况下,载荷试验应做到破坏,获得完整的 p-s 曲线,以便确定承载力特征值。只有试验目的为检验地基土的性质时,加荷至设计要求承载力的2倍可终止。其他情形应尽可能加荷至地基土的极限承载力,以评价承载力的安全度。

当试验出现下列情况之一时,即认为地基土已达到极限状态,可终止试验:

1) 承压板周围的土出现明显侧向挤出,周边岩土出现明显隆起或径向裂缝持续发展。

2) 本级荷载的沉降量大于前级荷载沉降量的5倍,p-s 曲线出现明显的陡降。

3) 在某级荷载下24h沉降速率不能达到相对稳定标准。

4) 总沉降量与承压板直径(或宽度)之比超过0.06。

当满足前三种情况之一时,其对应的前一级荷载定为极限荷载。

3. 资料整理

(1) 绘制压力-沉降量(p-s)关系曲线。

(2) 由 p-s 曲线确定地基承载力特征值。

1) 当 p-s 曲线具有明显直线段及转折点时,一般将转折点所对应的压力定为比例界限值,取该比例界限所对应的荷载值为地基承载力特征值。

2）当曲线无明显直线段及转折点时，可用下述方法确定比例界限：

a．在某一级荷载下，其沉降增量超过前一级荷载压力下的沉降增量的 2 倍的点所对应的压力，即为比例界限。

b．绘制 lg$p$ - lg$s$ 曲线，曲线上的转折点所对应的压力即为比例界限。

3）将曲线陡降段的渐近线和横坐标的交点定为极限荷载值。当极限荷载值小于对应比例界限的荷载值的 2 倍时，取极限荷载值的 1/2 作为地基承载力特征值。

4）当不能按上述要求确定时，若承压板面积为 0.25～0.5m²，可取 $s/b = 0.01\sim$ 0.015 所对应的荷载，但其值不应大于最大加载量的 1/2。

（3）f_{ak} 值的确定。同一土层参加统计的试验点不应少于 3 点，当试验实测值的极差不超过其平均值的 30% 时，取此平均值作为该土层的地基承载力特征值 f_{ak}。

（4）计算变形模量 E_0。变形模量 E_0 可由载荷试验成果 p - s 曲线的直线变形段，按弹性公式求得

$$E_0 = wB(1 - \mu^2)\frac{p}{s} \tag{9.2}$$

式中　p，s——p - s 曲线直线段内一点的压力值及相应沉降值；

　　　　B——承压板的宽度或直径，cm；

　　　　w——承压板的形状系数，刚性方板取 0.88，刚性圆板取 0.79；

　　　　μ——土的泊松比。

4．成果应用

（1）确定地基土承载力特征值。

（2）确定湿陷性黄土的湿陷起始压力。

（3）计算基础的沉降量。

5．影响试验精度的主要因素

（1）承压板尺寸。不同的承压板尺寸对土层的沉降量和极限压力均有一定的影响，一般用面积为 1000～5000cm² 的承压板所得的成果可靠。

（2）沉降稳定标准。每级荷载作用下的沉降稳定标准不同，则所观测的沉降量及所得的 p - s 曲线和变形模量也不同。

（3）承压板埋深。承压板埋深应与基础埋深一致。埋深越小，p - s 曲线界限值越小。

（4）地基土的均匀性。载荷试验的影响深度为 1.5～2 倍承压宽度，在这个影响范围内，土层的成因、类型、含水量一般是相同的。只有这样，试验成果才能反映同一土层的真实工程性质。如果土层较多，且为重要建筑物的持力层，则要分层做载荷试验。

9.4.3　复合地基载荷试验

复合地基载荷试验用于测定承压板下应力主要影响范围内复合土层的承载力和变形参数。复合地基载荷试验一般包括单桩复合地基载荷试验和多桩复合地基载荷试验。

1．试验要点

（1）复合地基荷载试验的承压板应为刚性。单桩复合地基荷载试验的承压板可采用圆形或方形，面积为一根桩承担的处理面积；多桩复合地基荷载试验的承压板可用方形或矩形，其尺寸按实际桩数所承担的处理面积确定。桩的中心（或形心）应与承压板的中心保

持一致，并与荷载作用点相重合。

（2）承压板高程宜接近基础底面设计高程。承压板底面下宜铺设与设计复合地基垫层相应的垫层，垫层厚度宜取 50～150mm，桩身强度高时宜取大值。垫层上宜设中砂或粗砂找平层。试验标高处的试坑长度和宽度，应不小于承压板尺寸的 3 倍。基准梁的支点应设在试坑之外。

（3）加荷等级可分为 8～12 级，最大加载压力不宜小于设计要求压力值的 2 倍。

（4）每加一级荷载前后均应测读承压板的沉降量一次，以后每 0.5h 测读一次。当 1h 内沉降量小于 0.1mm 时，即可加下一级荷载。

（5）当出现下列现象之一时可终止试验：

1）沉降急剧增大，土被挤出或承压板周围出现明显的隆起。

2）承压板的累计沉降量已大于其宽度或直径的 6%。

3）当达不到极限荷载，而最大加载压力已大于设计要求压力值的 2 倍。

（6）卸载级数可为加载级数的 1/2，等量卸载，每卸一级，间隔 0.5h，测读回弹量，待卸完全部荷载后间隔 3h 测读总回弹量。

2．复合地基承载力特征值的确定

（1）当压力-沉降曲线上能确定出极限荷载，而其值不小于对应比例界限的 2 倍时，可取比例界限作为复合地基承载力特征值；当其值小于对应比例界限的 2 倍时，可取极限荷载的 1/2 作为复合地基承载力特征值。

（2）当压力-沉降曲线是平缓的光滑曲线时，可按相对变形值确定复合地基承载力特征值：

1）对于砂石桩、振冲桩或强夯置换墩：当以黏性土为主的地基，可取 s/b 或 s/d 等于 0.015 所对应的压力（s 为载荷试验承压板的沉降量；b 和 d 分别为承压板宽度和直径，当其值大于 2m 时，按 2m 计算）；当以粉土或砂土为主的地基，可取 s/b 或 s/d 等于 0.01 所对应的压力。

2）对土挤密桩、石灰桩或柱锤冲扩桩复合地基，可取 s/b 或 s/d 等于 0.012 所对应的压力。对灰土挤密桩复合地基，可取 s/b 或 s/d 等于 0.008 所对应的压力。

3）对水泥粉煤灰碎石桩或夯实水泥土桩复合地基，当以卵石、圆砾、密实粗中砂为主的地基，可取 s/b 或 s/d 等于 0.008 所对应的压力；当以黏性土、粉土为主的地基，可取 s/b 或 s/d 等于 0.01 所对应的压力。

4）对水泥土搅拌桩或旋喷桩复合地基，可取 s/b 或 s/d 等于 0.006 所对应的压力。

5）对有经验的地区，也可按当地经验确定相对变形值。

按相对变形值确定的承载力特征值不应大于最大加载压力的 1/2。

（3）复合地基载荷试验的试验点的数量不应少于 3 点，当满足其极差不超过平均值的 30%时，可取其平均值作为复合地基承载力特征值。

任务9.5 静力触探试验

静力触探试验（CPT）是用静力匀速将标准规格的圆锥形探头按一定的速率压入土

（或其他介质）中，同时量测探头阻力，测定土（或其他介质）的力学特性。静力触探试验具有勘探和测试双重功能。

在地基处理过程中，可用静力触探试验对灰土桩、石灰桩等桩体进行触探，由量测到的探头阻力来推求桩身强度，进而判断桩身质量。

1. 静力触探的具体用途

（1）划分土层。

（2）确定地基处理前后砂土的密度和黏性土的状态。

（3）判断地基处理后桩身强度及成桩质量。

（4）评价地基处理前后土的承载力、压缩性质、不排水强度、砂土液化等特性。

（5）检查人工填土的质量。

（6）探测桩基持力层，预估沉桩可能性和单桩承载力。

2. 试验设备

（1）加压系统。包括主机和触探杆。

（2）反力系统。反力系统可以采用三种形式：仪器自重、外加重物、地锚。

（3）探头。分为单桥和双桥探头。

（4）量测和记录仪器。有两种方式：

1）间断测记。采用人工记录，一般每5cm记录一次。

2）连续自动记录。用电子电位差计自动记录贯入阻力随深度的变化曲线。

3. 试验要点

（1）整平场地，设置反力装置，安装触探机，以保证探杆垂直贯入。

（2）选用适当探头，检查探头和量测仪器是否合格和正常，接通电源。

（3）贯入土中0.5～1.0m，然后提升5cm左右，静置约10min，调整零位或测记初读数。

（4）正式开始贯入，并记录贯入阻力，标准贯入速率为1.2m/min±0.3m/min。在6m以内，每1～2m测记一次零读数；超过6m后每5～6m测记一次零读数。

（5）到达预计深度后，测记零读数，提升探杆和探头，拆除设备。

4. 资料整理

（1）原始记录误差和异常现象的改正和处理。

（2）算出各点的比贯入阻力 p_s（单桥探头）、锥头阻力 q_c 及侧摩阻力 f_s（双桥探头）。

（3）绘制单孔静力触探曲线图。

（4）根据静力触探成果，分析地基处理效果。

任务9.6 圆锥动力触探试验

圆锥动力触探试验（DPT）是用一定质量的重锤，以一定高度的自由落距，将标准规格的圆锥形探头贯入土（或其他介质）中，根据打入土（或其他介质）中一定距离所需的锤击数，判定土（或其他介质）的力学特性。圆锥动力触探试验具有勘探和测试双重功能。

圆锥动力触探试验的类型可分为轻型、重型和超重型三种。锤重分别为 10kg、63.5kg 和 120kg。轻型动力触探可应用于石灰桩的施工检测，即通过锤击数来判定石灰桩桩体的密实度。重型动力触探可应用于碎石桩的桩体密实度检验。通过对碎石桩轴心处采用重型动力触探试验进行桩的密实程度检测，采用的判别准则见表 9.3。当连续出现下沉量大于 7cm 的桩长达 0.5m，或间断出现大于 7cm 下沉量的累计桩长在 1m 以上的桩，应采取补强措施。

表 9.3　　　　　　　　　　　碎石桩密实程度判别准则

连续 5 击下沉量/cm	密实程度
<7	密实
7～10	不够密实
10～13	不密实
>13	松散

项 目 小 结

　　本部分把地基处理监测与质量检验单独列为一个项目。

　　着重介绍地基处理监测与质量检验方法的选用，包含现场监测与质量检验的目的、内容方法及应注意的问题。然后分别介绍地基水平位移和沉降观测、地基土应力测试、载荷试验、静力触探和圆锥动力触探。

思 考 及 习 题

　　1. 为什么说地基处理现场监测和质量检验是地基处理工程的重要环节？

　　2. 试述地基处理现场监测与质量检验的目的、内容与方法以及应注意的问题。

　　3. 简述单桩竖向静载荷试验、天然地基载荷试验和复合地基载荷试验方法及承载力确定方法。

　　4. 了解静力触探和动力触探在地基处理工程监测中的应用。

参 考 文 献

［1］　龚晓南. 地基处理手册. 3 版. 北京：中国建筑工业出版社，2009.

［2］　中华人民共和国行业标准. JGJ 79—2012 建筑地基处理技术规范. 北京：中国计划出版社，2012.

［3］　中华人民共和国建设部. GB 50007—2011 建筑地基基础设计规范. 北京：中国建筑工业出版社，2011.

［4］　郑俊杰. 地基处理技术. 武汉：华中科技大学出版社，2009.

［5］　代国忠，齐宏伟. 地基处理. 重庆：重庆大学出版社，2010.

［6］　牛志荣，李宏，穆建春，等. 复合地基处理及其工程实例. 北京：中国建材工业出版社，2000.

［7］　刘景政，杨素春，钟冬波. 地基处理与实例分析. 北京：中国建筑工业出版社，1998.

［8］　钱家欢. 土力学. 2 版. 南京：河海大学出版社，1995.

［9］　王铁儒，陈云敏. 工程地质及土力学. 武汉：武汉大学出版社，2001.

［10］　俞仲泉. 水工建筑物软基处理. 北京：水利电力出版社，1989.

［11］　杨克斌，陈焕新. 粉喷桩技术在梅溪桥闸重建工程中的应用. 水利水电科技进展，2001（1）.

［12］　叶书麟. 地基处理工程实例应用手册. 北京：中国建筑工业出版社，2000.

［13］　裴章勤，刘卫东. 湿陷性黄土地基处理. 北京：中国铁道出版社，1992.

［14］　童长江，管枫年. 土的冻胀与建筑物冻害防治. 北京：水利电力出版社，1985.

［15］　顾晓鲁，钱鸿缙，汪时敏. 地基与基础. 3 版. 北京：中国建筑工业出版社，2003.

［16］　陈德亮. 水工建筑物. 武汉：中国水利水电出版社，2008.

［17］　王国义. 成都砂卵石地层注浆加固技术应用. 隧道建设，2012，32（5）：696 - 670.